D1731646

Holger Wilker

Band 3

Weibull-Statistik in der Praxis

Leitfaden zur Zuverlässigkeitsermittlung technischer Produkte

Mit 156 Abbildungen, 70 Tabellen, 44 Beispielen

Diplom-Ingenieur (TU) Holger Wilker
Lauffen am Neckar, 2003/2004

Bibliographische Information der Deutschen Bibliothek
Die Deutsche Bibliothek verzeichnet diese Publikation in der deutschen Nationalbibliographie. Detaillierte Daten sind im Internet über http://dnb.ddb.de abrufbar.

ISBN 3 - 8334 - 1317 - 4
©2004 Holger Wilker
Herstellung und Verlag: Books on Demand GmbH, Norderstedt
Satzsystem: LaTeX unter Verwendung von KOMA-Script
Printed in Germany

meiner Frau Marion

meinem Sohn Albert

Vorwort

Die Zuverlässigkeit von technischen Bauteilen und Produkten gewinnt insbesondere durch Neuregelungen gesetzlicher Gewährleistungszeiten sowie durch zunehmende rechtliche Verantwortung des Herstellers für Personen- Sach- oder Vermögensschäden (Produkthaftung) eine immer wichtigere Bedeutung.
Sowohl die Kosten von Instandsetzungen als auch schwer zu quantifizierende Kundenverärgerungen und Kundenabwanderungen stellen einen nicht unerheblichen Kostenfaktor dar.
Immer häufiger fordern die Abnehmer technischer Produkte, insbesondere die Automobilhersteller, von ihren Zulieferern Zuverlässigkeitsaussagen und Zuverlässigkeitsuntersuchungen noch vor einem geplanten Serienanlauf.
Das vorliegende Buch behandelt die theoretischen Grundlagen der technischen Zuverlässigkeit sowie die Vorgehensweise bei der Zuverlässigkeitsermittlung in einer für den Ingenieur verständlichen und nachvollziehbaren Art.
Es wendet sich an Fach- und Führungskräfte aus Forschung, Entwicklung und Produktion sowie an Entwicklungs-, Versuchs- und Qualitätsingenieure, welche technische Produkte von der Konzeption bis hin zur Serienproduktion entwickeln, testen und betreuen.
Mathematische Grundlagen werden derart berücksichtigt, als sie für das Verständnis und die praktische Anwendung erforderlich sind. Für die Vertiefung der beschriebenen Mathematik und den Methoden der Zuverlässigkeitsermittlung dienen die zitierten Literaturhinweise.
Anhand zahlreicher Abbildungen, Tabellen und vollständig durchgerechneter, praxisnaher Beispiele soll der Leser in die Lage versetzt werden, die theoretischen Gesetzmäßigkeiten und deren praktische Anwendungen nachzuvollziehen und auf eigene technische Problemstellungen zu adaptieren.

Lauffen, Mai 2004   Holger Wilker

Inhaltsverzeichnis

Abbildungsverzeichnis

Tabellenverzeichnis

Beispielverzeichnis

Bezeichnungen

Δ	Bereich, Differenz
η	Substitutionskennwert
$\lambda(t)$	Ausfallrate
κ	Beschleunigungsfaktor
$\mu(t)$	Erwartungswert, Mittelwert
$\phi(\mu)$	Verteilungsfunktion
ψ	Substitutionskennwert
σ	Streumaß
σ_D	Spannungsamplitude bei Dauerfestigkeit
A	Ereignis
b	Ausfallsteilheit, Formparameter
b_g	Gesamtausfallsteilheit
b_p	proportionale Ausfallsteilheit
b_A	Ausfallsteilheit einer Verteilung A
b_B	Ausfallsteilheit einer Verteilung B
B	Klassenbreite, Bestimmtheitsmaß
B_j	Anzahl nachfolgender Einheiten
$B_{10,S}$	Systemlebensdauer für $R_S(t) = 0,9$
c	y-Achsenabschnitt
C	Erwartungswert
C_i	angenommene Kosten
dy	variable Klassenbreite
E_A	Aktivierungsenergie
$f(t)$	Dichtefunktion
$f^*(t)$	empirische Dichtefunktion
$F(t)$	Verteilungsfunktion, Ausfallwahrscheinlichkeit
$\hat{F}(t)$	Vorgabe einer Zuverlässigkeit
$F^*(t)$	empirische Verteilungsfunktion
$F_m(t)$	vermengte Verteilungsfunktion
F_{oG}	obere Grenze des Vertrauensbereiches

F_{rel}	relative Feuchte
$F_{Anw,i}(t)$	aus den Anwärtern prognostizierte Ausfallwahrscheinlichkeit
$F_P(t)$	prognostizierte Ausfallwahrscheinlichkeit
G_i	summierte Anzahl klassierter Ausfälle
G_j	Summe der Ausfälle
h_{abs}	absolute Häufigkeit
h_{rel}	relative Häufigkeit
$H(m)$	Summenhäufigkeit der m-ten Klasse
$H(t)$	kummulierte Ausfallrate zum Zeitpunkt t
H_j	empirische, kummulierte Ausfallrate zum Zeitpunkt t
i	Zähler
j	Zähler
$j(t_j)$	mittlere Rangzahl
k	Boltzmannkonstante, Wöhlerexponent
$\hat{k}$	fiktive Prüflosgröße
K	Systemkomponente
L	Likelihoodfunktion
L_v	Lebensdauerverhältnis
m	Zähler, Geradensteigung
M	ganzzahliger Umfang von Schlechtteilen in der Grundgesamtheit
n	Stichprobenumfang, Zähler
n^*	Anzahl zusätzlich erforderlicher Einheiten
n_A	Anzahl der Ausfälle je Klasse
n_k	Anzahl der Klassen
n_s	Anzahl der Systemzustände, Anzahl intakter Einheiten
n_x	Gesamtzahl der Ausfälle
n_A	Stichprobenumfang einer Verteilung A
n_B	Stichprobenumfang einer Verteilung B
N	ganzzahliger Umfang der Grundgesamtheit, Schwingspielzahl
$N(t_j)$	Zuwachs
N_{Anw}	Anzahl der Anwärter
p	Wahrscheinlichkeitswert
p_B	Betriebsdruck
$P(A)$	Wahrscheinlichkeit des Ereignisses A
Q_{gesamt}	Summe der quadratischen Abweichungen
r	Korrelationskoeffizient
R	Spannweite
R_e	Streckgrenze

R_m	Zugfestigkeit
$R(t)$	Überlebenswahrscheinlichkeit, Zuverlässigkeit
$R_K(t)$	Komponentenzuverlässigkeit
$R_S(t)$	Systemgesamtzuverlässigkeit
s	empirische Standardabweichung
s_{log}	logarithmische Standardabweichung
S_i	Anzahl von Systemanordnungen
t	Zeit, Zeitpunkt
$\hat{t}_{Monat}$	mittlere Anzahl der Betätigungen pro Monat
t^*	Zeittransformation
t_j^*	unvollständig erfaßte Lebensdauern
t_0	ausfallfreie Zeit
t_{10}	Lebensdauer für 90 % intakte Einheiten
t_{50}	Lebensdauer für 50 % intakte Einheiten
t_B	Betriebszeit
t_F	im Feld ermittelte Lebensdauer
t_{gef}	geforderte Betriebszeit
t_m	empirischer, arithmetischer Mittelwert
t_{max}	maximale Ausfallzeit
t_{median}	Medianwert
t_{min}	minimale Ausfallzeit
t_{modal}	Modalwert
t_p	Prüfdauer
$t_{q,A}$	Lebensdauer der Verteilung A bei q-%-Ausfällen
$t_{q,B}$	Lebensdauer der Verteilung B bei q-%-Ausfällen
t_V	im Versuch (Labor) ermittelte Lebensdauer
T	charakteristische Lebensdauer
T_B	Betriebstemperatur
T_E	Einsatztemperatur
T_F	Temperaturfaktor
T_P	Prüftemperatur
T_R	Raumtemperatur
TS	Teilsystem
U_B	Betriebsspannung
x_i	Anzahl ausgefallener Einheiten
$\hat{y}_i$	Schätzwert einer Zielgröße
y	Hilfsfunktion zur Bestimmung der Aussagewahrscheinlichkeit
z	Ersatzfunktion zur Bestimmung der Aussagewahrscheinlichkeit

1. Einführung

Die Bestimmung der Zuverlässigkeit von Produkten ist ein wesentlicher Bestandteil in der Entwicklung und Produktion von Erzeugnissen. Die Zuverlässigkeit dieser technischen Erzeugnisse beschreibt die Eigenschaft, innerhalb eines vorgegebenen Zeitraums bei gegebenen Funktions- und Umgebungsbedingungen nicht auszufallen.

Vorgaben für die Zuverlässigkeit können nicht nur von nationalen und internationalen Gesetzgebern (Verkehrssicherheit, Umweltschutz, Verbraucherschutz), sondern auch vom Kunden kommen. Dieser erwartet aus Zeit- und Kostengründen ein kostengünstiges Produkt, welches gleichzeitig eine hohe Qualität und Zuverlässigkeit aufweist.

Das Ausfallverhalten eines Produktes wird durch die Zuverlässigkeit erfasst und ist zusätzlich zu den Funktionseigenschaften ein wesentliches Kriterium zur Produktbeurteilung.

Die Zuverlässigkeit und ihre Kenngrößen werden mit Hilfe der Aussagewahrscheinlichkeit und dem Vertrauensbereich beschrieben. Ein wichtiger Beitrag ist die Auswertung von Lebensdauerinformationen, welche durch entsprechende Versuche oder aus dem Kundeneinsatz zur Verfügung stehen. Für die Auswertung dieser Daten mit wahrscheinlichkeitstheoretischen Methoden werden Lebensdauerverteilungen verwendet, mit denen sich aussagefähige Zuverlässigkeitskenngrößen ermitteln lassen.

Im Kapitel 2 wird das Ausfallverhalten technischer Produkte mittels Ausfallfunktionen und Ausfallparameter statistisch beschrieben.

Die mathematische Beschreibung der Zuverlässigkeit wird anhand von Wahrscheinlichkeitsverteilungen, wie sie insbesondere im technischen Bereich angewendet werden, in Kapitel 3 beschrieben.

In Kapitel 4 werden im Rahmen der Konzeption von Lebensdauerversuchen die statistische Absicherung von vorhandenen und zugesagten Zuverlässigkeitsaussagen sowie entsprechende Prüfstrategien wie vollständige, unvollständige und geraffte Prüfungen, behandelt.

In Kapitel 5 wird ausführlich die insbesondere im Maschinen- und Automobilbau häufig verwendete Weibull-Verteilung beschrieben. Es werden die Methoden und Vorgehensweisen für die analytische und graphische Ermittlung der Weibullparameter vorgestellt.

Die Auswertung vollständig und unvollständig erfaßter Lebensdauern als auch vermengter Weibull-Verteilungen wird anhand von Beispielen vertieft. Die Bewertung zweier Ausfallverteilungen, die Verknüpfung des Wöhler- und Weibulldiagramms sowie die Analyse von Felddaten bilden einen weiteren Schwerpunkt.

Die Ermittlung von Systemzuverlässigkeiten, insbesondere mit der Boolschen Systemtheorie, wird im Kapitel 6 vorgestellt.

In Kapitel 7 wird auf die Zuverlässigkeitsermittlung elektrischer Komponenten eingegangen.

In den Anlagen A-F sind die jeweiligen Werte von Wahrscheinlichkeitsverteilungen tabellarisch und graphisch aufgeführt sowie exemplarische Ausfallkurven mit den möglichen Ursachen abgebildet.

Rückschlüsse auf das Verhalten der Gesamtheit von Bauteilen, Elementen oder Aggregaten aus Einzelversuchen dürfen aber nur unter Berücksichtigung von statistischen Gesetzen gezogen werden. Sinnvollerweise sollte die erwartete Zuverlässigkeit schon in der Entwicklungsphase ermittelt werden.

2. Mathematische Beschreibung des Ausfallverhaltens

In diesem Kapitel soll die Vorgehensweise für eine anschauliche Darstellung des Ausfallverhaltens von Komponenten und Systemen mittels verschiedener statistischer Funktionen dargestellt werden. Ausgehend von den empirischen Ausfallzeiten[1] lassen sich diese Funktionen mathematisch miteinander verknüpfen. Für die Beschreibung des Ausfallverhaltens mittels Lage- und Streuungsmaßzahlen werden die entsprechenden statistischen Parameter vorgestellt.

2.1. Statistische Ausfallfunktionen

2.1.1. Empirische Dichtefunktion

Für die graphische Darstellung der in einem bestimmten Zeitbereich zufällig auftretenden Ausfallzeiten, s. Abb. 2.1, wird das Histogramm der Ausfallhäufigkeiten erstellt. Hierzu wird die Abzisse in Intervalle gleicher Breite unterteilt. Diesen als Klassen bezeichneten Intervallen wird die Anzahl der in sie fallenden Meßwerte zugeordnet.

Fällt dabei ein Ausfall direkt auf eine Klassengrenze, so wird dieser je zur Hälfte in den beiden angrenzenden Klassen mitgezählt. Hieraus ergibt sich die absolute Häufigkeit h_{abs}, d. h. die Anzahl der Ausfälle je Klasse, s. Abb. 2.2:

$$h_{abs} = n_A .$$

(2.1)

Die Anzahl der Ausfälle je Klasse n_A dividiert durch die Gesamtzahl der Ausfälle n_x führt zur relativen Häufigkeit h_{rel}, s. Abb. 2.3:

$$h_{rel} = \frac{n_A}{n_x} .$$

(2.2)

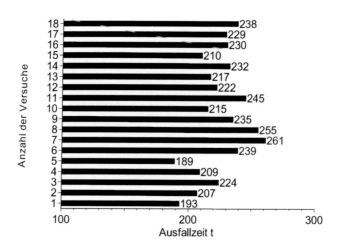

Abbildung 2.1.: Ausfallzeiten durchgeführter Versuche.

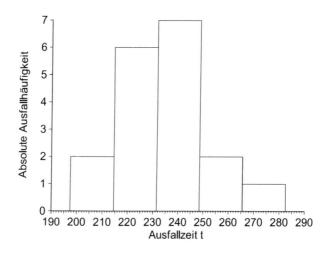

Abbildung 2.2.: Histogramm der absoluten Ausfallhäufigkeiten.

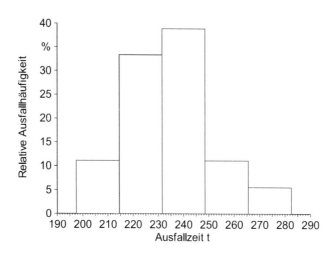

Abbildung 2.3.: Histogramm der relativen Ausfallhäufigkeiten.

Bei ungleichen Klassenbreiten muß die relative Häufigkeit einer Klasse noch durch die jeweilige Klassenbreite dividiert werden. Dieses führt zur relativen Häufigkeit normiert auf die ungleiche Klassenbreite dy:

$$h_i = \frac{n_A}{n \cdot dy} \qquad (2.3)$$

genau dann wenn

$$h_i = \frac{h_{rel}}{dy} \ . \qquad (2.4)$$

Der Vorgang der Klassierung ist mit einem Verlust an Informationen verbunden, da jedem Ausfall innerhalb einer Klasse durch die vorgenommene Klassierung immer der Wert der Klassenmitte zugeordnet wird.

Aus diesem Grund wird die Breite der Klasse so groß gewählt, daß möglichst viel Information erhalten bleibt, aber so klein gewählt, daß keine Lücken auf der Abzisse auftreten.

Für einen gegebenen Stichprobenumfang n kann die Anzahl der Klassen n_k sowie die Klassenbreite B näherungsweise nach

$$n_k = \sqrt{n} \ , \qquad (2.5)$$

---

[1]Die Ausfallzeiten werden im weiteren auch als Lebensdauern bezeichnet.

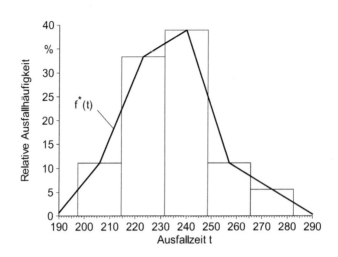

Abbildung 2.4.: Empirische Dichtefunktion $f^*(t)$ der relativen Ausfallhäufigkeiten.

$$B = \frac{t_{max} - t_{min}}{n_k} \qquad (2.6)$$

ermittelt werden.

In der Praxis wird die Klassenbreite, insbesondere für Felddaten (beispielsweise für Kilometerangaben, Zykluszahlen oder Betriebsstunden) auf die nächste
Zehnerpotenz auf- oder abgerundet. Mathematisch korrekt ist hierbei die Mit-
tellage der jeweiligen Klasse.

Aufgrund der Abweichungen bei der Berechnung der Weibull-Parameter (s.
Abschnitt 3.7) für unterschiedliche Klassierungen sollte für einen Vergleich verschiedener Analysen immer ein gleiches Vorgehen bzw. eine gleiche Klassierung
gewählt werden.

Wird die Anzahl der Meßwerte und die Anzahl der Klassen erhöht, so verringert
sich die Klassenbreite. Hierbei unterscheiden sich die ergebenden Histogramme
immer weniger voneinander. Basierend auf praktische Versuchsumfänge läßt
sich nur die empirische Dichtefunktion $f^*(t)$ ermitteln, siehe Abb. 2.4. Bei der
Auswertung von Meßdaten wird auf Basis der empirischen Dichtefunktion $f^*(t)$
diejenige Dichtefunktion $f(t)$ gesucht, welche das Ausfallverhalten beschreibt.

Wird die Anzahl der Meßwerte nun beliebig groß und die Unterteilung der
Klassen immer feiner, so geht das Histogramm der relativen Ausfallhäufigkei-

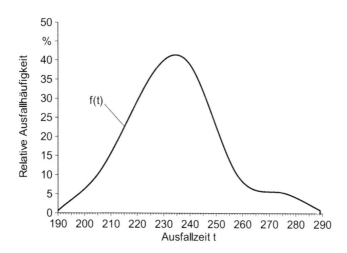

Abbildung 2.5.: Dichtefunktion $f(t)$ der relativen Ausfallhäufigkeiten.

ten in eine stetige Funktion über, s. Abb. 2.5.
Den Grenzübergang $n \to \infty$ stellt die Dichtefunktion $f(t)$ dar. Falls die relativen Häufigkeiten als Ordinatenwerte verwendet werden, wird die Fläche unterhalb der Dichtefunktion gleich 1.
Mit dem Histogramm der Ausfallhäufigkeiten bzw. der Dichtefunktion wird die Anzahl der Ausfälle als Funktion der Zeit dargestellt. Es ist sowohl der Bereich mit den meisten Ausfällen als auch der Streubereich der Ausfallzeiten zu erkennen.

2.1.2. Empirische Verteilungsfunktion

Das Histogramm der Ausfallhäufigkeiten bzw. die Dichtefunktion $f(t)$ gibt Informationen darüber, wieviele Ausfälle zu einem bestimmten Zeitpunkt bzw. innerhalb einer Klasse vorhanden sind.
Im Gegensatz hierzu beantwortet das Histogramm der Summenhäufigkeiten die Frage, wieviele Ausfälle insgesamt bis zu einem bestimmten Zeitpunkt bzw. einer Klasse vorhanden sind. Für das Histogramm der absoluten bzw. relativen Summenhäufigkeiten werden die vorhandenen Ausfälle mit fortlaufender Intervallzahl aufaddiert und auf die Gesamtzahl der Ausfälle bezogen, s. Abb. 2.6.
Damit ergibt sich die Summenhäufigkeit $H(m)$ der m-ten Klasse gemäß:

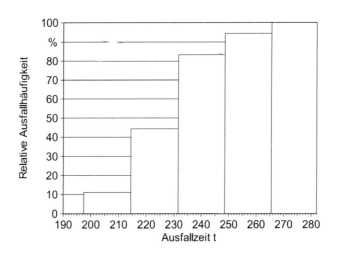

Abbildung 2.6.: Histogramm der relativen Ausfallhäufigkeiten.

$$H(m) = \sum_{i=1}^{m} h_{rel}(i) \quad \text{mit } i = \text{Klassennummer} . \tag{2.7}$$

Mit der empirischen Verteilungsfunktion $F^*(t)$ wird die Summe der Ausfälle als Funktion dargestellt (Abb. 2.7). Analog zur Dichtefunktion $f(t)$ ergibt sich bei beliebig großer Anzahl der Meßwerte und einer immer feiner werdenden Klassenunterteilung ein Übergang von der empirischen Verteilungsfunktion $F^*(t)$ zur stetigen Funktion. Den Grenzübergang für $n \to \infty$ stellt hier die Verteilungsfunktion $F(t)$ dar (Abb. 2.8).

Die Verteilungsfunktion beginnt bei $F(t) = 0$ und wächst aufgrund der zu addierenden Ausfallhäufigkeiten monoton bis zum Ausfall aller Teile auf den Wert $F(t) = 1$ an.

Unter Berücksichtigung des Grenzübergangs und Gl. (2.7) ergibt sich die Verteilungsfunktion als Integral über die Dichtefunktion zu:

$$F(t) = \int f(t)dt . \tag{2.8}$$

Somit ergibt sich die Dichtefunktion $f(t)$ als Ableitung der Verteilungsfunktion:

$$f(t) = \frac{dF(t)}{dt} . \tag{2.9}$$

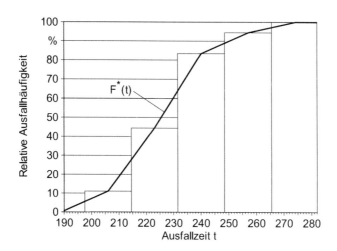

Abbildung 2.7.: Empirische Verteilungsfunktion $F^*(t)$ der relativen Ausfallhäufigkeiten.

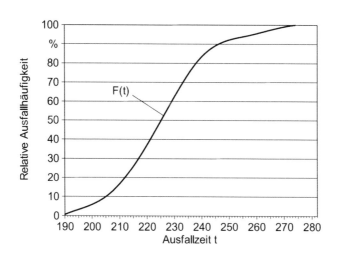

Abbildung 2.8.: Verteilungsfunktion $F(t)$ der relativen Ausfallhäufigkeiten.

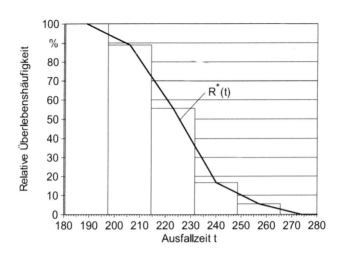

Abbildung 2.9.: Empirische Überlebenswahrscheinlichkeit $R^*(t)$ der relativen
Überlebenshäufigkeiten.

Da die Verteilungsfunktion $F(t)$ die Wahrscheinlichkeit beschreibt, mit der die
vorhandenen, aufsummierten Ausfälle zu einem bestimmten Zeitpunkt auftreten, wird stattdessen auch der Begriff Ausfallwahrscheinlichkeit verwendet.

2.1.3. Empirische Überlebenswahrscheinlichkeit

Wird die Summe der noch nicht ausgefallenen Einheiten gesucht, so kann diese mit dem Histogramm der Überlebenshäufigkeit dargestellt werden. Dieses
ergibt sich, wenn von der Summe aller Einheiten die Summe der bereits ausgefallenen Einheiten subtrahiert wird (Abb. 2.9). Beide Summen, die der ausgefallenen und die der intakten Einheiten ergeben zu einem Zeitpunkt t bzw.
einer Klasse i immer 100 %.
Daher ist die Überlebenswahrscheinlichkeit $R(t)$ das Komplement zur Ausfallwahrscheinlichkeit $F(t)$, s. Abb. 2.10:

$$R(t) = 1 - F(t) \, . \tag{2.10}$$

Die Überlebenswahrscheinlichkeit $R(t)$ wird auch als Zuverlässigkeit $R(t)$ be-

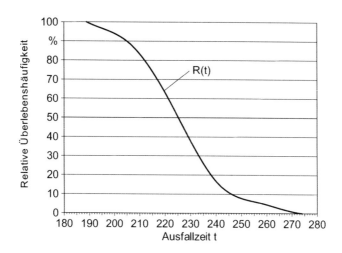

Abbildung 2.10.: Überlebenswahrscheinlichkeit $R(t)$ als Komplement der Ausfallwahrscheinlichkeit $F(t)$.

zeichnet [1],[2].

Diese beginnt immer bei $R(t) = 100\,\%$, da zum Zeitpunkt $t = 0$ noch keine Ausfälle zu verzeichnen sind, und endet bei $R(t) = 0$, da zum Zeitpunkt $t = t_n$ bereits alle Einheiten ausgefallen sind.

Für die Angabe der Zuverlässigkeit zum Zeitpunkt t sind auch Informationen bzgl. der Funktions- und Umgebungsbedingungen erforderlich.

2.1.4. Ausfallrate

Die Ausfallrate $\lambda(t)$ stellt ein Maß für das Ausfallverhalten einer Betrachtungseinheit dar, die zum Zeitpunkt t intakt ist. Es werden die Ausfälle zu einer Zeit t auf die Anzahl der zur Zeit t noch intakten Einheiten $n_s(t)$ bezogen, s. Abb. 2.11:

$$\lambda(t) = \frac{1}{n_s(t)} \cdot \frac{dn_x(t)}{d(t)} \ . \tag{2.11}$$

Die Summe der Ausfälle zum Zeitpunkt t wird durch die Dichtefunktion $f(t)$ und die Summe der noch intakten Einheiten wird durch die Überlebensfunktion

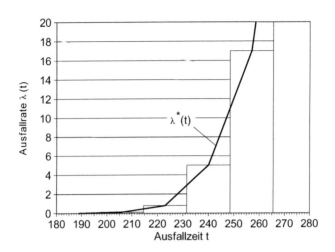

Abbildung 2.11.: Histogramm der Ausfallrate und empirischen Ausfallrate $\lambda^*(t)$.

$R(t)$ beschrieben. Die Ausfallrate ergibt sich somit zu:

$$\lambda(t) = \frac{f(t)}{R(t)} \ . \tag{2.12}$$

Ausgehend von einem bestimmten Zeitpunkt t gibt die Ausfallrate Information darüber, wieviele von den insgesamt noch vorhandenen intakten Einheiten ausfallen werden. Eine weitere Interpretation der Ausfallrate ist die Ausfallwahrscheinlichkeit zum momentanen Zeitpunkt.

Mit Hilfe der Ausfallrate wird versucht, daß zeitliche Ausfallverhalten eines Bauteils zu erfassen. Hierbei ergibt sich fast immer ein typischer Kurvenverlauf[2] [3]. Diese Ausfallkurve[3] wird empirisch ermittelt und ist durch Lebensdauerverteilungen nur in ihren Teilbereichen beschrieben, s. Abb. 2.12.

Anhand der Steigung der Ausfallrate kann die Kurve in drei Bereiche unterteilt werden:

---

[2]Nicht jedes Ausfallverhalten eines technischen Produkts gleicht dem idealisierten Ausfallverlauf gem. Abb. 2.12, kann mit diesem aber durch geeignete Ausfallverteilungen mathematisch beschrieben werden.

[3]In der Literatur wird diese Kurve auch als Badewannenkurve bezeichnet.

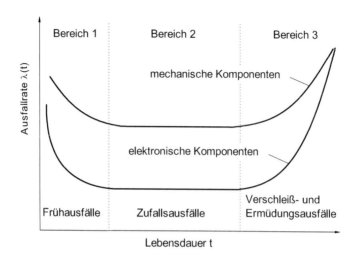

Abbildung 2.12.: Schematischer Verlauf der Ausfallkurven mechanischer und elektronischer Komponenten.

Bereich 1   Frühausfälle(fallende Ausfallrate):
Frühausfälle treten unmittelbar nach der Inbetriebnahme eines Bauteils oder Produktes auf. Sie basieren auf Fehler, welche bereits bei Inbetriebnahme eines Produktes vorhanden waren. Verursacht werden diese Frühausfälle durch Softwarefehler, Fertigungs- und Werkstofffehler, defekte Zulieferteile sowie durch eklatante Konstruktionsfehler.
Die Ursachen dieser Fehler liegen in allen Phasen der Produktentstehung und gelangen durch unzureichende Planung und Prüfung zum Kunden. Frühausfälle können insbesondere durch eine umfangreiche Nullserie, durch umfassende Qualitätskontrollen sowie durch entsprechende Versuche reduziert werden. Hierfür werden die einzelnen Einheiten mit Umwelteinflüssen belastet, um Frühausfälle schon in der Fertigungsphase erkennbar zu machen (Stress Screening). Da die Fehler durch entsprechende Korrekturen reduziert werden, sinkt die Ausfallrate.

Bereich 2   Zufallsausfälle (konstante Ausfallrate):

Zufallsbedingte Ausfälle können während der gesamten Betriebsdauer jederzeit auftreten. Zufallsausfälle sind durch eine konstante Ausfallrate gekennzeichnet.

Verursachung von zufallsbedingten Ausfällen kann eine Fehlbedienung (menschliches Versagen), das Nichteinhalten von Umgebungsbedingungen, Schmutzpartikel, Wartungsfehler sowie Geometrietoleranzen sein.

Eine weitere Ursachengruppe sind Ausfälle, die durch statistische Schwankungen eingeleitet werden: Schwankungen von Materialeigenschaften (Inhomogenitäten), Vibration, Schock, Lastschwankungen sowie Spannungsspitzen aus dem elektrischen Netz.

Das Ausfallrisiko einer Einheit ist gering und immer gleich. Ausfälle dieser Art sind sehr schwer zu prognostizieren.

Zur Verringerung dieser Art von Ausfällen tragen angepaßte Wartungspläne und die Schulung von Mitarbeitern bei. Aber auch konstruktive Maßnahmen wie größere Sicherheitsreserven, höherwertige Komponenten und eine Verminderung der Komplexität reduzieren die Ausfallrate und halten sie annähernd konstant.

Zufallsausfälle können nicht völlig ausgeschaltet werden, sie können aber deutlich reduziert werden.

Bereich 3 Verschleißausfälle (ansteigende Ausfallrate):
Die Ursache von verschleißbedingten Ausfällen liegt in der Ermüdung bzw. Alterung von Komponenten, also an Veränderungen, welche sich mit fortlaufender Einsatzdauer einstellen.

Ursachen für Verschleiß- und Ermüdungsausfälle können Schwell- und Wechselbelastungen, Oberflächenveränderungen sowie chemische und strukturelle Materialveränderungen sein.

Die Ursachen werden durch mangelhafte Wartung besonders verstärkt. Diese Art von Ausfällen sind stark abhängig von den Umgebungsbedingungen und bewirken einen starken Anstieg der Ausfallrate gegen Ende der Lebensdauer. Eine Reduzierung dieser Ausfälle läßt sich ausschließlich über die konstruktive Auslegung (genaue Bauteilberechnung, gründliche Erfassung der Betriebsbedingungen) gestützt durch praxisnahe Bauteiltests erreichen.

Nur der Bereich der verschleiß- und ermüdungsbedingten Ausfälle läßt sich rechnerisch erfassen. Entsprechende Zuverlässigkeitsvorhersagen sind überwiegend auf diesen Bereich beschränkt.

2.1.5. Äquivalenz der Ausfallfunktionen

Im folgenden soll verdeutlicht werden, daß die Ausfallfunktionen $f(t)$, $F(t)$, $R(t)$, $\lambda(t)$ bzgl. der Charakterisierung des Ausfallverhaltens einander äquivalent sind. Dies bedeutet, daß eine Ausfallfunktion aus der jeweils anderen zu berechnen ist.

1. Für die Ausfallwahrscheinlichkeit $F(t)$ folgt:

   Ist eine Einheit zum Zeitpunkt $t = 0$ noch intakt und fällt diese nach unendlich langer Zeit aus, so gilt:

$$\lim_{n \to \infty} F(t) = 1 \ . \tag{2.13}$$

2. Die Überlebenswahrscheinlichkeit $R(t)$ ist das Komplement der Ausfallwahrscheinlichkeit (s. Abb. 2.13) und es gilt:

$$R(t) = 1 - F(t) \tag{2.14}$$

   mit

$$R(t = 0) = 1 \quad \text{und} \quad \lim_{n \to \infty} R(t) = 0 \ .$$

3. Für die Dichtefunktion $f(t)$ gilt:

$$f(t) = \frac{dF(t)}{dt} \tag{2.15}$$

   mit

$$f(t < 0) = 0, \ f(t \geq 0) \geq 0 \quad \text{und} \int_{0}^{\infty} f(t)dt = 1 \ .$$

   Gemäß Abb. 2.13 gilt dann:

$$F(t) = \int_{0}^{t} f(\tau)d\tau \ . \tag{2.16}$$

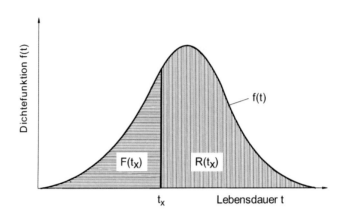

Abbildung 2.13.: Überlebenswahrscheinlichkeit $R(t)$ als Komplement zur Ausfallwahrscheinlichkeit $F(t)$ für eine Ausfallzeit t_x.

Für die Ausfallrate $\lambda(t)$ gilt gem. Gl.(2.12):

$$\lambda(t) = \frac{f(t)}{R(t)} .$$

Mit $R(t) = 1 - F(t)$ folgt:

$$\lambda(t) = \frac{f(t)}{1 - F(t)} . \qquad (2.17)$$

Gl. (2.17) differenziert ergibt:

$$\lambda(t) = \frac{-d\ln R(t)}{dt} . \qquad (2.18)$$

Aus Gl. (2.18) folgt somit:

$$\ln R(t) = -\int_0^t h(\tau)d\tau + C . \qquad (2.19)$$

Mit der Randbedingung $R(0) = 1$ folgt $C = 0$ und damit

$$R(t) = e^{-\int_0^t \lambda(\tau)d\tau} \quad . \tag{2.20}$$

4. Die Ausfallrate ist für alle positiven Zeiten $t > 0$ mit $\lambda(t) \geq 0$ definiert und es gilt:

$$\int_0^\infty \lambda(t) = \infty \quad . \tag{2.21}$$

Der formelmäßige Zusammenhang dieser Ausfallfunktionen ist in Tab. 2.1 dargestellt. Abb. 2.14 zeigt den graphischen Zusammenhang dieser Ausfallfunktionen.

2.2. Statistische Ausfallparameter

Eine Vereinfachung der Charakterisierung des Ausfallverhaltens wird durch sogenannte Lage- und Streuungsmaßzahlen erreicht. Die Beschreibung des Ausfallverhaltens durch diese statistischen Parameter ist jedoch mit einem Verlust an Information verbunden [4].

2.2.1. Mittelwert

Wenn sämtliche Ausfallzeiten für den empirischen, arithmetischen Mittelwert t_m berücksichtigt werden, gilt:

$$t_m = \frac{1}{n} \sum_{i=1}^{n} t_i \quad . \tag{2.22}$$

Wenn die Mittelwerte t_m und die Häufigkeiten h_j der Klassen j verwendet werden, gilt:

$$t_m = \frac{1}{n} \sum_{j=1}^{k} h_j t_i \quad . \tag{2.23}$$

Tabelle 2.1.: Äquivalenz der Ausfallfunktionen $f(t), F(t), R(t), \lambda(t)$.

	Ausfallwahr-scheinlichkeit $F(t)$	Überlebenswahr-wahrscheinlichkeit $R(t)$	Ausfall-dichte $f(t)$	Ausfallrate $\lambda(t)$
$F(t)$	-	$1 - R(t)$	$\displaystyle\int_0^t f(\tau)d\tau$	$1 - e^{\displaystyle -\int_0^t \lambda(\tau)d\tau}$
$R(t)$	$1 - F(t)$	-	$\displaystyle\int_t^\infty f(\tau)d\tau$	$e^{\displaystyle -\int_0^t \lambda(\tau)d\tau}$
$f(t)$	$\dfrac{dF(t)}{dt}$	$-\dfrac{dR(t)}{dt}$	-	$\lambda(t)\cdot e^{\displaystyle -\int_0^t \lambda(\tau)d\tau}$
$\lambda(t)$	$\dfrac{dF(t)}{(1 - F(t))dt}$	$-\dfrac{dR(t)}{R(t)dt}$	$\dfrac{f(t)}{\displaystyle\int_t^\infty f(\tau)d\tau}$	-

Der Mittelwert t_m gibt die Lage für die Mitte der Ausfallzeiten an. Alle vorhandenen Ausfallzeiten werden bei seiner Berechnung berücksichtigt. Er zeigt eine starke Empfindlichkeit gegenüber kurzen oder langen Ausfallzeiten.

2.2.2. Median

Der Median t_{median} ist der mittlere Wert der nach Größe geordneten Ausfallzeiten. Der Median teilt die Ausfallzeiten in zwei Hälften gleicher Anzahl. Er wird durch Abzählen aus einer nach Ausfallzeiten geordneten Liste ermittelt. Nur für eine ungerade Anzahl von Ausfallzeiten ist er wirklich existent, da er bei einer geraden Anzahl von Ausfallzeiten aus den benachbarten Werten gemittelt wird:

$$t_{median} = 0,5 \cdot (t_{n/2} + t_{(n/2+1)}) \, . \tag{2.24}$$

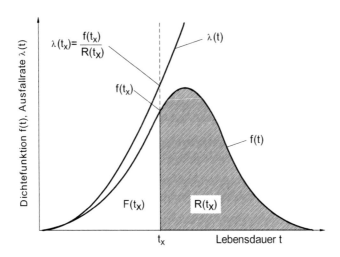

Abbildung 2.14.: Äquivalenz der Dichtefunktion $f(t)$, der Ausfallwahrscheinlichkeit $F(t)$, der Überlebenswahrscheinlichkeit $R(t)$ und der
Ausfallrate $\lambda(t)$.

Der Median läßt sich auch über die Ausfallwahrscheinlichkeit $F(t)$ ermitteln:

$$F(t_{median}) = 0,5 \ . \tag{2.25}$$

Wird der Median mit der Dichtefunktion $f(t)$ ermittelt, so teilt der Median die
Fläche unterhalb der Kurve gem. Gl. (2.8) in zwei gleich große Flächen.
Im Gegensatz zum Mittelwert wird die Lage des Medians bei kurzen oder langen
Ausfallzeiten nicht verschoben.

2.2.3. Varianz

Unterschiedliche Häufigkeitsverteilungen können den gleichen Mittelwert auf-
weisen, jedoch können die Ausfallzeiten mit unterschiedlichem Maß um diese
Mittelwerte streuen.
Die empirische Varianz s^2 ist ein Parameter für die mittlere Abweichung vom
Mittelwert. Die Varianz kennzeichnet die Streuung der Ausfallzeiten um den
Mittelwert t_m:

$$s^2 = \frac{1}{n-1} \sum_{i=1}^{n} (t_i - t_m)^2 \ . \tag{2.26}$$

Wenn die Mittelwerte t_m und die Häufigkeiten h_j der Klassen j benutzt werden, so ergibt sich die Varianz zu:

$$s^2 = \frac{1}{n-1} \sum_{j=1}^{k} h_j (t_j - t_m)^2 \; . \tag{2.27}$$

Anstelle des Mittelwertes t_m kann auch die Klassenmitte n_j verwendet werden.

2.2.4. Standardabweichung

Die empirische Standardabweichung s ist ein Parameter für die Größe der Streuung. Sie ergibt sich als positive Wurzel aus der Varianz:

$$s = \sqrt{s^2} \; . \tag{2.28}$$

Je größer die Standardabweichung s ist, umso größer ist die Streuung um den Mittelwert t_m.

2.2.5. Spannweite

Die Spannweite R ist die Differenz zwischen der größten und kleinsten Ausfallzeit:

$$R = t_{max} - t_{min} \; . \tag{2.29}$$

Auch dieser Parameter ist ein Maß für die Größe der Streuung. Es werden zur Ermittlung der Spannweite nur die kleinste und größte Ausfallzeit benötigt. Da nicht alle Ausfallzeiten zur Berechnung der Spannweite verwendet werden, führt dieses zu großen Informationsverlusten.

2.2.6. Modalwert

Als Modalwert t_{modal} wird diejenige Ausfallzeit bezeichnet, welche in einer Häufigkeitsverteilung am meisten vorkommt. Bei Berechnung des Modalwerts aus der Dichtefunktion $f(t)$ erhält man diesen als die zum Maximum der Dichtefunktion zugehörige Ausfallzeit. Abb. 2.15 zeigt den Mittelwert, Median und den Modalwert einer linkssymmetrischen Verteilungsfunktion.

■ **Beispiel 2.1**

Mathematische Beschreibung der Ausfallzeiten von Druckluftzylindern gleicher Bauart für die Betätigung von im Abgasstrom befindlichen Drosselklappen. Betriebsdruck $p_B = 13$ bar, Betriebstemperaturbereich $-25\ °C \le T_B \le 200\ °C$, Taktzeit 30 Lastwechsel/Minute.

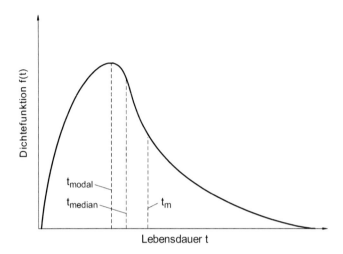

Abbildung 2.15.: Mittelwert, Median und Modalwert einer linkssymmetrischen Verteilungsfunktion.

geg.: *Es liegen die Ausfallzeiten (Lastwechselzahlen LW) von ausgefallenen Druckluftzylindern vor, siehe Tabelle 2.2.*

ges.: *a) empirische Dichtefunktion,*
b) empirische Ausfallwahrscheinlichkeit,
c) empirische Überlebenswahrscheinlichkeit,
d) empirische Ausfallrate,
e) empirischer Mittelwert,
f) empirischer Median,
g) empirischer Modalwert,
h) empirische Varianz,
i) empirische Standardabweichung.

Lsg.: *a) Zuerst werden die Ausfalldaten aufsteigend sortiert, siehe Tabelle 2.3.*
Nach Gleichung (2.5) ergibt sich die Anzahl der Klassen näherungsweise zu:

$$n_K = \sqrt{n} = 4,47 \ ,$$

$$n_{K,gewählt} = 5 \ .$$

Tabelle 2.2.: Lastwechselzahlen ausgefallener Druckluftzylinder.

i	Lastwechsel	i	Lastwechsel
1	1160000	11	680000
2	1560000	12	850000
3	980000	13	820000
4	1180000	14	1810000
5	910000	15	965000
6	630000	16	1090000
7	655000	17	1080000
8	1030000	18	1310000
9	1290000	19	960000
10	1230000	20	1750000

Für die Klassenbreite folgt nach Gl. (2.6):

$$b = \frac{t_{20} - t_1}{n_K} = \frac{1810000 - 630000}{5} = 236000 \; Lastwechsel \; .$$

Es ergeben sich somit folgende Klassen:

Klasse 1:   630000   ...   866000 *LW*
Klasse 2:   866000   ...   1102000 *LW*
Klasse 3:   1102000   ...   1338000 *LW*
Klasse 4:   1338000   ...   1574000 *LW*
Klasse 5:   1574000   ...   1810000 *LW*

Mit der Anzahl der Ausfälle je Klasse ergeben sich nach Gl. (2.2) folgende relative Häufigkeiten:

Klasse 1:   5 Ausfälle mit $h_{rel,1} = 5/20$ =   25 %
Klasse 2:   7 Ausfälle mit $h_{rel,2} = 7/20$ ≈   35 %
Klasse 3:   5 Ausfälle mit $h_{rel,3} = 5/20$ =   25 %
Klasse 4:   1 Ausfälle mit $h_{rel,4} = 1/20$ =   5 %
Klasse 5:   2 Ausfälle mit $h_{rel,5} = 2/20$ =   10 %

Mit diesen Werten ergibt sich das Histogramm der Ausfallhäufigkeiten und der empirischen Dichtefunktion $f^*(t)$, s. Abb. 2.16.

Tabelle 2.3.: Sortierte Lastwechselzahlen ausgefallener Druckluftzylinder.

i	Lastwechsel	i	Lastwechsel
1	630000	11	1080000
2	655000	12	1090000
3	680000	13	1160000
4	820000	14	1180000
5	850000	15	1230000
6	910000	16	1290000
7	960000	17	1310000
8	965000	18	1560000
9	980000	19	1750000
10	1030000	20	1810000

b) Das Histogramm der Summenhäufigkeit und die zugehörige empirische Ausfallwahrscheinlichkeit $F^*(t)$, s. Abb. 2.17, ergibt sich mit Gl. (2.7) durch eine Aufsummierung der relativen Ausfallhäufigkeit:

$$
\begin{aligned}
\text{Klasse 1: } H_1 &= & h_{rel,1} &= & &= 25\ \% \\
\text{Klasse 2: } H_2 &= H_2 + h_{rel,2} &= 25\ \% + 35\ \% &= 60\ \% \\
\text{Klasse 3: } H_3 &= H_3 + h_{rel,3} &= 60\ \% + 25\ \% &= 85\ \% \\
\text{Klasse 4: } H_4 &= H_4 + h_{rel,4} &= 85\ \% + 5\ \% &= 90\ \% \\
\text{Klasse 5: } H_5 &= H_5 + h_{rel,5} &= 90\ \% + 10\ \% &= 100\ \%
\end{aligned}
$$

c) Nach Gl. (2.10) ergibt sich die empirische Überlebenswahrscheinlichkeit $R^*(t)$ als Komplement zur Ausfallwahrscheinlichkeit:

$$
\begin{aligned}
\text{Klasse 1: } & R_1^* &= 100\% - H_1 &= 75\ \% \\
\text{Klasse 2: } & R_2^* &= 100\% - H_2 &= 40\ \% \\
\text{Klasse 3: } & R_3^* &= 100\% - H_3 &= 15\ \% \\
\text{Klasse 4: } & R_4^* &= 100\% - H_4 &= 10\ \% \\
\text{Klasse 5: } & R_5^* &= 100\% - H_5 &= 0\ \%
\end{aligned}
$$

Abb. 2.18 zeigt das Histogramm der Überlebenswahrscheinlichkeit sowie die zugehörige empirische Überlebenswahrscheinlichkeit $R^*(t)$.

d) Nach Gl. (2.12) ergibt sich für die empirische Ausfallrate $\lambda(t)$:

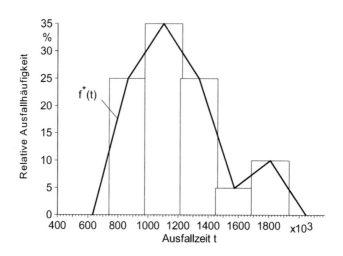

Abbildung 2.16.: Histogramm der Ausfallhäufigkeiten und zugehörige empirische Dichtefunktion $f^*(t)$.

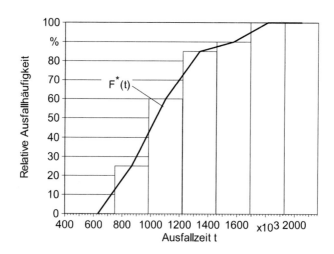

Abbildung 2.17.: Histogramm der Summenhäufigkeiten und zugehörige empirische Ausfallwahrscheinlichkeit $F^*(t)$.

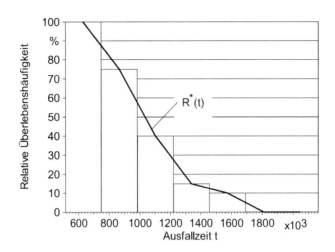

Abbildung 2.18.: Histogramm der Überlebenswahrscheinlichkeit und zugehörige empirische Überlebenswahrscheinlichkeit $R^*(t)$.

$$
\begin{array}{lllll}
\textit{Klasse 1:} & \lambda_1(t) & = & h_{rel,1}/R_1^* & = & 0,25/0,75 & = & \textit{0,330} \\
\textit{Klasse 2:} & \lambda_2(t) & = & h_{rel,2}/R_2^* & = & 0,35/0,40 & = & \textit{0,875} \\
\textit{Klasse 3:} & \lambda_3(t) & = & h_{rel,3}/R_3^* & = & 0,25/0,15 & = & \textit{1,670} \\
\textit{Klasse 4:} & \lambda_4(t) & = & h_{rel,4}/R_4^* & = & 0,05/0,10 & = & \textit{0,500} \\
\textit{Klasse 5:} & \lambda_5(t) & = & h_{rel,5}/R_5^* & = & 0,10/0,00 & = & \infty
\end{array}
$$

Abb. (2.19) zeigt das Histogramm der Ausfallrate sowie die zugehörige empirische Ausfallrate $\lambda^*(t)$.

e) Nach Gl. (2.22) errechnet sich der empirische, arithmetische Mittelwert zu:

$$
t_m = \frac{t_1 + t_2 + \ldots + t_{20}}{20}
$$

$$
\Leftrightarrow t_m = \frac{63 + 68 + \ldots + 181}{20} \cdot 10^4 \; LW
$$

$$
\Leftrightarrow t_m = \frac{21940000}{20} = 1097000 \; LW \; .
$$

f) Der Median t_{median} ergibt sich als Schnittpunkt der empirischen

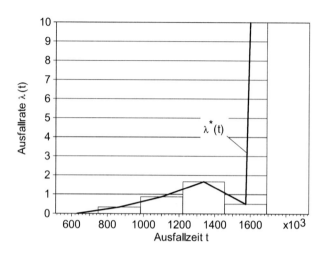

Abbildung 2.19.: Histogramm der Ausfallrate und zugehörige empirische Ausfallrate $\lambda^*(t)$.

Ausfallwahrscheinlichkeit $F^*(t)$, s. Abb. 2.17 mit der 50 %-Linie der Summenhäufigkeit: $t_{median} \approx 1055000\ LW$.

g) *Der Modalwert t_{modal} ergibt sich als Ausfallzeit des Maximums der Dichtefunktion. Nach Abb. 2.16 ergibt sich für das Maximum der Dichtefunktion eine zugehörige Ausfallzeit $t_{modal} \approx 1100000\ LW$.*

h) *Nach Gl. (2.26) ergibt sich für die empirische Varianz:*

$$s^2 = \frac{1}{n-1} \sum_{i=1}^{n} (t_i - t_m)^2$$

$$\Leftrightarrow s^2 = \frac{1}{20-1}((63 - 109,85)^2 + (68 - 109,85)^2 + \ldots$$

$$+ (181 - 109,85)^2)10^6 LW^2$$

$$\Leftrightarrow s^2 = 1,092 \cdot 10^{11}\ .$$

i) Nach Gl. (2.28) ergibt sich die empirische Standardabweichung zu:

$$s = \sqrt{s^2}$$
$$\Leftrightarrow \quad s = \sqrt{1,092 \cdot 10^{11}}$$
$$\Leftrightarrow \quad s = 330475,73 \ .$$

2.3. Definition der Wahrscheinlichkeit

Auf die Ausfallzeiten von Bauteilen lassen sich die Gesetze der Wahrscheinlichkeitsstatistik anwenden. Damit können vorhandene als auch wahrscheinliche Ausfälle quantifiziert werden. Hierbei ist zu unterscheiden zwischen dem klassischen und dem statistischen Wahrscheinlichkeitsbegriff.

2.3.1. Klassische Definition

Die numerische Festlegung einer Wahrscheinlichkeit knüpft direkt an Zufallsexperimente an. Grundlage sind hier Anwendungen, bei denen nur endlich viele Ereignisse auftreten können und alle Ereignisse die gleiche Möglichkeit haben, aufzutreten. Die Wahrscheinlichkeit P eines Ereignisses A wird von Laplace[4] und Pascal[5] gemäß

$$P(A) = \frac{m}{n} \tag{2.30}$$

definiert. Hierbei ist m die Anzahl der günstigen Möglichkeiten und n die Anzahl aller Möglichkeiten.

Besteht beispielsweise beim einfachen Wurf eines Würfels (gleiche Oberflächen, gleiche Gewichtsverteilung, etc.) das Ereignis A lediglich aus einer günstigen Augenzahl, z.B. der Fünf, dann ergibt sich die Wahrscheinlichkeit, bei einem Wurf eine Fünf zu würfeln, gemäß der klassischen Wahrscheinlichkeitsdefinition zu:

$$P(5) = \frac{1}{6} = 0,167 \ .$$

Ein einziges Ereignis im Sinne der Fragestellung ist günstig, sechs Ereignisse hingegen sind gleichmöglich. Die Wahrscheinlichkeit kann also durch reelle Zahlen dargestellt werden, die zwischen 0 und 1 liegen.

Diese klassische Definition der a-priori-Wahrscheinlichkeit weist zwei Nachteile auf:

---

[4]Pierre Simon de Laplace, 1749-1827.
[5]Blaise Pascal, 1623-1662.

1. Mit dem klassischen Wahrscheinlichkeitsbegriff wird die Wahrscheinlichkeit mit Hilfe von gleichwahrscheinlichen Ereignissen bemessen. Dies bedeutet, daß etwas gemessen wird, welches das zu messende enthält.

2. Im Gegensatz zu Glücksspielen sind die Ausfallmöglichkeiten von technischen Erzeugnissen selten gleichwahrscheinlich, sondern sehr unterschiedlich verteilt. Daher ist die Definition nach Gl. (2.30) nicht allgemeingültig und dem klassischen Wahrscheinlichkeitsbegriff ist eine Alternative gegenüberzustellen.

2.3.2. Statistische Definition

Der statistische Wahrscheinlichkeitsbegriff beruht auf dem Gesetz der großen Zahlen. Es geht hierbei um die Überlegung, daß statistische Meßzahlen, welche aus einer Stichprobe ermittelt werden, im allgemeinen umso weniger von konstanten Grenzwerten abweichen werden, je größer der Umfang der Stichprobe ist[6].

Dieses bedeutet, daß die relative Häufigkeit bei Ausfall von m Elementen aus einer Stichprobe von n Elementen unter gleichen Bedingungen

$$h_{rel} = \frac{m}{n} \qquad (2.31)$$

beträgt. Werden unabhängig voneinander Versuche mit unterschiedlichen Stichprobenumfängen durchgeführt, so ergeben sich unterschiedliche relative Häufigkeiten. Mit zunehmenden Stichprobenumfang n wird die relative Ausfallhäufigkeit sich einem Grenzwert annähern, der wie folgt definiert wird, s. Abb. 2.20:

$$P(A) = \lim_{n \to \infty} \frac{m}{n} \,. \qquad (2.32)$$

Basis hierfür ist das schwache und starke Gesetz der großen Zahlen [5]. Auch diese Begriffsdefinition weist einen wesentlichen Nachteil auf: die Anzahl der Ereignisse bzw. der Ausfälle ist möglicherweise nicht groß genug, so daß die empirisch ermittelte relative Häufigkeit die wahre Wahrscheinlichkeit möglicherweise nicht korrekt wiedergibt. Daher ist auch diese Definition der Wahrscheinlichkeit nicht allgemeingültig. Für allgemeine Zuverlässigkeitsbetrachtungen ist diese jedoch ausreichend und wird daher im folgenden verwendet[7].

---

[6]Richard von Mises, 1883-1953 (aufgestellt 1931).

[7]Die moderne Theorie der Wahrscheinlichkeit geht auf die axiomatische Definition der Wahrscheinlichkeit von Kolmogorov zurück, 1903-1987 (aufgestellt 1933).

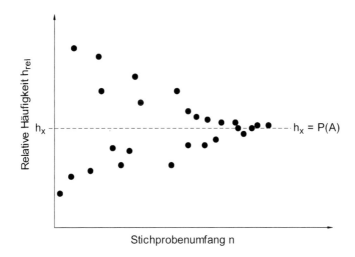

Abbildung 2.20.: Relative Häufigkeit in Abhängigkeit vom Stichprobenumfang.

2.4. Definition der Lebensdauer

Nach DIN 40041 [2] wird der Begriff Lebensdauer als die Betriebsdauer einer nicht instandzusetzenden Einheit vom Anwendungsbeginn bis zum Zeitpunkt des Ausfalls definiert.

Ist die Ausfallhäufigkeit keine Funktion der Zeit bzw. nicht abhängig vom Alter der Einheiten, dann kann der Begriff Lebensdauer auch bei instandzusetzenden Einheiten für die Betriebsdauer zwischen jeweils zwei aufeinanderfolgenden Ausfällen benutzt werden.

Die Lebensdauer wird durch zeitabhängige Einheiten beschrieben, wie beispielsweise Schaltzyklen, Belastungszyklen, Betriebsdauer, Abschaltungen sowie zurückgelegte Wegstrecken.

Da sich die Lebensdauer auch gleichartiger Einheiten bei identischen Betriebsbedingungen aufgrund zufälliger Streuungen unterscheiden, sind diese mit entsprechenden statistischen Methoden auszuwerten.

3. Mathematische Beschreibung der Zuverlässigkeit

Im Kapitel 2 ist das Ausfallverhalten durch empirisch ermittelte Ausfallfunktionen beschrieben. Bei der mathematischen Beschreibung der Zuverlässigkeit soll hingegen gezeigt werden, wie diese empirischen Ausfallfunktionen durch mathematische, geschlossene Funktionen approximiert werden können. Nachfolgend werden die wichtigsten im Bereich der Technik und der Elektrotechnik eingesetzten Lebensdauerverteilungen beschrieben [6],[7],[8].
Insbesondere die Weibull-Verteilung wird ausführlich behandelt, da diese Lebensdauerverteilung auch im Bereich des Maschinen- und Automobilbaus am häufigsten eingesetzt wird.

3.1. Normalverteilung

Die Gauß- oder Normalverteilung ist der mathematisch idealisierte Grenzfall, der sich immer dann einstellt, wenn sich viele voneinander unabhängige Zufalleinflüsse addieren, und zwar umso mehr, je größer ihre Anzahl ist.
Diese Aussage des zentralen Grenzwertsatzes der Statistik begründet die besondere Bedeutung der Normalverteilung in der angewandten Statistik, da zum Beispiel streuende Meßdaten selten das Ergebnis einer einzigen Zufallsvariablen sind, sondern eher durch Überlagerung vieler bekannter und unbekannter Parameter entstehen.
Für zufällig verteilte Beobachtungen, welche sich um einen Schwerpunkt ballen, von diesem Schwerpunkt gleichermaßen sowohl positiv als auch negativ abweichen und mit zunehmender Entfernung von diesem Schwerpunkt immer seltener werden, erfüllt die Normalverteilung diese Bedingungen. In Abb. 3.1-3.4 sind die Ausfallfunktionen der Normalverteilung für unterschiedliche Streumaße dargestellt.
Die Dichtefunktion $f(t)$ der Normalverteilung verläuft zum Mittelwert t_m voll-

kommen symmetrisch. Hierdurch fallen der Median t_{median} und der Modalwert t_{modal} mit dem Mittelwert zusammen.
Die Normalverteilung besitzt den Mittelwert t_m und die Standardabweichung σ als Parameter. Mit dem Mittelwert wird die Lage und mit der Standardabweichung die Streuung der Ausfallzeit bzw. die Form der Ausfallfunktion gekennzeichnet. Eine schmale und hohe Dichtefunktion weist auf eine geringe Standardabweichung hin, hingegen ein flacher und breiter Verlauf der Dichtefunktion eine hohe Standardabweichung bedeutet. Der Verlauf der Ausfallrate ist monoton wachsend, so daß sich die Normalverteilung auch für die Beschreibung des Bereiches 2 (s. Abschnitt 2.1.4) anwenden läßt.
Aufgrund der Forderung, daß die meisten Ausfälle am Mittelwert auftreten und dann symmetrisch zu diesem abnehmen müssen, kann die Normalverteilung auch negative Werte aufweisen. Da Ausfallzeiten nur positive Werte annehmen, kann die Normalverteilung bei deren Beschreibung nur bei Vernachlässigung des negativen Zeitbereiches verwendet werden[1]. Dieses ist eine deutliche Einschränkung bei der Beschreibung des Ausfallverhaltens durch die Normalverteilung.
Die Integrale in Gl. (3.2),(3.3) lassen sich nicht elementar lösen. Für die Ermittlung der Ausfallwahrscheinlichkeit $F(t)$ sowie der Überlebenswahrscheinlichkeit $R(t)$ muß auf entsprechende, numerisch ermittelte Tabellenwerte zurückgegriffen werden [9],[10],[11].

Dichtefunktion : $$f(t) = \frac{1}{\sigma\sqrt{2\pi}} e^{-\frac{(t-t_m)^2}{2\sigma^2}} \qquad (3.1)$$

Ausfallwahrscheinlichkeit : $$F(t) = \frac{1}{\sigma\sqrt{2\pi}} \int\limits_0^t e^{-\frac{(t-t_m)^2}{2\sigma^2}} dt \qquad (3.2)$$

Überlebenswahrscheinlichkeit : $$R(t) = \frac{1}{\sigma\sqrt{2\pi}} \int\limits_t^\infty e^{-\frac{(t-t_m)^2}{2\sigma^2}} dt \qquad (3.3)$$

Ausfallrate : $$\lambda(t) = \frac{f(t)}{R(t)} \qquad (3.4)$$

mit:

---

[1]Die Normalverteilung eignet sich daher nicht zur Beschreibung der Lebensdauer technischer Komponenten, da die für die Lebensdauerverteilung notwendige Randbedingung $R(0) = 0$ nicht erfüllt ist.

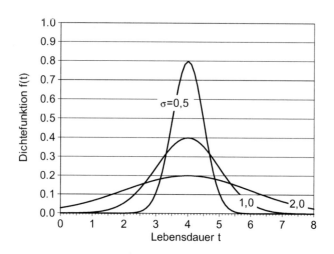

Abbildung 3.1.: Verlauf der Dichtefunktion bei der Normalverteilung.

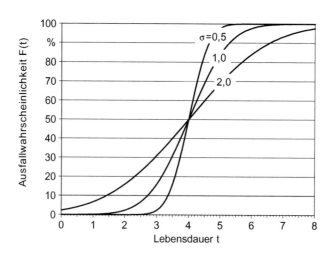

Abbildung 3.2.: Verlauf der Ausfallwahrscheinlichkeit bei der Normalverteilung.

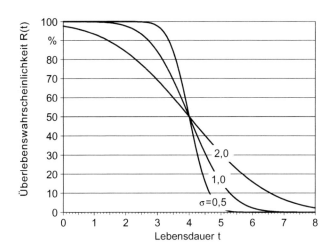

Abbildung 3.3.: Verlauf der Überlebenswahrscheinlichkeit bei der Normalverteilung.

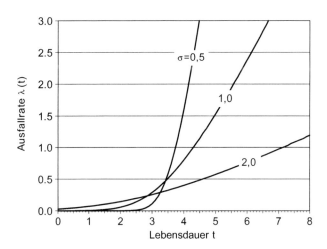

Abbildung 3.4.: Verlauf der Ausfallrate bei der Normalverteilung.

t: Statistische Variable (Zyklenzahl, Betriebsdauer, Lastwechsel, etc.).
t_m: Lageparameter der Verteilung ($t_m = t_{median} = t_{modal}$).
σ: Streumaß der Verteilung.

In der Praxis wird meist mit der Standard-Normalverteilung gerechnet, da für das Anwenden der Normalverteilung numerische Methoden erforderlich sind. Die standardisierte Form der Normalverteilung führt mittels der Substitution

$$t_m = u = \frac{\tau - \mu}{\sigma} \tag{3.5}$$

und

$$\frac{du}{d\tau} = \frac{1}{\sigma} \tag{3.6}$$

auf die Verteilungsfunktion

$$\phi(\mu) = F(u) = \frac{1}{\sqrt{2 \cdot \pi}} \int\limits_{-\infty}^{u} e^{-\frac{\tau^2}{2}} \, d\tau \tag{3.7}$$

mit

$$\phi(\mu) = 1 - \phi(-u) \tag{3.8}$$

und zur Dichtefunktion

$$\phi(u) = f(u) = \frac{1}{\sqrt{2 \cdot \pi}} e^{-\frac{u^2}{2}}. \tag{3.9}$$

Die standardisierte Normalverteilung besitzt den Mittelwert $t_m = 0$ und die Streuung $\sigma = 1$, siehe Abb. 3.5.
In Tabelle A.1 ist die entsprechende Summenfunktion der standardisierten Normalverteilung aufgeführt.

■ **Beispiel 3.1**
Ermittlung der Ausfallwahrscheinlichkeiten für die normalverteilte Lebensdauer elektomagnetischer Ventile in Stellantrieben.

geg.: *Die normalverteilte Lebensdauer dieser Ventile besitzt eine mittlere Lebensdauer von $\mu = 320000$ Betätigungen (BT) und eine Standardabweichung von $\sigma = 47000$ Betätigungen.*

ges.: *Es ist die Ausfallwahrscheinlichkeit dieser Magnetventile für den Bereich*
    a)   *$0 \; BT \; \leq \; t \leq 275000 \; BT$*
    b)   *$275000 \; BT \; \leq \; t \leq 350000 \; BT$*
    c)   *$390000 \; BT \; \leq \; t$*

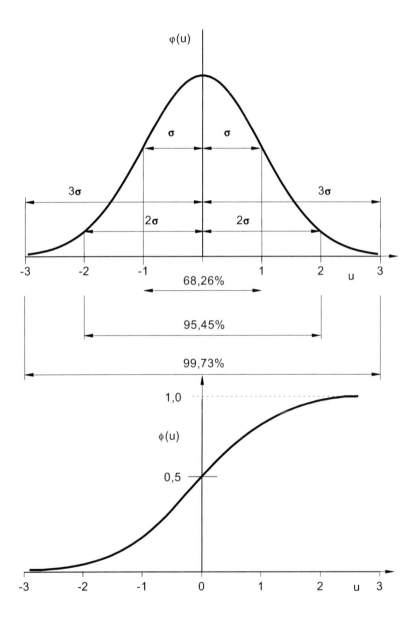

Abbildung 3.5.: Verlauf der standardisierten Normalverteilung.

zu ermitteln.

Lsg.:   a) *Mit Tabelle A.1 und* $\phi(-u) = 1 - \phi(u)$ *folgt:*

$$P(F \leq 275000) = F(275000)$$
$$\Leftrightarrow F(275000) = \phi(\frac{275000 - 320000}{47000})$$
$$\Leftrightarrow F(275000) = \phi(-0,957)$$
$$\Leftrightarrow F(275000) \approx 0,169 \ .$$

b) *Mit Tabelle A.1 und* $\phi(-u) = 1 - \phi(u)$ *folgt:*

$$P(275000 \leq T \leq 350000) = F(350000) - F(275000)$$
$$\Leftrightarrow F(350000) - F(275000) = \phi(\frac{350000 - 320000}{47000})$$
$$- \phi(\frac{275000 - 320000}{47000})$$
$$\Leftrightarrow F(350000) - F(275000) = \phi(0,638) - \phi(-0,957)$$
$$\Leftrightarrow F(350000) - F(275000) = 0,7383 - 0,1692$$
$$\Leftrightarrow F(350000) - F(275000) = 0,599 \ .$$

c) *Mit Tabelle A.1 und* $\phi(-u) = 1 - \phi(u)$ *folgt:*

$$P(390000 \leq T) = 1 - F(390000)$$
$$\Leftrightarrow 1 - F(390000) = 1 - \phi(\frac{390000 - 320000}{47000})$$
$$\Leftrightarrow 1 - F(390000) = 1 - \phi(1,499)$$
$$\Leftrightarrow 1 - F(390000) = 1 - 0,9331$$
$$\Leftrightarrow 1 - F(390000) = 0,0669 \ .$$

3.2. Logarithmische Normalverteilung

Die Lognormalverteilung ist eine Sonderform der Normalverteilung. Die Entstehung dieser Verteilung ist auf das multiplikative Zusammenwirken vieler

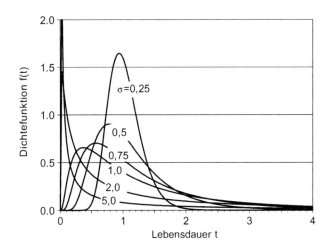

Abbildung 3.6.: Verlauf der Dichtefunktion bei der Lognormalverteilung.

Zufallsvariablen zurückzuführen. Wird die Zufallsvariable t in logarithmierter Form in Gl. (3.1)-(3.4) eingesetzt, so folgen diese logarithmierten Ausfallzeiten einer Normalverteilung.

Mit den Parametern t, t_m, σ der Lognormalverteilung können unterschiedliche Dichtefunktionen erzeugt und somit sehr unterschiedliche Ausfallverhalten beschrieben werden. In Abb. 3.6-3.9 sind die Ausfallfunktionen der Lognormalverteilung für unterschiedliche Streumaße dargestellt.

Mit Ausnahme der Dichtefunktion, welche sich in geschlossener Form darstellen läßt, muß die Ausfallwahrscheinlichkeit bzw. die Überlebenswahrscheinlichkeit mit entsprechenden Tabellen ermittelt werden [9],[10],[11].

Gemäß Abb. 2.12 lassen sich sowohl Frühausfälle als auch Zufallsausfälle recht gut mit den Ausfallfunktionen der Lognormalverteilung beschreiben. Die monoton steigende Ausfallrate im Bereich der ermüdungs- und verschleißbedingten Ausfälle kann durch die Lognormalverteilung jedoch nur bedingt beschrieben werden. Da die Dichte mit wachsendem t schnell auf ein Maximum ansteigt und dann wieder abnimmt, können mit der Lognormalverteilung Instandsetzungszeiten, Fahrleistungsdauern bei PKW's und NKW's sowie insbesondere zeitgeraffte Prüfungen (s. Abschnitt 4.2.3) gut beschrieben werden.

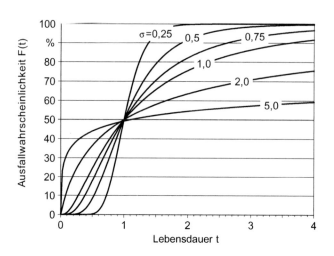

Abbildung 3.7.: Verlauf der Ausfallwahrscheinlichkeit bei der Lognormalverteilung.

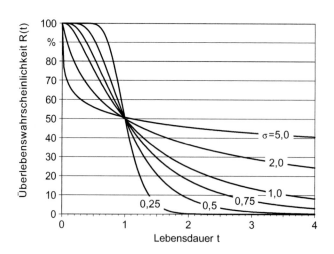

Abbildung 3.8.: Verlauf der Überlebenswahrscheinlichkeit bei der Lognormalverteilung.

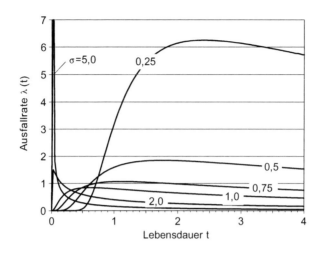

Abbildung 3.9.: Verlauf der Ausfallrate bei der Lognormalverteilung.

Dichtefunktion :
$$f(t) = \frac{1}{t \cdot \sigma \sqrt{2 \cdot \pi}} e^{-\frac{(\ln t - t_m)^2}{2\sigma^2}} \qquad (3.10)$$

Ausfallwahrscheinlichkeit :
$$F(t) = \int\limits_0^t \frac{1}{\tau \cdot \sigma \sqrt{2 \cdot \pi}} e^{-\frac{(\ln \tau - t_m)^2}{2\sigma^2}} d\tau$$
$$(3.11)$$

Überlebenswahrscheinlichkeit :
$$R(t) = 1 - F(t) \qquad (3.12)$$

Ausfallrate :
$$\lambda(t) = \frac{f(t)}{R(t)} \qquad (3.13)$$

mit:

t: Statistische Variable (Zyklenzahl, Betriebsdauer, Lastwechsel, etc.).

t_m: Lageparameter der Verteilung mit $t_{\text{median}} = e^{t_m}$.

σ: Streumaß der Verteilung.

3.3. Exponentialverteilung

Mit der Exponentialverteilung läßt sich ein Ausfallverhalten mit anfänglich hoher, aber kontinuierlich abnehmender Ausfallhäufigkeit beschreiben. Dieses Verhalten ist oft zu beobachten und ist auf Produktions- und Materialmängel zurückzuführen. Diese werden von der Endprüfung nicht entdeckt und fallen im Einsatz recht schnell aus.

Die Exponentialverteilung besitzt nur die Ausfallrate λ als Parameter. Die konstante Ausfallrate ist unabhängig vom betrachteten Zeitpunkt immer gleich. Dieses bedeutet, daß zu einem Zeitpunkt t immer ein gleich großer Prozentsatz der noch intakten Einheiten ausfällt. Die Komponenten mit exponentiell verteilter Lebensdauer altern nicht, da die Restlebensdauer $t > t_0$ nicht von der schon erreichten Lebensdauer t_0 abhängt.[2] In Abb. 3.10-3.13 sind die Ausfallfunktionen für unterschiedliche Werte des Lageparameters λ dargestellt.

Die Exponentialverteilung ist ein zweckmäßiges Modell für das ausschließliche Wirken von Zufallsausfällen und eignet sich somit für die Beschreibung der zufallsbedingten Ausfälle nach Abb. 2.12.

Die Exponentialverteilung wird im Maschinenbau aufgrund des beschriebenen Ausfallverhaltens sehr selten eingesetzt. Typische Beispiele für exponentialverteilte, zeitabhängige Zufallsgrößen sind beispielsweise die Dauer von Telefongesprächen, die Lebensdauer des radioaktiven Zerfalls sowie die Lebensdauer von nicht verschleißbehafteten Bauteilen. Die Exponentialverteilung wird daher besonders in der Elektrotechnik eingesetzt.

Dichtefunktion :
$$f(t) = \lambda e^{-\lambda t} \tag{3.14}$$

Ausfallwahrscheinlichkeit :
$$F(t) = 1 - e^{-\lambda t} \tag{3.15}$$

Uberlebenswahrscheinlichkeit :
$$R(t) = e^{-\lambda t} \tag{3.16}$$

Ausfallrate :
$$\lambda(t) = \text{konst.} \tag{3.17}$$

mit:

t: Statistische Variable (Zyklenzahl, Betriebsdauer, Lastwechsel, etc.).

λ: Lageparameter der Verteilung mit $\lambda = \frac{1}{t_m}$.

---

[2]Diese Eigenschaft vereinfacht Zuverlässigkeitsberechnungen, so daß die Exponentialverteilung in vielen Fällen auch dann inkorrekterweise angewendet wird, wenn die Produktlebensdauer nicht exponentialverteilt ist.

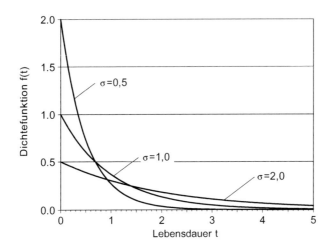

Abbildung 3.10.: Verlauf der Dichtefunktion bei der Exponentialverteilung.

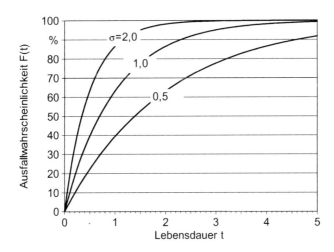

Abbildung 3.11.: Verlauf der Ausfallwahrscheinlichkeit bei der Exponentialverteilung.

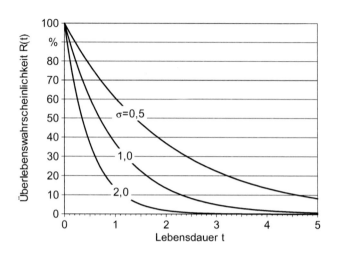

Abbildung 3.12.: Verlauf der Überlebenswahrscheinlichkeit bei der Exponentialverteilung.

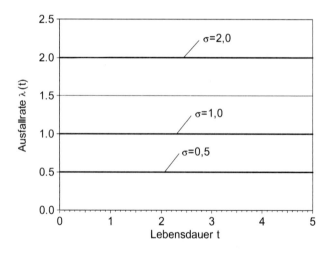

Abbildung 3.13.: Verlauf der Ausfallrate bei der Exponentialverteilung.

Der Erwartungs- bzw. Mittelwert ergibt sich zu:

$$t_m = \frac{1}{\lambda} = MTBF \ . \tag{3.18}$$

MTBF (mean time between failures) bezieht sich auf den Wert $1/\lambda$ und kennzeichnet die mittlere ausfallfreie Einsatzzeit von Komponenten bzw. Systemen mit konstanter Ausfallrate.

Der Begriff MTTF (mean time to failure) bezeichnet die mittlere Zeit zwischen der Inbetriebnahme und dem Zeitpunkt des Ausfalls. Dieser kann bei reparierbaren als auch bei nicht reparierbaren Einheiten verwendet werden.

Die Zuverlässigkeit bzw. die Überlebenswahrscheinlichkeit einer Komponente mit MTBF Arbeitsstunden beträgt:

$$R(MTBF) = e^{-\lambda \cdot MTBF} = e^{-1} \approx 0,37 \stackrel{\triangle}{=} 37 \ \% \ . \tag{3.19}$$

■ **Beispiel 3.2**

Ermittlung der Ausfallrate elektronischer Steuergeräte mit exponentialverteilter Lebensdauer.

geg.: *Die mittlere Lebensdauer elektronischer Steuergeräte ist vom Hersteller mit $t_m = 10000 \ h$ angegeben.*

ges.: *a) Es ist die Ausfallrate der Steuergeräte zu ermitteln.*

   b) Es ist der Anteil der Steuergeräte, welche eine mittlere Lebensdauer von $t_m = 10000 \ h$ überschreiten, zu berechnen.

   c) Es ist der Zeitpunkt zu bestimmen, bis zu dem 7 % der Steuergeräte ausfallen sind.

Lsg.: *a) Nach Gl. (3.18) folgt:*

$$\lambda = \frac{1}{t_m} = \frac{1}{10000} = 10^{-4} h^{-1} \ .$$

b) Nach Gl. (3.19) folgt:

$$t_m = \mu = 10000 \ h \ ,$$

$$R(t = t_m) = R(10000 \ h) = e^{\frac{10000}{10000}} = 0,368 \stackrel{\triangle}{=} 36,8 \ \% \ .$$

c) Nach Gl. (3.16) folgt:

$$t = -t_m \cdot \ln R(t) = -10000 \cdot \ln 0,93 = 725,1 \ h \ .$$

3.4. Binomialverteilung

Die diskrete Binomialverteilung, welche auch als Bernoulli[3]-Verteilung bezeichnet wird, ist den diskreten Verteilungen zuzuordnen. Diese Verteilungsfunktion ist, wie auch die hypergeometrische Verteilungsfunktion (Abschnitt 3.5), ganz wesentlich für die statistische Absicherung von Zuverlässigkeitsaussagen. Diese sehr wichtige, diskrete Verteilung wird dann angewendet, wenn eine vorhandene Versuchsanordnung folgende Charakteristika aufweist:

1. Bei dem durchzuführenden Versuch sind nur zwei Ergebnisse möglich. Seien die Ergebnisse mit A und B bezeichnet, so ergeben sich die Wahrscheinlichkeiten für diese Ergebnisse zu: $P(A) = p$ und $P(B) = 1 - p$.
2. Bei jedem einzelnen Versuch muß bei n durchgeführten Versuchen der Anteil p eines Merkmals gleich groß sein.
3. Die Ergebnisse der durchgeführten Versuche dürfen sich nicht gegenseitig beeinflussen, die einzelnen Versuche müssen voneinander unabhängig sein.

Der Anteil p bleibt dann konstant, wenn die entnommenen Einheiten wieder zurückgelegt werden (Stichprobenentnahme mit Zurücklegen). Soll das Verteilungsverhalten für den Fall, daß eine Stichprobenentnahme ohne Zurücklegen erfolgt, wenn also $n > 0, 1 \cdot N$ ist, ermittelt werden, so ist die hypergeometrische Verteilung zu verwenden.

In der Praxis ist dieses insbesondere für Lebensdaueruntersuchungen nicht durchführbar. Da die Anzahl der entnommenen Einheiten, also der Stichprobenumfang n meist sehr viel kleiner als die Grundgesamtheit N ist, bleibt der Anteil eines bestimmten Merkmals näherungsweise konstant, wenn $n \leq 0, 1 \cdot N$ ist.

Werden also aus einer Grundgesamtheit, von der ein Anteil p ein bestimmtes Merkmal aufweist, insgesamt n Teile entnommen und bleibt der Anteil p dabei konstant, so kann mit Hilfe der Binomialverteilung die Wahrscheinlichkeit bestimmt werden, für die x entnommene Einheiten dieses Merkmal aufweisen.

Für die Herleitung der Dichte- und Verteilungsfunktion der Binomialverteilung soll folgendes Beispiel dienen:

■ **Beispiel 3.3**
Herleitung der Dichte- und Verteilungsfunktion für die Binomialverteilung.

---

[3]Jakob Bernoulli, 1654-1705.

geg.: Bei der Produktion von Ölrückhalteventilen mittels eines SPS-gesteuerten Montageautomaten werden unter anderem Druckfedern und Rundschnurringe verbaut, welche bzgl. der geforderten Kennwerte noch im Grenzwertbereich der Spezifikation liegen, nach der Montage aller Bauteile jedoch eine zu große, nicht zu tolerierende Leckage aufweisen. Die durch umfangreiche Leckageversuche ermittelte Ausschußquote liegt bei $p = 15\ \%$. Es gelte folgendes Bernoulli-Modell:

- Jedesmal, wenn aus einem Auffangbehälter mit $n = 1000$ Ventilen eines entnommen wird, kann dieses ein Gutteil oder ein Schlechtteil sein. Bei jeder Entnahme sind also ausschließlich zwei Ergebnisse möglich (siehe Punkt 1).
- Wenn nach jeder Entnahme das entnommene Ventil wieder zurückgelegt wird, sich also wieder $n = 1000$ Ventile in dem Auffangbehälter befinden, ist die Wahrscheinlichkeit für ein erneut entnommenes Ventil, daß dieses ein Schlechtteil ist, $P(S) = 0,15$ bzw. für ein Gutteil $P(G) = 0,85$, unabhängig davon, wie oft die Entnahme durchgeführt wird (siehe Punkt 2).
- Da das Ventil nach jeder Entnahme wieder zurückgelegt wird, sind die jeweiligen Entnahmen bzw. Ergebnisse voneinander unabhängig (siehe Punkt 3).

ges.: Es ist die Wahrscheinlichkeit zu bestimmen, für 11 entnommene Ventile, welche jedesmal zurückgelegt werden, zunächst 9 Gutteile und dann 2 Schlechtteile zu erhalten.

Lsg.: Mittels des Produktgesetzes der Wahrscheinlichkeiten ergibt sich:

$$P(GGGGGGGGGSS) = (1 - 0,15)^9 \cdot 0,15^2 \qquad (3.20)$$
$$\Leftrightarrow \quad P(GGGGGGGGGSS) = 0,0052\ .$$

Dieses ist die Wahrscheinlichkeit, ein Ergebnis für genau diese Reihenfolge der 11 Ereignisse mit jeweils anschließendem Zurücklegen zu erhalten.
Diese bestimmte Wahrscheinlichkeit ist aber noch nicht das gesuchte Ergebnis, weil hier eine bestimmte Reihenfolge der Ereignisse unterstellt wurde. Es ist daher noch zu ermitteln, in wieviel verschiedenen Reihenfolgen 9 Gutteile und 2 Schlechtteile auftreten können.
Gemäß den Gesetzen der Kombinatorik ist für zwei Gruppen identischer Elemente die Permutation identisch mit der Kombination dieser Elemente [4]. Somit ergibt sich die Zahl der verschiedenen Anord-

nungsmöglichkeiten zu:

$$_k C_n = \binom{i}{k} = \frac{n!}{k!(n-k)!} \ . \tag{3.21}$$

Danach folgt für die verschiedenen Anordnungsmöglichkeiten von 9 Gutteilen und 2 Schlechtteilen:

$$_2 C_{11} = \binom{11}{2} \tag{3.22}$$

$$\Leftrightarrow \ _2 C_{11} = \frac{11!}{2! \cdot (11-2)!}$$

$$\Leftrightarrow \ _2 C_{11} = \frac{11!}{2! \cdot 9!}$$

$$\Leftrightarrow \ _2 C_{11} = 55 \ .$$

Gemäß dem Additionssatz für Wahrscheinlichkeiten ergibt sich die gesuchte Wahrscheinlichkeit zu:

$$P(2) = 0,0052 + 0,0052 + 0,0052 + \ldots + 0,0052$$

$$\Leftrightarrow \ P(2) = 55 \cdot 0,0052$$

$$\Leftrightarrow \ P(2) = 0,2866 \stackrel{\wedge}{=} 28,66 \ \% \ .$$

Dieses ist die Wahrscheinlichkeit, aus einem Auffangbehälter, in welchem sich $n = 1000$ Rückhalteventile mit jeweils 850 Gutteilen und 150 Schlechtteilen befinden, 11 Rückhalteventile mit Zurücklegen zu entnehmen, von denen 2 Schlechtteile und 9 Gutteile sind.

Da eine Versuchsanordnung mit Zurücklegen verwendet wurde, ist die Gesamtzahl der Rückhalteventile im Auffangbehälter für die Berechnung nicht relevant. Der Berechnungsansatz mittels Additions- und Multiplikationssatz ergibt sich mit Gl. (3.20), (3.22):

$$P(2) = \binom{11}{2}(1 - 0,15)^9 \cdot 0,15^2 \ . \tag{3.23}$$

Wird Gl. (3.23) verallgemeinert, ergibt sich die Dichteverteilung der Binomialverteilung :

$$P(X = x) = \binom{n}{x}(1 - p)^{n-x} p^x \ . \tag{3.24}$$

Die Verteilungsfunktion der Binomialverteilung ergibt sich durch die Aufsummierung der einzelnen Ausfall- bzw. Eintrittswahrscheinlichkeiten:

$$P(X \leq x) = \sum_{i=0}^{x} \binom{n}{i} (1-p)^{n-i} p^i \qquad (3.25)$$

mit:

n: ganzzahliger Umfang der Stichprobe.

x: ganzzahliger Umfang der Schlechtteile bzw. ausgefallener Einheiten.

p: Anteil der Schlechtteile bzw. ausgefallener Einheiten in der Grundgesamtheit.

$(1-p)$: Anteil der Gutteile bzw. intakter Einheiten in der Grundgesamtheit.

Die Binomialverteilung ist abhängig von den Parametern p und n. Sie bestimmen das Erscheinungsbild der Verteilung. In Abb. B.1-B.10 ist die Verteilungsdichte P(X=x) in Abhängigkeit vom Stichprobenumfang n, der Anzahl der Schlechtteile x in der Stichprobe sowie dem Anteil schlechter Teile in der Grundgesamtheit p dargestellt.

Mit zunehmenden Stichprobenumfang verschiebt sich die Verteilung zu höheren Werten von x hin und die Verteilung wird breiter.

Die Gesamtform wird vor allem durch das Produkt np bestimmt. Für kleine Werte von n ist die Verteilung etwas schmäler, da immer $x \leq n$ gilt. Die Verteilung wird für kleine Werte von n in Richtung kleine Werte von x verschoben. Für $p = 0,5$ ist die Verteilung symmetrisch, bei allen anderen Werten asymmetrisch.

Der Anteil fehlerhafter Einheiten von mehreren Stichproben ist nur dann binomialverteilt, wenn alle Stichproben aus der gleichen Grundgesamtheit entnommen wurden. Ändert sich der Anteil p, so wird die Verteilung der Stichprobenergebnisse immer breiter als die Binomialverteilung angibt.

Die Binomialverteilung konvergiert für große Stichprobenumfänge gegen die Normalverteilung. Die Konvergenz ist für $np > 5$ akzeptabel, insbesondere dann, wenn p weder sehr klein noch sehr groß ist $(0,1 < p < 0,9)$. Für große Stichprobenumfänge bzw. für $p < 0,1$ wird die Binomialverteilung näherungsweise durch die Poisson-Verteilung (siehe Abschnitt 3.6) approximiert. Der Mittelwert der Binomialverteilung ergibt sich zu:

$$\mu = n \cdot p \qquad (3.26)$$

und die Varianz der Binomialverteilung berechnet sich nach:

$$\sigma^2 = np \cdot (1-p) \, . \qquad (3.27)$$

Das Beispiel 3.4 zeigt die Anwendung der Dichteverteilung und der Verteilungs-funktion der Binomialverteilung.

■ **Beispiel 3.4**

Berechnung der Wahrscheinlichkeit für das Vorhandensein defekter Mikroschal-ter in einem Fahrzeugdachsystem mittels der Binomialverteilung.

geg.: *Ein Fahrzeugdachsystem ist insgesamt mit 7 Mikroschalter bestückt. Der Hersteller dieser Mikroschalter gibt aufgrund eigener Zuverlässigkeits-untersuchungen die Wahrscheinlichkeit für einen defekten Mikroschalter mit $p = 0,01$ an.*

ges.: *Es ist die Wahrscheinlichkeit zu bestimmen, daß das Fahrzeugdach*

a) *mit keinem defekten Mikroschalter bestückt ist,*
b) *mit genau einem defekten Mikroschalter bestückt ist,*
c) *mit mindestens einem defekten Mikroschalter bestückt ist,*
d) *mit mehr als einem defekten Mikroschalter bestückt ist.*

Lsg.: a) *Mit Gl. (3.24) ergibt sich:*

$$P(X = 0) = \binom{7}{0}(1 - 0,01)^7 \cdot 0,01^0$$

$$\Leftrightarrow P(X = 0) = \frac{7!}{0!(7 - 0)!}\, 0,99^7 \cdot 0,01^0$$

$$\Leftrightarrow P(X = 0) = 0,932 \ .$$

b)

$$P(X = 1) = \binom{7}{1}(1 - 0,01)^7 \cdot 0,01^1$$

$$\Leftrightarrow P(X = 1) = \frac{7!}{1!(7 - 1)!}\, 0,99^7 \cdot 0,01^1$$

$$\Leftrightarrow P(X = 1) = 0,0652 \ .$$

c)

$$P(X \geq 1) = \sum_{i=1}^{7} \binom{7}{i}(1 - 0,01)^7 \cdot 0,01^i$$

$$\Leftrightarrow P(X \geq 1) = 1 - P(0)$$

$$\Leftrightarrow P(X \geq 1) = 1 - 0,932$$

$$\Leftrightarrow P(X \geq 1) = 0,068 \ .$$

d)

$$P(X \geq 2) = \sum_{i=2}^{7} \binom{7}{i} (1 - 0,01)^7 \cdot 0,01^i$$

$$\Leftrightarrow P(X \geq 2) = 1 - P(0) - P(1)$$

$$\Leftrightarrow P(X \geq 2) = 1 - 0,932 - 0,0652$$

$$\Leftrightarrow P(X \geq 2) = 0,0028 \ .$$

Sind die Wahrscheinlichkeiten $P(1), P(2), \ldots, P(n)$ und die angenommenen Kosten C_i für den Ersatz bzw. den Austausch von genau i defekten Schaltern bekannt, so kann der Erwartungswert C der gesamten Reparaturkosten, insbesondere innerhalb des Gewährleistungszeitraums, für die defekten Schalter gemäß

$$C = P(1) \cdot C_1 + P(2) \cdot C_2 + \ldots + P(n) \cdot C_n \tag{3.28}$$

bestimmt werden (n ist ganzzahlig).

3.5. Hypergeometrische Verteilung

Kann bei einer Stichprobenentnahme ohne ein Zurücklegen der entnommenen Einheiten das Mischungsverhältnis der Grundgesamtheit nicht vernachlässigt werden, ist die diskrete, hypergeometrische Verteilung zu verwenden. Diese Verteilung berücksichtigt die Veränderung, also den Anteil der Schlechtteile in der Grundgesamtheit, durch die Stichprobenentnahme. Die Dichteverteilung der hypergeometrischen Verteilung ist gegeben durch:

$$P(X = x) = \frac{\binom{M}{x}\binom{N-M}{n-x}}{\binom{N}{n}} \tag{3.29}$$

und die Verteilungsfunktion ist charakterisiert durch:

$$P(X \leq x) = \sum_{i=0}^{x} \frac{\binom{M}{i}\binom{N-M}{n-i}}{\binom{N}{n}} \tag{3.30}$$

mit:

n: ganzzahliger Umfang der Stichprobe.

x: ganzzahliger Umfang der Schlechtteile bzw. ausgefallener Einheiten.

M: ganzzahliger Umfang der Schlechtteile bzw. ausgefallener Einheiten in der Grundgesamtheit.

N: ganzzahliger Umfang der Grundgesamtheit.

Die hypergeometrische Verteilung wird durch die drei Parameter n, N, M charakterisiert und ist aufwendiger zu berechnen als die Binomialverteilung. Daher wird diese in der Praxis meist durch die Binomialverteilung mit $p = M/N$ und $n < 0,1 \cdot N$ angenähert. In Abb. C.1-C.11 ist der Verlauf der hypergeometrischen Verteilung für verschiedene Parameterwerte dargestellt. Der Mittelwert der hypergeometrischen Verteilung ist durch

$$\mu(x) = n \cdot \frac{M}{N} \tag{3.31}$$

und die Varianz der hypergeometrischen Verteilung durch

$$\sigma^2(x) = n \cdot \frac{M}{N} \cdot \frac{N - M}{N} \cdot \frac{N - n}{N - 1} \ . \tag{3.32}$$

Analog zu Beispiel 3.4 soll in Beispiel 3.5 die praktische Anwendung der hypergeometrischen Verteilung gezeigt werden.

■ **Beispiel 3.5**
Berechnung der Wahrscheinlichkeit für das Vorhandensein defekter Mikroschalter in einem Fahrzeugdachsystem mit der hypergeometrischen Verteilung.

geg.: *Bei der Montage eines jeden Fahrzeugdachsystems sind 7 Mikroschalter zu montieren. Diese Mikroschalter werden einer am Montageband stehenden Transportbox entnommen, welche bei Anlieferung mit $N = 1000$ Mikroschaltern gefüllt ist. Von diesen 1000 Mikroschaltern waren nach späteren Angaben des Herstellers 10 Mikroschalter defekt.*
Nacheinander werden immer 7 Mikroschalter ohne Zurücklegen entnommen.

ges.: *Es ist die Wahrscheinlichkeit zu bestimmen, daß*

   a) die ersten 10 Fahrzeugdächer mit keinem defekten Mikroschalter bestückt sind,

   b) die ersten 10 Fahrzeugdächer mit höchstens einem defekten Mikroschalter bestückt sind,

   c) die ersten 100 Fahrzeugdächer mit keinem defekten Mikroschalter bestückt sind,

d) *die ersten 100 Fahrzeugdächer mit höchstens einem defekten Mikroschalter bestückt sind,*

e) *die ersten 10 Fahrzeugdächer mit mindestens einem defekten Mikroschalter bestückt sind,*

f) *die ersten 100 Fahrzeugdächer mit mindestens einem defekten Mikroschalter bestückt sind.*

Weiterhin ist

g) *der Mittelwert für jeweils $n_1 = 10$ und $n_2 = 100$ Fahrzeugdächer*

h) *und die Varianz für jeweils $n_1 = 10$ und $n_2 = 100$ Fahrzeugdächer zu bestimmen.*

Lsg.: a) *mit $n = 70, X = 0, M = 10, N = 1000$ ergibt sich:*

$$P(X = 0)_{70} = \frac{\binom{10}{0}\binom{1000-10}{70-0}}{\binom{1000}{70}}$$

$$\Leftrightarrow P(X = 0)_{70} = \frac{\binom{10}{0}\binom{990}{70}}{\binom{1000}{70}}$$

$$\Leftrightarrow P(X = 0)_{70} = 0,4823 \ .$$

b) *mit $n = 70, X \leq 1, M = 10, N = 1000$ ergibt sich:*

$$P(X \leq 1)_{70} = P(X = 0)_{70} + P(X = 1)_{70}$$

$$\Leftrightarrow P(X = 1)_{70} = \frac{\binom{10}{1}\binom{1000-10}{70-1}}{\binom{1000}{70}}$$

$$\Leftrightarrow P(X = 1)_{70} = 0,3666 \ .$$

$$P(X = 0)_{70} = \frac{\binom{10}{1}\binom{990}{69}}{\binom{1000}{70}}$$

$$\Leftrightarrow P(X = 0)_{70} = 0,4823$$

$$\Leftrightarrow P(X \leq 1)_{70} = 0,4823 + 0,3666$$

$$\Leftrightarrow P(X \leq 1)_{70} = 0,8489 \ .$$

c) *mit $n = 700, X = 0, M = 10, N = 1000$ ergibt sich:*

$$P(X = 0)_{700} = \frac{\binom{10}{0}\binom{1000-10}{700-0}}{\binom{1000}{700}}$$

$$\Leftrightarrow P(X = 0)_{700} = \frac{\binom{10}{0}\binom{990}{700}}{\binom{1000}{700}}$$

$$\Leftrightarrow P(X = 0)_{700} = 0,531 \cdot 10^{-6} \ .$$

d) mit $n = 700, X \leq 1, M = 10, N = 1000$ ergibt sich:

$$P(X \leq 1)_{700} = P(X = 0)_{700} + P(X = 1)_{700}$$

$$\Leftrightarrow P(X = 1)_{700} = \frac{\binom{10}{1}\binom{1000-10}{70-1}}{\binom{1000}{70}}$$

$$\Leftrightarrow P(X = 1)_{700} = 127,697 \cdot 10^{-6} \ .$$

$$P(X = 0)_{700} = \frac{\binom{10}{1}\binom{990}{69}}{\binom{1000}{70}}$$

$$\Leftrightarrow P(X = 0)_{700} = 0,531 \cdot 10^{-6}$$

$$\Leftrightarrow P(X \leq 1)_{700} = 0,531 \cdot 10^{-6} + 127,697 \cdot 10^{-6}$$

$$\Leftrightarrow P(X \leq 1)_{700} = 128,23 \cdot 10^{-6} \ .$$

e) mit $n = 70, X \geq 1, M = 10, N = 1000$ ergibt sich:

$$P(X \geq 1)_{70} = 1 - P(0)_{70}$$

$$\Leftrightarrow P(X \geq 1)_{70} = 1 - 0,4823$$

$$\Leftrightarrow P(X \geq 1)_{70} = 0,5177 \ .$$

f) mit $n = 700, X \geq 1, M = 10, N = 1000$ ergibt sich:

$$P(X \geq 1)_{700} = 1 - P(0)_{700}$$

$$\Leftrightarrow P(X \geq 1)_{700} = 1 - 0,531 \cdot 10^{-6}$$

$$\Leftrightarrow P(X \geq 1)_{700} = 0,99999947 \ .$$

g) mit $n_1 = 70, M = 10, N = 1000$ ergibt sich:

$$\mu(X)_1 = n_1 \cdot \frac{M}{N}$$

$$\Leftrightarrow \mu(X)_1 = 70 \cdot \frac{10}{1000}$$

$$\Leftrightarrow \mu(X)_1 = 0,7 \ .$$

mit $n_1 = 700, M = 10, N = 1000$ ergibt sich:

$$\mu(X)_1 = n_1 \cdot \frac{M}{N}$$

$$\Leftrightarrow \mu(X)_1 = 700 \cdot \frac{10}{1000}$$

$$\Leftrightarrow \mu(X)_1 = 7 \ .$$

h) mit $n_1 = 70, M = 10, N = 1000$ *ergibt sich:*

$$\sigma^2(X)_1 = n_1 \cdot \frac{M}{N} \cdot \frac{N-M}{N} \cdot \frac{N-n}{N-1}$$

$$\Leftrightarrow \sigma^2(X)_1 = 70 \cdot \frac{10}{1000} \cdot \frac{1000-10}{1000} \cdot \frac{1000-70}{1000-1}$$

$$\mu(X)_1 = 0,645 \ .$$

mit $n_1 = 700, M = 10, N = 1000$ *ergibt sich:*

$$\sigma^2(X)_1 = n_1 \cdot \frac{M}{N} \cdot \frac{N-M}{N} \cdot \frac{N-n}{N-1}$$

$$\Leftrightarrow \sigma^2(X)_1 = 700 \cdot \frac{10}{1000} \cdot \frac{1000-10}{1000} \cdot \frac{1000-700}{1000-1}$$

$$\mu(X)_1 = 2,081 \ .$$

3.6. Poisson-Verteilung

Wenn für die Binomialverteilung der Stichprobenumfang $n \to \infty$ strebt und dabei gleichzeitig das Produkt

$$\lambda = n \cdot p \tag{3.33}$$

konstant bleibt[4], dann approximiert die Poisson-Verteilung[5] die Binomialverteilung mit brauchbarer Genauigkeit.
Für die praktische Anwendung der Poisson-Verteilung gelten die Werte $p \leq 0,1$, $n \geq 50$, $x << n$ als Orientierung.
Die Dichtefunktion der Poisson-Verteilung ist gegeben durch:

$$P(X = x) = e^{-\lambda} \frac{\lambda^x}{x!} \tag{3.34}$$

mit $x = 0, 1, 2, \ldots, n$ und $\lambda > 0$.
Die Verteilungsfunktion ist gegeben durch:

$$P(X \leq x) = e^{-\lambda} \sum_{i=0}^{x} \frac{\lambda^i}{i!} \tag{3.35}$$

mit:

---

[4]Was zugleich bedeutet, daß $p \to 0$ strebt, also die Eintrittswahrscheinlichkeit des im Sinne der Fragestellung günstigen Ereignisses sehr klein wird.
[5]Simon De Poisson, 1781-1840.

λ: Mittlere Anzahl von Schlechtteilen bzw. ausgefallener Einheiten.

x: Ganzzahliger Anteil von Schlechtteilen bzw. ausgefallener Einheiten.

In Abb. D.1 ist der Verlauf der Poisson-Verteilung für verschiedene Parameterwerte dargestellt.

Der Erwartungswert und die Varianz sind bei der Poisson-Verteilung identisch:

$$\lambda(x) = \sigma^2(x) = \lambda \ . \tag{3.36}$$

Das Beispiel 3.6 zeigt eine Anwendung der Poisson-Verteilung und vergleicht diese mit der Binomialverteilung.

■ **Beispiel 3.6**

Berechnung der Wahrscheinlichkeit für außerhalb der Toleranzvorgaben befindliche Stanzblechen in einem Fahrzeugdachsystem mittels der Poisson-Verteilung.

geg.: *2,5 % der von einem Zulieferer produzierten Stanzbleche liegen maßlich außerhalb der vorgegebenen Toleranz und müssen nachbehandelt werden.*

ges.: *a) Es ist die Wahrscheinlichkeit zu bestimmen, daß innerhalb einer Stichprobe von $n = 5$ Stanzblechen genau ein Stanzblech außerhalb der Toleranz liegt.*

b) Als Vergleich für die Güte der Näherung ist zusätzlich die Binomialverteilung anzuwenden.

c) Für beide Verteilungen ist die Varianz zu bestimmen.

Lsg.: *a) Die Anwendung der Poisson-Verteilung ergibt mit Gl. (3.24):*

$$\lambda = n \cdot p$$
$$\Leftrightarrow \ \lambda = 5 \cdot 0,025$$
$$\Leftrightarrow \ \lambda = 0,125 \ .$$

Somit ergibt sich die gesuchte Wahrscheinlichkeit zu:

$$P(X = 1) = \frac{0,125}{1!} e^{-0,125}$$
$$\Leftrightarrow \ P(X = 1) = 0,1103 \stackrel{\wedge}{=} 11,03 \ \% \ .$$

b) Die Anwendung der Binomialverteilung mit Gl. (3.24) ergibt:

$$P(X = 1) = \binom{5}{1} (1 - 0,025)^{5-1} \cdot 0,025^1$$
$$\Leftrightarrow \ P(X = 1) = \frac{5!}{1!(5 - 1)!} \ 0,975^4 \cdot 0,025$$
$$\Leftrightarrow \ P(X = 0) = 0,1130 \stackrel{\wedge}{=} 11,3 \ \% \ .$$

Die Anwendung der Binomialverteilung ergibt eine ausgeprägte Näherung an die Poisson-Verteilung.

c) Für die Varianz der Binomialverteilung gilt mit Gl. (3.27):

$$\sigma^2 = np \cdot (1 - p)$$
$$\Leftrightarrow \sigma^2 = 5 \cdot 0,025 \cdot (1 - 0,025)$$
$$\Leftrightarrow \sigma^2 = 0,1219 \ .$$

Für die Varianz der Poisson-Verteilung gilt mit Gl. (3.36):

$$\sigma^2 = \lambda$$
$$\Leftrightarrow \sigma^2 = np$$
$$\Leftrightarrow \sigma^2 = 5 \cdot 0,025$$
$$\Leftrightarrow \sigma^2 = 0,125 \ .$$

3.7. Weibull-Verteilung

Die Weibull-Verteilung ist die bei Lebensdauer- und Zuverlässigkeitsuntersuchungen besonders häufig verwendete Verteilung. Mit der Weibull-Verteilung kann unterschiedliches Ausfallverhalten in allen drei Phasen der Badewannenkurve beschrieben werden und hat daher im Maschinenbau, besonders in der Automobilindustrie eine herausragende Bedeutung [6],[12]. In der Wälzlagertechnik ist die Weibull-Verteilung als Standard eingeführt.
Sie wird aber auch benutzt, um Korngrößenverteilungen, Wellenamplituden, Warteschlangenprobleme sowie Windverteilungen zu beschreiben[6].

3.7.1. Parameter der Weibull-Verteilung

Der Formparameter b ist ein Maß für die Streuung der Ausfallzeit t und für die Form der Ausfalldichte. In Abhängigkeit vom Formparameter b können die einzelnen Bereiche der Badewannenkurve beschrieben werden, siehe Abb. 3.14:

---

[6]Die Weibull-Verteilung wurde erstmalig (1939) in der Theorie der Materialermüdung vom schwedischen Forscher Waloddi Weibull (1887-1979) angewendet. Mit dem Ziel, daß Ausfallverhalten in diesen Ermüdungsversuchen korrekt zu beschreiben, entwickelte er 1951 eine universelle Verteilung [13]. Bei der Postulierung dieser sich zur Beschreibung von Lebensdauerversuchen gut geeigneten Funktion gab es keine wahrscheinlichkeitstheoretische Begründung. Diese Verteilungsfunktion wurde ausschließlich auf empirischer Grundlage entwickelt.

- für den Bereich der Frühausfälle ist der Formparameter $b < 1$,
- für den Bereich der Zufallsausfälle ist der Formparameter $b = 1$,
- für den Bereich der Verschleißausfälle ist der Formparameter $b > 1$.

Durch Variation der Parameter ihrer Verteilungsfunktion $F(t)$ kann die Weibull-Verteilung verschiedene andere Verteilungen annähern:.

- Mit dem Formparameter $b = 0.5 \ldots 1$ kann näherungsweise die Exponentialverteilung dargestellt werden.
- Mit dem Formparameter $b = 2$ kann näherungsweise die Lognormalverteilung dargestellt werden.
- Mit dem Formparameter $b = 3.2 \ldots 3.6$ kann näherungsweise die Gaußsche Normalverteilung dargestellt werden.

Die charakteristische Lebensdauer T ist der Lageparameter der Weibull-Verteilung und kann als Mittelwert der Verteilung betrachtet werden. Vergrößert sich die charakteristische Lebensdauer T, dann verschiebt sich das Ausfallverhalten in Richtung zu längeren Ausfallzeiten.
Die Weibull-Verteilung wird als zweiparametrige oder dreiparametrige Verteilung angewendet.

3.7.2. Zweiparametrige Weibull-Verteilung

Die zweiparametrige Weibull-Verteilung besitzt als Parameter die charakteristische Lebensdauer oder den Lageparameter T sowie die Ausfallsteilheit b. Wesentliches Merkmal der zweiparametrigen Weibull-Verteilung ist, daß die Ausfälle stets mit dem Zeitpunkt t=0 beschrieben werden. Der graphische Verlauf der Dichtefunktion, der Ausfallwahrscheinlichkeit, der Überlebenswahrscheinlichkeit sowie der Ausfallrate ist für unterschiedliche Formparameter bei konstanter charakteristischer Lebensdauer T und einer angenommenen ausfallfreien Zeit $t_0 = 0$ in den Abb. 3.15-3.18 dargestellt.
Nachstehend sind die mathematischen Bedingungen der zweiparametrigen

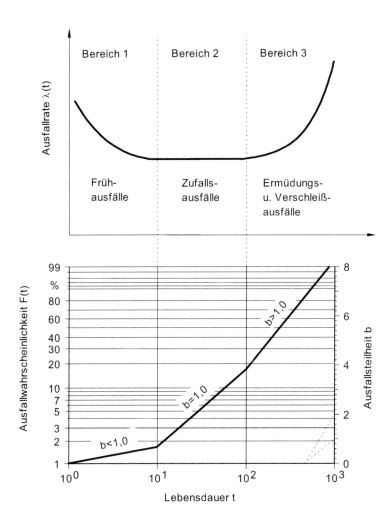

Abbildung 3.14.: Beschreibung unterschiedlicher Ausfallursachen im Weibull-Wahrscheinlichkeitsnetz.

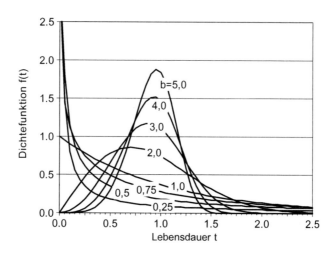

Abbildung 3.15.: Verlauf der Dichtefunktion bei der Weibull-Verteilung.

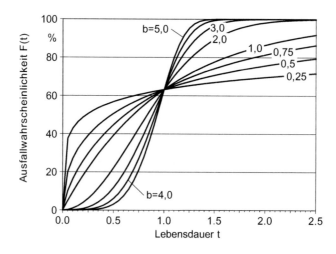

Abbildung 3.16.: Verlauf der Ausfallwahrscheinlichkeit bei der Weibull-Verteilung.

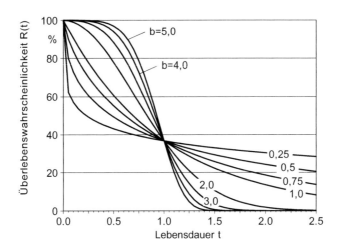

Abbildung 3.17.: Verlauf der Überlebenswahrscheinlichkeit bei der Weibull-Verteilung.

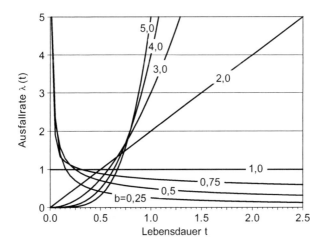

Abbildung 3.18.: Verlauf der Ausfallrate bei der Weibull-Verteilung.

Weibull-Verteilung aufgeführt:

Dichtefunktion :
$$f(t) = \frac{dF}{dt} \tag{3.37}$$

$$\Leftrightarrow f(t) = \frac{b}{T}(\frac{t}{T})^{b-1}e^{-(\frac{t}{T})^b} \tag{3.38}$$

Ausfallwahrscheinlichkeit :
$$F(t) = 1 - e^{-(\frac{t}{T})^b} \tag{3.39}$$

Überlebenswahrscheinlichkeit:
$$R(t) = e^{-(\frac{t}{T})^b} \tag{3.40}$$

Ausfallrate :
$$\lambda(t) = \frac{f(t)}{R(t)} \tag{3.41}$$

$$\Leftrightarrow \lambda(t) = \frac{b}{T}(\frac{t}{T})^{b-1} \tag{3.42}$$

mit:

t: Statistische Variable (Zyklenzahl, Betriebsdauer, Lastwechsel, etc.).
T: Charakteristische Lebensdauer der Verteilung.
b: Formparameter bzw. Ausfallsteilheit der Verteilung.

3.7.3. Dreiparametrige Weibull-Verteilung

Bei vielen technischen Produkten wird eine gewisse Zeit für die Schadensentstehung benötigt. Beispielsweise muß zur Entstehung von Grübchen auf einer Kugel eines Wälzlagers zuerst eine Rißbildung und eine Rißausbreitung stattfinden oder es muß erst eine Schutzschicht an einem Bauteil abgerieben werden, bevor der eigentliche Prozess der Bauteilbelastung beginnt.

Daher besitzt die dreiparametrige Weibull-Verteilung neben den Parametern T und b noch die ausfallfreie Zeit t_0 als zusätzlichen Parameter. Mittels einer Zeittransformation $(t \rightarrow t - t_0)$, $(T \rightarrow T - t_0)$ läßt sich die dreiparametrige aus der zweiparametrigen Weibull-Verteilung ableiten. Die zweiparametrige Weibull-Verteilung ist somit ein Sonderfall der dreiparametrigen Verteilung mit

$t_0 = 0$.

Dichtefunktion :
$$f(t) = \frac{dF}{dt} \tag{3.43}$$

$$\Leftrightarrow f(t) = \frac{b}{T - t_0}(\frac{t - t_0}{T - t_0})^{b-1}e^{-(\frac{t-t_0}{T-t_0})^b} \tag{3.44}$$

Ausfallwahrscheinlichkeit :
$$F(t) = 1 - e^{-(\frac{t-t_0}{T-t_0})^b} \tag{3.45}$$

Uberlebenswahrscheinlichkeit :
$$R(t) = e^{-(\frac{t-t_0}{T-t_0})^b} \tag{3.46}$$

Ausfallrate :
$$\lambda(t) = \frac{f(t)}{R(t)} \tag{3.47}$$

$$\Leftrightarrow \lambda(t) = \frac{b}{T - t_0}(\frac{t - t_0}{T - t_0})^{b-1} \tag{3.48}$$

mit:

t: Statistische Variable (Zyklenzahl, Betriebsdauer, Lastwechsel, etc.).
T: Charakteristische Lebensdauer der Verteilung.
b: Formparameter bzw. Ausfallsteilheit der Verteilung.
t_0:   Ausfallfreie Zeit (Zeitpunkt des Ausfallbeginns).

Für beide Weibull-Verteilungen ergibt sich die Ausfallwahrscheinlichkeit zum Zeitpunkt $t = T$ zu:

$$F(t = T) = 1 - e^{-(\frac{T}{T})} = 1 - e^{-1} = 1 - \frac{1}{e} = 0,632 \triangleq 63,2 \ \% \ .$$

Die Überlebenswahrscheinlichkeit beträgt somit

$$R(t = T) = 1 - F(t) = 0,368 \triangleq 36,8 \ \% \ .$$

Die (Über)-Lebensdauer einer Einheit zum Zeitpunkt $t = T$ ist mit einer Ausfallwahrscheinlichkeit $F(t) = 0,632$ kleiner oder gleich T.
Diese charakteristische Lebensdauer T ist definiert für die Ausfallwahrscheinlichkeit

$$F(t = T) = 63,2 \ \%$$

und ist ein Maß für die Lage der Weibull-Verteilung.
Für einen Formparameter von $b = 1$ ergibt sich eine konstante Ausfallrate, welche nur von b und T abhängig ist:

$$\lambda(t = T, b = 1) = \frac{b}{T} \, . \tag{3.49}$$

Nachfolgend werden weitere Kenngrößen der zwei- bzw. dreiparametrigen Weibull-Verteilung beschrieben.

3.7.4. Erwartungswert

Der Mittelwert t_m der Weibull-Verteilung läßt sich nur mit Hilfe der Gammafunktion $\Gamma(\bullet)^7$ ermitteln [4]. Der auch als Erwartungswert $E(t)$ bezeichnete Mittelwert ergibt sich zu:

$$t_m = T \cdot \Gamma \left(1 + \frac{1}{b}\right) \quad \text{(zweiparametrig)}, \tag{3.50}$$

$$t_m = (T - t_0) \cdot \Gamma \left(1 + \frac{1}{b}\right) + t \quad \text{(dreiparametrig)}. \tag{3.51}$$

In der Literatur wird der Erwartungswert für nicht instandzusetzende Einheiten auch als mittlere Lebensdauer MTTF (mean time to failure), hingegen dieser für instandzusetzende Einheiten auch als mittlere Betriebsdauer bis zum Ausfall mit MTBF (mean operating time between failures) bezeichnet wird.

3.7.5. Standardabweichung

Die Standardabweichung der Weibull-Verteilung läßt sich ebenfalls nur mit Hilfe der Gammafunktion ermitteln:

$$\sigma = T \sqrt{\Gamma(1 + \frac{2}{b}) - \Gamma^2(1 + \frac{1}{b})} \quad \text{(zweiparametrig)}, \tag{3.52}$$

$$\sigma = (T - t_0) \sqrt{\Gamma(1 + \frac{2}{b}) - \Gamma^2(1 + \frac{1}{b})} \quad \text{(dreiparametrig)}. \tag{3.53}$$

---

[7]Die Gammafunktion, auch als Eulersches Integral bezeichnet, ermöglicht eine Ausdehnung des Begriffs Fakultät auf beliebige Zahlen, auch auf komplexe Zahlen.

3.7.6. Varianz

Analog zur Standardabweichung läßt sich die Varianz ermitteln zu:

$$\sigma^2 = T^2 \sqrt{\Gamma(1 + \frac{2}{b}) - \Gamma^2(1 + \frac{1}{b})} \quad \text{(zweiparametrig)}, \qquad (3.54)$$

$$\sigma^2 = (T - t_0)^2 \sqrt{\Gamma(1 + \frac{2}{b}) - \Gamma^2(1 + \frac{1}{b})} \quad \text{(dreiparametrig)}. \qquad (3.55)$$

3.7.7. Verfügbarkeit

Die Verfügbarkeit A oder Dauerverfügbarkeit A_D ist die Wahrscheinlichkeit eines Bauteils zu einem Zeitpunkt t in einem betriebsfähigen Zustand zu sein:

$$A_D = \frac{MTTF}{MTTF + \text{MTTR}} . \qquad (3.56)$$

MTTR (mean time for repair) ist die mittlere Ausfall- bzw. Reparaturzeit. Zur Berechnung der Dauerverfügbarkeit A_D müssen der Erwartungswert MTTF bzw. die mittlere Reparaturzeit MTTR in gleichen Einheiten vorliegen. Die Ermittlung der Systemdauerverfügbarkeit wird in Kapitel 6 beschrieben.

3.7.8. B_q-Lebensdauer

Die q-prozentuale Lebensdauer t_q kann ebenfalls zur Charakterisierung des Ausfallverhaltens eingesetzt werden. Sie steht für die Lebensdauer bis zu der q-Prozent der Einheiten ausgefallen sind bzw. (100 %-q)-Prozent der Einheiten noch intakt sind. Im einzelnen sind diese:

$$t_{10} = T(ln(\frac{1}{1 - 0,1}))^{\frac{1}{b}} = 0,1054^{\frac{1}{b}}T \quad \text{(nominelle Lebensdauer)}, \qquad (3.57)$$

$$t_{50} = T(ln(\frac{1}{1 - 0,5}))^{\frac{1}{b}} = 0,6931^{\frac{1}{b}}T \quad \text{(Median)}, \qquad (3.58)$$

$$t_{90} = T(ln(\frac{1}{1 - 0,9}))^{\frac{1}{b}} = 2,303^{\frac{1}{b}}T. \qquad (3.59)$$

■ **Beispiel 3.7**
Auswertung weibullverteilter Lebensdauerdaten pneumatischer Betätigungszylinder für die Steuerung von im Abgasstrom angeordneten Drosselklappen in NKW-Dieselmotoren.

geg.:   *Für die pneumatischen Betätigungszylinder soll die charakteristische Le*
bensdauer $T = 9,7$ Jahre, die Ausfallsteilheit $b = 2,0$ und die Garan-
tiezeit $t = 2$ Jahre mit einem Reklamationsanteil von $n_{R,G} = 7\ \%$
betragen.

ges.:   *Folgende Kenngrößen sind zu ermitteln:*

a) *die Ausfallrate der Betätigungszylinder nach $t = 10$ Jahren,*

b) *die Wahrscheinlichkeit für das Erreichen einer Lebensdauer von*
   $t = 9$ Jahren,

c) *die Lebensdauer, welche von 95 % der Druckluftzylinder erreicht*
   wird,

d) *der Wert der mittleren Lebensdauer der Druckluftzylinder,*

e) *der Reklamationsanteil, wenn der Garantiezeitraum auf $t_G = 3$ Jah-*
   re erweitert wird,

f) *der Zeitpunkt, an dem die Druckluftzylinder auszuwechseln sind,*
   wenn diese aus ökonomischen Gründen bei einem prognostizierten
   Ausfallanteil von 16 % ausgetauscht werden sollen

g) *und die Wahrscheinlichkeit, daß die Druckluftzylinder innerhalb der*
   Garantiezeit, zwischen dem 4. und dem 6. Betriebsjahr sowie min-
   destens 10 Jahre ohne Ausfall funktionieren.

Lsg.:   a) *Mit Gl. (3.42) folgt:*

$$\lambda(10\ Jahre) = \frac{2,0}{9,7}(\frac{10}{9,7})^{2-1} = 0,213\ Jahre^{-1} \triangleq 21,3\ \%/Jahr\ .$$

Nach einer Betriebszeit von $t_B = 10$ Jahre beträgt die Wahrschein-
lichkeit für einen Ausfall im 11. Betriebsjahr $21,3\ \%$.

b) *Mit Gl. (3.40) folgt:*

$$R(t = 9\ Jahre) = e^{-(\frac{9}{9,7})^{2,0}} = 0,423\ .$$

Der Anteil der Druckluftzylinder, welcher eine Lebensdauer von $t =$
9 Jahre erreicht, beträgt somit $42,3\ \%$.

c) *Aus Gl. (3.40) folgt:*

$$t = T\sqrt[b]{-\ln R(t)} = 9,7\sqrt[2]{-\ln 0,95}\ Jahre = 2,197\ Jahre\ .$$

d) *Mit Gl. (3.50) folgt:*

$$E(T) = T\ \Gamma\ (\frac{1}{b} + 1) = 9,7\ \Gamma\ (\frac{1}{2} + 1) = 9,7\frac{\sqrt{\pi}}{2}\ Jahre\ .$$

Die mittlere Lebensdauer der Steuerungszylinder beträgt somit $t_m = 8,596$ Jahre.

e) Der Reklamationsanteil ermittelt sich zu:

$$R(t) \overset{!}{=} 0,93$$

$$\Leftrightarrow T = \frac{t}{\sqrt[2]{-\ln 0,93}}$$

$$\Leftrightarrow T = 7,424 \; Jahre \; .$$

$$R(3 \; Jahre) = e^{-\left(\frac{3}{7,424}\right)^2} = 0,849 \; .$$

Dieses bedeutet, daß $\approx 85\,\%$ der Druckluftzylinder eine auf 3 Jahre erweiterte Garantie ohne Ausfall überstehen. Die Anzahl der reklamierten Druckluftzylinder steigt dabei auf $15,1\,\%$.

f) Aus Gl. (3.39) folgt:

$$t = T(-\ln(1 - F(t)))^{\frac{1}{b}} = 9,7(-\ln(1 - 0,16))^{0,5} = 4,050 \; Jahre \; .$$

g) Während der Garantiezeit gilt:

$$P(2 \; Jahre) = F(t = 2 \; Jahre) = 1 - e^{-\left(\frac{2}{9,7}\right)^2} = 0,0416 \; .$$

Zwischen dem 4. und dem 6. Betriebsjahr gilt:

$$P(4 \leq t_B \leq 6) = F(6 \; Jahre) - F(4 \; Jahre)$$

$$\Leftrightarrow P(4 \leq t_B \leq 6) = (1 - e^{-\left(\frac{6}{9,7}\right)^2}) - (1 - e^{-\left(\frac{4}{9,7}\right)^2})$$

$$\Leftrightarrow P(4 \leq t_B \leq 6) = 0,3179 - 0,1564 = 0,1615 \; .$$

Für eine Betriebsdauer von mindestens 10 Jahren gilt:

$$P(t_B > 10 \; Jahre) = R(10 \; Jahre) = e^{-\left(\frac{10}{9,7}\right)^2} = 0,3455 \; .$$

4. Konzeption von Lebensdauerversuchen

Für die Konzeption von Lebensdauerversuchen soll im Rahmen dieses Kapitels der Schwerpunkt auf die Beschreibung der statistischen Prüfplanung liegen. Es wird der Zusammenhang zwischen dem erforderlichen Stichprobenumfang, dem Lebensdauerverhältnis, der Mindestzuverlässigkeit, der Aussagewahrscheinlichkeit, der Ausfallsteilheit und reduzierter Stichprobenumfänge beschrieben. Entsprechende Prüfstrategien für vollständige und unvollständige (zensierte) Prüfungen als auch Vorgehensweisen zur Prüfzeitverkürzung (Raffungsversuche) werden eingehend behandelt[1][1],[2],[6],[8],[12].

Im Rahmen der statistischen Prüfplanung sind die Grundbedingungen einer repräsentativen Stichprobe einzuhalten. Dieses bedeutet, daß die zu prüfenden Bauteile rein zufällig ermittelt werden müssen.

4.1. Statistische Absicherung von Zuverlässigkeitsaussagen

In diesem Abschnitt soll der Zusammenhang zwischen

- der Mindestzuverlässigkeit R,
- der Aussagewahrscheinlichkeit P_A,
- dem Stichprobenumfang n,
- dem Lebensdauerverhältnis L_v und
- dem reduzierten Stichprobenumfang n_x infolge von Ausfällen

auf Basis der Binomialverteilung beschrieben werden.

---

[1] Entsprechende Beispiele zu vollständigen und unvollständigen Prüfungen finden sich in Kapitel 5.

4.1.1. Mindestzuverlässigkeit

Ist eine Anzahl n von Prüflingen gegeben und sind diese identisch, dann besitzen alle n Prüflinge zum Zeitpunkt t die Zuverlässigkeit $R_1(t)$, $R_2(t)$, $R_3(t)$, $\dots$, $R_n(t)$. Nach dem Produktgesetz der Wahrscheinlichkeiten gilt für die Wahrscheinlichkeit, daß alle n Prüflinge zum Zeitpunkt t noch intakt sind:

$$R_1(t) \cdot R_2(t) \cdot R_3(t) \cdot \ldots \cdot R_n(t) = R(t)^n \ . \tag{4.1}$$

4.1.2. Aussagewahrscheinlichkeit

Ist $R(t)$ die Überlebenswahrscheinlichkeit des Prüflings und $R(t)^n$ die Wahrscheinlichkeit, daß alle n untersuchten Teile die geforderte Lebensdauer bis zum Zeitpunkt t erreichen, so gilt für die Aussagewahrscheinlichkeit P_A, daß bis zum Zeitpunkt t mindestens ein Ausfall zu beobachten ist:

$$P_A = 1 - R(t)^n \ . \tag{4.2}$$

Hat sich bei einer Prüfung einer Stichprobe vom Umfang n bis zum Zeitpunkt t noch kein Ausfall ereignet, so ist mit einer Aussagewahrscheinlichkeit P_A die Zuverlässigkeit eines Prüflings:

$$R(t) = (1 - P_A)^{\frac{1}{n}} \ . \tag{4.3}$$

Die Umkehrung von Gl. (4.3) gilt unter wahrscheinlichkeitstheoretischen Aspekten nur für sehr große Stichprobenumfänge, soll hier aber auch kleine Stichprobenumfänge berücksichtigen.

4.1.3. Stichprobenumfang

Bei Berücksichtigung der Voraussetzung, daß bis zum Zeitpunkt t noch kein Bauteil ausgefallen ist, läßt sich der mindesterforderliche Stichprobenumfang n nach Gl. (4.3) berechnen:

$$R(t) = (1 - P_A)^{\frac{1}{n}}$$

$$\Leftrightarrow \ln R(t) = \frac{1}{n} \ln(1 - P_A) \tag{4.4}$$

$$\Leftrightarrow \qquad n = \frac{\ln(1 - P_A)}{\ln R(t)} \ . \tag{4.5}$$

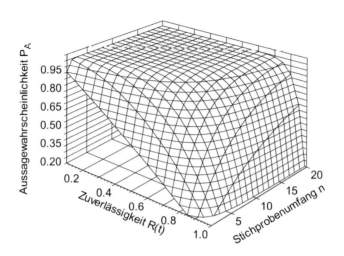

Abbildung 4.1.: Aussagewahrscheinlichkeit P_A in Abhängigkeit von der Mindestzuverlässigkeit $R(t)$ und einem Stichprobenumfang n, Success Run.

Der funktionale Zusammenhang zwischen der Mindestzuverlässigkeit $R(t)$, der Aussagewahrscheinlichkeit P_A und dem Stichprobenumfang n unter der Voraussetzung, daß bis zum Zeitpunkt t alle Einheiten noch intakt sind (Success Run), ist in Abb. 4.1 dargestellt. Anhand von Beispiel 4.1 soll der beschriebene Zusammenhang nochmals verdeutlicht werden.

■ **Beispiel 4.1**
Ermittlung des Stichprobenumfangs n für eine gegebene Aussagewahrscheinlichkeit P_A und einer Mindestzuverlässigkeitsvorgabe $R(t)$, Success-Run.

geg.:   *Es ist die Mindestzuverlässigkeitsvorgabe für ein Federbein-Dämpfungselement von $R(150000\ km) = 85\ \%$ mit einer Aussagewahrscheinlichkeit (Vertrauensniveau) von $P_A = 90\ \%$ gegeben.*

ges.:   *Für die genannten Vorgaben ist der Stichprobenumfang n zu ermitteln.*

Lsg.:   *Nach Gl. 4.2 ergibt sich der gesuchte Stichprobenumfang zu:*

$$R(t)^n = 1 - P_A. \tag{4.6}$$

Gl. (4.6) logarithmiert ergibt:

$$\ln R(t)^n = \ln(1 - P_A). \tag{4.7}$$

Gl. (4.7) nach n aufgelöst ergibt:

$$n = \frac{\ln(1 - P_A)}{\ln R(t)} \tag{4.8}$$

$$\Leftrightarrow \ n = \frac{\ln(1 - 0,9)}{\ln 0,85}$$

$$\Leftrightarrow \ n = 14,17 \ .$$

$$n_{gewählt} = 15 \ . \tag{4.9}$$

Abb. 4.2 zeigt den graphischen Zusammenhang zwischen dem gesuchten Stichprobenumfang n, der geforderten Mindestzuverlässigkeit R(t) = 0,85 und der geforderten Aussagewahrscheinlichkeit P_A = 0,9 unter der Voraussetzung, daß bis zum Zeitpunkt t alle Prüflinge noch intakt sind (Succes-Run).

4.1.4. Lebensdauerverhältnis

Mit dem Lebensdauerverhältnis L_v soll der Einfluß einer Erhöhung bzw. einer Verringerung der Testzeit t_p auf den erforderlichen Stichprobenumfang n, der Mindestzuverlässigkeit $R(t)$ und der zugehörigen Aussagewahrscheinlichkeit P_A beschrieben werden.

Für die Mindestzuverlässigkeit $R(t)$ zum Zeitpunkt t gilt nach Gl. (3.40):

$$R(t) = e^{-\left(\frac{t}{T}\right)^b}.$$

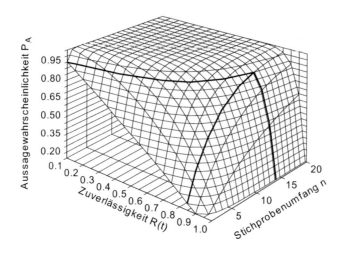

Abbildung 4.2.: Erforderlicher Stichprobenumfang n für eine geforderte Mindestzuverlässigkeit $R(t) = 0,85$ und einer geforderten Aussagewahrscheinlichkeit $P_A = 0,9$, Success Run.

Wird bis zum Zeitpunkt $t_p \neq t$ getestet, so gilt:

$$R(t_p) = e^{-\left(\frac{t_p}{T}\right)^b} \tag{4.10}$$

$$\Leftrightarrow \ln R(t_p) = \ln R(t) L_v^b \tag{4.11}$$

$$\Leftrightarrow \frac{R(t_p)}{R(t)} = \frac{e^{-\left(\frac{t_p}{T}\right)^b}}{e^{-\left(\frac{t}{T}\right)^b}} \tag{4.12}$$

$$\Leftrightarrow \frac{\ln R(t_p)}{\ln R(t)} = \frac{\left(\frac{t_p}{T}\right)^b}{\left(\frac{t}{T}\right)^b} \tag{4.13}$$

$$\Leftrightarrow \frac{\ln R(t_p)}{\ln R(t)} = \left(\frac{t_p}{t}\right)^b . \tag{4.14}$$

Mit

$$L_v^b = \left(\frac{t_p}{t}\right)^b \tag{4.15}$$

folgt

$$\ln R(t_p) = \ln R(t) L_v^b \tag{4.16}$$

$$\Leftrightarrow \quad R(t_p) = e^{\ln R(t) L_v^b} \tag{4.17}$$

$$\Leftrightarrow \quad R(t_p) = R(t)^{L_v^b} . \tag{4.18}$$

Das Lebensdauerverhältnis L_v ist somit der Quotient aus der Prüfdauer t_p und der geforderten Lebensdauer t:

$$L_v = \frac{t_p}{t} . \tag{4.19}$$

Ist als zusätzlicher Parameter eine ausfallfreie Zeit t_0 zu berücksichtigen, so gilt:

$$L_v = \frac{t_p - t_0}{t - t_0} . \tag{4.20}$$

Für die Prüfzeit gilt bei gegebenem Lebensdauerverhältnis:

$$t_p = L_v(t - t_0) + t_0 . \tag{4.21}$$

Mit Gl. (4.2), (4.15), (4.17) folgt für die Aussagewahrscheinlichkeit:

$$P_A = 1 - R(t_p)^n \tag{4.22}$$

$$\Leftrightarrow \quad P_A = 1 - (R(t)^{L_v^b})^n \tag{4.23}$$

$$\Leftrightarrow \quad P_A = 1 - R(t)^{L_v^b n} . \tag{4.24}$$

Für die Zuverlässigkeit gilt somit:

$$R(t) = (1 - P_A)^{\frac{1}{L_v^b n}} . \tag{4.25}$$

Um eine hohe Informationsdichte zu erreichen, wird eine dreidimensionale Darstellung des graphischen Zusammenhangs gewählt. Mit der Substitution $\eta = L_v^b$ und $\psi = \frac{1}{\eta n}$ ergibt sich Gl. (4.25) zu:

$$R(t) = (1 - P_A)^{\psi} . \tag{4.26}$$

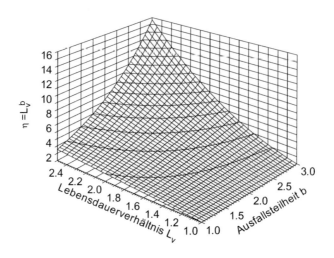

Abbildung 4.3.: Graphischer Zusammenhang zwischen dem Lebensdauerverhältnis L_v , der Ausfallsteilheit b und dem Kennwert $\eta =$
L_v^b, Success Run.

Abb. 4.3 zeigt den graphischen Zusammenhang zwischer dem Kennwert η, dem
Lebensdauerverhältnis L_v und der Ausfallsteilheit b.
Abb. 4.4 zeigt den graphischen Zusammenhang zwischer dem Kennwert η, dem
Kennwert ψ und dem Stichprobenumfang n.
Mit Abb. 4.3, 4.4 ergibt sich der graphische Verlauf der Mindestzuverlässigkeit
$R(t)$, der Aussagewahrscheinlichkeit P_A und dem Kennwert ψ gemäß Abb. 4.5.
Die Beispiele 4.2 und 4.3 sollen die Anwendung dieser Zusammenhänge veran-
schaulichen.

■ **Beispiel 4.2**
Bestimmung des Lebensdauerverhältnisses L_v in Abhängigkeit von der Mindest-
zuverlässigkeit $R(t)$, der Aussagewahrscheinlichkeit P_A und dem Stichproben-
umfang n, Success-Run.

geg.:   *Für $n = 17$ pneumatische Schaltknäufe gibt es eine geforderte Min-*
destzuverlässigkeit $R(900000\ Betätigungen) = 90\,\%$ bei einer Aussage-
wahrscheinlichkeit $P_A = 95\,\%$ und einer angenommenen Ausfallsteilheit
$b = 2,9$.

ges.:   *Es ist die für die Vorgaben erforderliche Anzahl der Schaltknaufbetäti-*

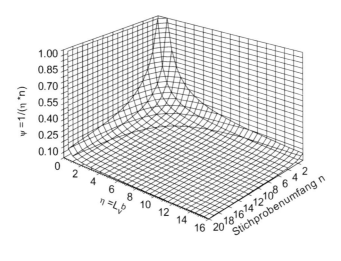

Abbildung 4.4.: Graphischer Zusammenhang zwischen dem Stichprobenumfang n, dem Kennwert $\eta = L_v^b$ und dem Kennwert $\psi = \frac{1}{\eta n}$, Success Run.

gungen zu ermitteln.

Lsg.:   *Aus Gl. (4.24) folgt:*

$$R(t)^{L_v^b n} = 1 - P_A \ . \tag{4.27}$$

Gl. (4.27) logarithmiert ergibt:

$$\ln R(t)^{L_v^b n} = \ln(1 - P_A) \ . \tag{4.28}$$

Aus Gl. (4.28) ergibt sich das Lebensdauerverhältnis zu:

$$L_v^b n = \frac{\ln(1 - P_A)}{\ln R(t)} \tag{4.29}$$

$$\Leftrightarrow L_v = (\frac{\ln(1 - P_A)}{\ln R(t)} \frac{1}{n})^{\frac{1}{b}} \tag{4.30}$$

$$\Leftrightarrow L_v = (\frac{\ln(1 - 0,95)}{\ln 0,9} \frac{1}{17})^{\frac{1}{2,9}}$$

$$\Leftrightarrow L_v = 1,194 \ .$$

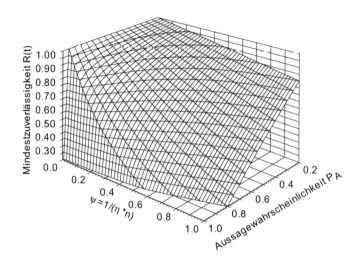

Abbildung 4.5.: Graphischer Zusammenhang zwischen der Aussagewahrscheinlichkeit P_A, der Mindestzuverlässigkeit $R(t)$ und dem Kennwert $\psi = \frac{1}{\eta n}$, Success Run.

Mit Gl. 4.19 ergibt sich:

$$t_p = L_v t \ . \tag{4.31}$$

*Die Lebensdauer t entspricht hier der Anzahl der geforderten Betäti-
gungen für die gegebene Schaltknaufzuverlässigkeit. Somit ergibt sich
die Anzahl der für die Einhaltung der Vorgaben geforderten Betätigungen zu:*

$$t_p = 1,194 \cdot t$$
$$\Leftrightarrow \ t_p = 1,194 \cdot (900000 \ Betätigungen)$$
$$\Leftrightarrow \ t_p = 1074655 \ Betätigungen \ .$$

*Den graphischen Zusammenhang zeigen die Abb. 4.6-4.8. Für die gege-
bene Mindestzuverlässigkeit $R(t) = 0,9$ und Aussagewahrscheinlichkeit
$P_A = 0,95$ ergibt sich mit Abb. 4.6 der Kennwert $\psi \approx 0,035$. Mit dem
Kennwert $\psi \approx 0,035$ und dem gegebenen Stichprobenumfang $n = 17$ ergibt sich nach Abb. 4.7 der Kennwert $\eta \approx 1,66$. Mit $\eta \approx 1,66$ und der*

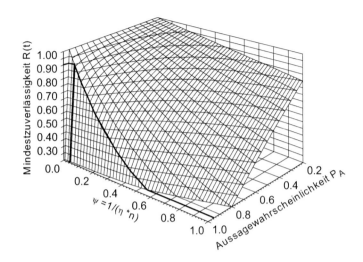

Abbildung 4.6.: Kennwert $\psi \approx 0,035$ für eine gegebene Mindestzuverlässigkeit $R(t) = 0,9$ und einer gegebenen Aussagewahrscheinlich-
keit $P_A = 0,95$, Success Run.

*gegebenen Ausfallsteilheit $b = 2,9$ ergibt sich mit Abb. 4.8 das gesuchte
Lebensdauerverhältnis zu $L_v \approx 1,20$.*

■ **Beispiel 4.3**
*Vergleich des Lebensdauerverhältnisses L_v von Hydraulikaggregaten zur Betäti-
gung von Fahrzeugdachsystemen für unterschiedliche Stichprobenumfänge n_1, n_2
in Abhängigkeit von der Mindestzuverlässigkeit, der Aussagewahrscheinlichkeit
und dem Stichprobenumfang, Succes-Run.*

geg.:   *Hydraulikaggregate zur Betätigung eines Fahrzeugdachsystems mit einer geforderten Mindestlebensdauer von $t_1 = 7000$ Betätigungen bei
einer Aussagewahrscheinlichkeit $P_A = 85$ % und einer aus vergleichbaren Untersuchungen bekannten Ausfallsteilheit $b = 1,7$ (Success-Run).
Zur Verfügung steht das Budget für einen Versuch mit $n_1 = 2$ Hydraulikaggregaten über $t_1 = 7000$ Dachbetätigungen bzw. für einen Versuch
mit $n_2 = 1$ Hydraulikaggregaten über maximal $t_2 = 14000$ Dachbetätigungen.*

ges.:   *Folgende Parameter werden benötigt:*

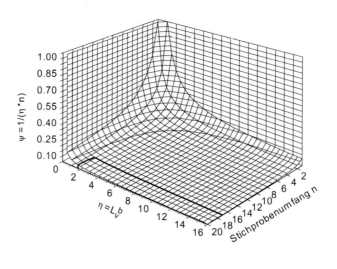

Abbildung 4.7.: Kennwert $\eta \approx 1,66$ für einen Stichprobenumfang $n = 17$ und dem Kennwert $\psi \approx 0,035$, Success Run.

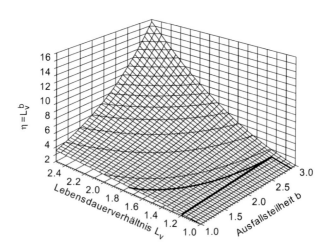

Abbildung 4.8.: Lebensdauerverhältnis $L_v \approx 1,20$ für eine Ausfallsteilheit $b = 2,9$ und dem Kennwert $\eta \approx 1,66$, Success Run.

a) *Ermittlung der Bauteilzuverlässigkeit $R(t_1)$ für einen Stichprobenumfang $n_1 = 2$ und einer Betätigungshäufigkeit $t_1 = 7000$ Betätigungen ($L_{v,1} = 1$).*
b) *Ermittlung der Bauteilzuverlässigkeit $R(t_2)$ für einen Stichprobenumfang $n_2 = 1$ und einer Betätigungshäufigkeit $t_2 = 14000$ Betätigungen ($L_{v,2} = 2$).*

Lsg.:   *Mit den beschriebenen Zusammenhängen ergibt sich:*

a) *Mit Gl. 4.24 folgt:*

$$P_A = 1 - R_1(t)^{L_{v,1}^b n_1} \ . \tag{4.32}$$

Aus Gl. (4.32) ergibt sich:

$$R_1(t)^{L_{v,1}^b n_1} = 1 - P_A \ . \tag{4.33}$$

Gl. (4.33) nach $R_1(t)$ aufgelöst:

$$R_1(t) = (1 - P_A)^{\frac{1}{L_{v,1}^b n_1}} \tag{4.34}$$

$$\Leftrightarrow R_1(t) = (1 - 0,85)^{\frac{1}{1^{1,7} \cdot 2}}$$

$$\Leftrightarrow R_1(t) = 38,73 \ \% \ .$$

b) *Analog zu Punkt a) folgt:*

$$R_2(t) = (1 - 0,85)^{\frac{1}{2^{1,7} \cdot 1}} \tag{4.35}$$

$$\Leftrightarrow R_2(t) = 55,77 \ \% \ . \tag{4.36}$$

c) Für gleiche Mindestzuverlässigkeiten gilt:

$$R_1(t) \overset{!}{=} R_2(t) \tag{4.37}$$

$$\Leftrightarrow \quad 0,3873 = R_2(t) \tag{4.38}$$

$$\Leftrightarrow \quad 0,3873 = (1 - P_A)^{\frac{1}{L_{v,2}^b n_2}} \tag{4.39}$$

$$\Leftrightarrow \quad \ln(0,3873) = \frac{1}{L_{v,2}^b n_2} \ln(1 - P_A) \tag{4.40}$$

$$\Leftrightarrow \quad \ln(0,3873) = \frac{1}{L_{v,2}^b n_2} \ln(1 - P_A) \tag{4.41}$$

$$\Leftrightarrow \quad L_{v,2} = (\frac{1 - P_A}{\ln 0,3873} \frac{1}{n_2})^{\frac{1}{b}} \tag{4.42}$$

$$\Leftrightarrow \quad L_{v,2} = (\frac{1 - 0,85}{\ln 0,3873} \frac{1}{1})^{\frac{1}{1,7}} \tag{4.43}$$

$$\Leftrightarrow \quad L_{v,2} = 1,50 \ . \tag{4.44}$$

Die Anzahl der erforderlichen Betätigungen, um mit einem unter-suchten Hydraulikaggregat die gleiche Mindestzuverlässigkeit wie unter Punkt a) zu erreichen, errechnet sich zu:

$$t_p = 1,50 \cdot t$$

$$\Leftrightarrow \quad t_p = 1,194 \cdot (7000 \ Betätigungen)$$

$$\Leftrightarrow \quad t_p = 10524 \ Betätigungen \ .$$

Die graphische Lösung ergibt sich aus den Abb. 4.9-4.11:

a) Für die gegebenen Werte $L_{v1} = 1$ und $b = 1,7$ ergibt sich mit Abb. 4.9 der Kennwert $\eta_{(a)} = 1$. Mit $\eta_{(a)} = 1$ und $n_1 = 2$ wird mit Abb. 4.10 der Kennwert $\psi_{(a)} \approx 0,5$ abgelesen. Mit $\psi_{(a)} \approx 0,5$ und $P_A = 0,85$ ergibt sich gemäß Abb. 4.11 $R_{(a)}(t) \approx 38,8$ %.

b) Für die gegebenen Werte $L_{v2} = 2$ und $b = 1,7$ ergibt sich mit Abb. 4.9 der Kennwert $\eta_{(b)} \approx 3,25$. Mit $\eta_{(b)} \approx 3,25$ und $n_2 = 1$ wird mit Abb. 4.10 der Kennwert $\psi_{(b)} \approx 0,31$ abgelesen. Mit $\psi_{(b)} \approx 0,31$ und $P_A = 0,85$ ergibt sich gemäß Abb. 4.11 $R_{(b)}(t) \approx 56$ %.

Das Beispiel 4.4 zeigt, wie sich die Zuverlässigkeit der Prüflinge verändert, wenn innerhalb eines gegebenen Stichprobenumfangs ein Bauteil vorzeitig ausfällt.

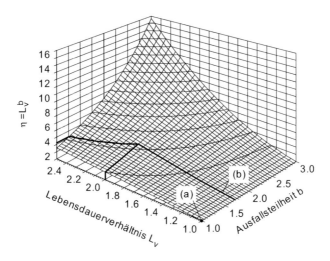

Abbildung 4.9.: Kennwert $\eta_{(a)} = 1$, $\eta_{(b)} \approx 3,25$ für ein gegebenes Lebensdauer-verhältnis $L_{v1} = 1$, $L_{v2} = 2$ und einer Ausfallsteilheit $b = 1,7$, Success Run.

Zusätzlich soll gezeigt werden, wie stark die Prüfzeit zunehmen muß, damit die geforderte Zuverlässigkeit für die noch intakten Einheiten bestätigt werden kann bzw. inwieweit sich der Stichprobenumfang für die noch vorhandenen intakten Einheiten bis zum Ende der noch verbleibenden Versuchszeit erhöhen muß, damit die Vorgaben bestätigt werden.

■ **Beispiel 4.4**
Zuverlässigkeitsermittlung bei vorzeitigem Ausfall eines Bauteils aus einem ge-gebenen Stichprobenumfang.

geg.:   *Mindestzuverlässigkeitsvorgabe für Mikroschalter von $R(t) = 85\ \%$ bei einer Aussagewahrscheinlichkeit $P_A = 90\ \%$ und einer geforderten Le-bensdauer $L_v = 2,1$. Bei $L_v = 1,7$ fällt ein Mikroschalter aus. Ver-gleichbare Untersuchungen haben für den Mikroschalter eine Ausfall-steilheit $b = 1,5$ ergeben.*

ges.:   *Folgende Parameter sind zu ermitteln:*

   a) Anzahl der für diesen Versuch erforderlichen Mikroschalter.

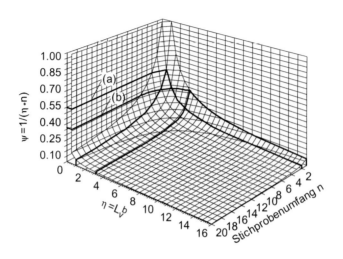

Abbildung 4.10.: Kennwert $\psi_{(a)} \approx 0,5$, $\psi_{(b)} \approx 0,31$ für einen gegebenen Stichprobenumfang $n_1 = 2$, $n_2 = 1$ und einem Kennwert $\eta_{(a)} = 1$, $\eta_{(b)} \approx 3,25$, Success Run.

b) *Mögliche Maßnahmen, die trotz Ausfalls eines Mikroschalters zur Erfüllung der Vorgaben geeignet sind.*

Lsg.: *Mit den beschriebenen Zusammenhängen ergeben sich die gesuchten Größen zu:*

zu a)   *Mit Gl. 4.20 folgt:*

$$P_A = 1 - R(t)^{L_v^b n} \tag{4.45}$$

$$\Leftrightarrow L_v^b n = \frac{\ln(1 - P_A)}{\ln R(t)} \tag{4.46}$$

$$\Leftrightarrow n_{erf} = \frac{\ln(1 - P_A)}{\ln R(t)} \frac{1}{L_v^b} \tag{4.47}$$

$$\Leftrightarrow n_{erf} = \frac{\ln(1 - 0,9)}{\ln 0,85} \frac{1}{2,1^{1,5}}$$

$$\Leftrightarrow n_{erf} = 4,66$$

$$\Leftrightarrow n_{gew} = 5 \ .$$

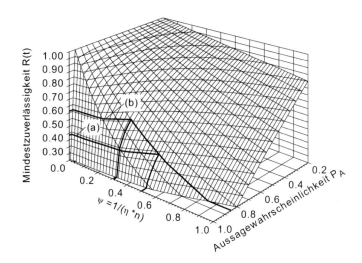

Abbildung 4.11.: Mindestzuverlässigkeit $R_{(a)}(t) \approx 38,8$ %, $R_{(b)}(t) \approx 56$ % für eine gegebene Aussagewahrscheinlichkeit $P_A = 0,85$ und einem Kennwert $\psi_{(a)} \approx 0,5$, $\psi_{(b)} \approx 0,31$, Success Run.

zu b)   *zur Erfüllung der Vorgaben sollen zwei Möglichkeiten betrachtet werden:*

1. *Das Lebensdauerverhältnis wird beibehalten und die Anzahl der Mikroschalter wird für die verbleibende Versuchszeit erhöht:*

$$n_{erf} = \frac{\ln(1 - 0,9)}{\ln 0,85} \frac{1}{1,7^{1,5}}$$

$$\Leftrightarrow n_{erf} = 6,4$$

$$\Leftrightarrow n_{gew} = 7 \ .$$

2. *Die Anzahl der noch intakten Mikroschalter bleibt bestehen*

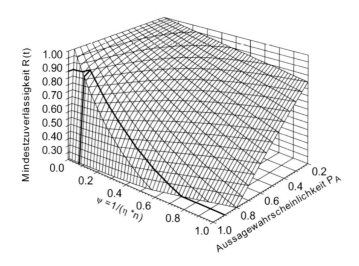

Abbildung 4.12.: Kennwert $\psi \approx 0,071$ für eine gegebene Mindestzuverlässigkeit $R(t) = 0,85$ und einer gegebenen Aussagewahrscheinlichkeit $P_A = 0,9$, Success-Run.

und das Lebensdauerverhältnis wird erhöht:

$$L_v = (\frac{\ln(1 - P_A)}{\ln R(t)} \frac{1}{n})^{\frac{1}{b}} \qquad (4.48)$$

$$\Leftrightarrow L_v = (\frac{\ln(1 - 0,9)}{0,85)} \frac{1}{4})^{\frac{1}{1,5}}$$

$$\Leftrightarrow L_v = 2,32 \ .$$

Sollte sich der Ausfall eines Mikroschalters wiederholen, so ist erneut entsprechend zu verfahren.

In Abb. 4.12-4.14 ist die unter Punkt a) rechnerisch ermittelte Lösung für die gegebenen Parameter graphisch dargestellt. Für die gegebenen Werte $R(t) = 0,85$ und $P_A = 0,9$ ergibt sich mit Abb. 4.12 der Kennwert $\psi \approx 0,071$. Für $L_v = 2,1$ und $b = 1,5$ ergibt sich mit Abb. 4.13 der Kennwert $\eta \approx 3,0$. Mit $\psi \approx 0,071$ und $\eta \approx 3,0$ ergibt sich nach 4.14 ein erforderlicher Stichprobenumfang von $n = 5$.

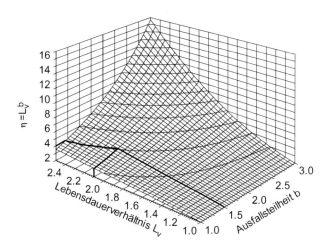

Abbildung 4.13.: Kennwert $\psi \approx 0,071$ für ein gegebenes Lebensdauerverhältnis $L_v = 2,1$ und einer gegebenen Ausfallsteilheit $b = 1,5$,
Success-Run.

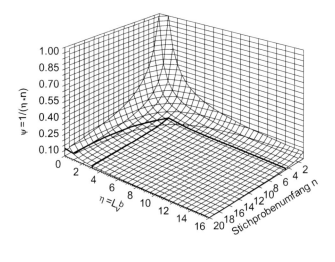

Abbildung 4.14.: Erforderlicher Stichprobenumfang $n = 5$ mit den Kennwerten
$\psi \approx 0,071$ und $\eta \approx 3,0$, Success-Run.

4.1.5. Reduzierter Stichprobenumfang

Fällt ein Bauteil bzw. mehrere Bauteile noch vor Erreichen der geplanten Lebensdauer zum Zeitpunkt t_x aus, so hat dieses Auswirkungen auf die bis zu diesem Zeitpunkt erreichte Zuverlässigkeit sowie auf die zugehörige Ausfallwahrscheinlichkeit.

Nach Abschnitt 3.4 gilt für die Aussagewahrscheinlichkeit einer Stichprobe aus einer bekannten Grundgesamtheit von Einheiten mit einer bekannten Mindestzuverlässigkeit $R(t)$ der Binomialsatz :

$$P_A = 1 - \sum_{i=0}^{x} \binom{n}{i} (1 - R(t))^i R(t)^{n-i} . \qquad (4.49)$$

mit:

x: Anzahl der Ausfälle im Zeitraum t.
n: Stichprobenumfang.

Für einen Abbruch des Versuches unmittelbar nach dem ersten Ausfall ergibt sich Gl. 4.49 zu:

$$P_A = 1 - \sum_{i=0}^{1} \binom{n}{i} (1 - R(t))^i R(t)^{n-i} \qquad (4.50)$$

$$\Leftrightarrow P_A = 1 - \frac{n!}{0!(n-0)!}(1 - R(t))^0 R(t)^0 - \frac{n!}{1!(n-1)!}(1 - R(t))^1 R(t)^1 \qquad (4.51)$$

$$\Leftrightarrow P_A = 1 - R(t)^n - n(1 - R(t))R(t) . \qquad (4.52)$$

In Abb. 4.15 ist die Zuverlässigkeit $R(t)$ als Funktion der Aussagewahrscheinlichkeit P_A für einen Abbruch der Versuche nach dem ersten Ausfall ($x = 1$) dargestellt. Weitere Abbildungen für unterschiedliche Stichprobenumfänge und Anzahlen von Ausfällen befinden sich im Anhang (Abb. B.1-B.10).

Eine weitere graphische Darstellungsform bietet das Larson-Diagramm [3].

■ **Beispiel 4.5**
Zuverlässigkeitsermittlung bei vorzeitigem Ausfall eines Bauteils auf Basis der Binomialverteilung.

geg.:   *Analog zu Beispiel 4.4 sollen Druckluftzylinder für die Drosselklappenbetätigung in NKW-Dieselmotoren geprüft werden. Die geforderte Lebensdauer beträgt $B_{10} = 900000$ Betätigungen mit einer Aussagewahrscheinlichkeit $P_A = 95\,\%$. Experimentelle Untersuchungen haben für die Druckluftzylinder eine Ausfallsteilheit $b = 1,7$ ergeben.*

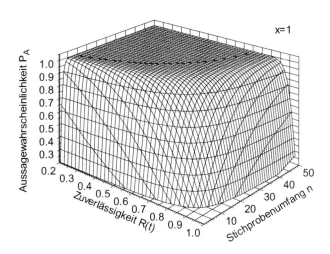

Abbildung 4.15.: Verlauf der Aussagewahrscheinlichkeit P_A in Abhängigkeit von der Mindestzuverlässigkeit $R(t)$ und dem Stichprobenumfang n bei Abbruch des Versuches nach dem ersten Ausfall $(x = 1)$.

ges.:   *Folgende Parameter sind zu ermitteln:*

   a) *Anzahl der für diesen Versuch erforderlichen Druckluftzylinder auf Basis der Weibull-Verteilung.*

   b) *Anzahl der für diesen Versuch erforderlichen Druckluftzylinder auf Basis der Binomialverteilung.*

   c) *Aufgrund von zeitlichen Beschränkungen können nur $t = 650000$ Betätigungen durchgeführt werden. Es ist die Anzahl der Prüflinge, welche zur Einhaltung der Vorgaben erforderlich sind, zu bestimmen.*

   d) *Es stehen in den Temperaturkammern nur $n = 20$ Vorrichtungen für die Prüflinge zur Verfügung. Es ist die Anzahl der Betätigungen, welche zur Einhaltung der Vorgaben erforderlich sind, zu bestimmen.*

Von den in zwanzig vorhandenen Vorrichtungen zu prüfenden Druckluftzylindern fallen $x = 2$ Prüflinge bis zum Zeitpunkt t_x aus.

> *e) Welche Zuverlässigkeit weisen die verbleibenden, noch intakten Prüflinge für die gegebene Aussagewahrscheinlichkeit auf ?*
>
> *f) Auf welchen Wert sinkt die Aussagewahrscheinlichkeit für die geforderte B_{10}-Lebensdauer ?*
>
> *g) Wieviele Druckluftzylinder müssen aufgrund der Ausfälle zusätzlich bis zum unter d) ermittelten Zeitpunkt geprüft werden, damit bei einer Aussagewahrscheinlichkeit von $P_A = 90\ \%$ eine Mindestzuverlässigkeit $R(t) = 89\ \%$ vorhanden ist ?*

Lsg.:　　*Die Lösungen ergeben sich zu:*

a)　　　*Mit Gl. (2.32), (2.33) und Tabelle E.3 ergibt sich für eine Ausfallwahrscheinlichkeit $P_A = 0,95$:*

$$F_{95\ \%}(t_i) = 9,84\ \% < 0,1 = 1 - R \quad \text{für } n = 29$$
$$\Leftrightarrow \quad n_{gew} = 30\ .$$

b)　　　*Aus Gl. (4.4) folgt:*

$$n = \frac{\ln(1 - P_A)}{\ln R}$$
$$\Leftrightarrow \quad n = \frac{\ln(1 - 0,95)}{\ln 0,9}$$
$$\Leftrightarrow \quad n = 28,4$$
$$n_{gew} = 30\ .$$

c)　　　*Gem. Gl. (4.15) folgt:*

$$L_v^b = \frac{t_p{}^b}{t}$$
$$\Leftrightarrow \quad L_v^b = \frac{650000^{1,7}}{900000}$$
$$\Leftrightarrow \quad L_v^b = 0,575\ .$$

Mit Gl. (4.25) ergibt sich

$$R(t) = (1 - P_A)^{\frac{1}{L_v^b n}}$$

$$\Leftrightarrow \quad n = \frac{\ln(1 - P_A)}{\ln R(t)} \frac{1}{L_v^b}$$

$$\Leftrightarrow \quad n = \frac{\ln(1 - 0,95)}{\ln 0,9} \frac{1}{0,575}$$

$$\Leftrightarrow \quad n = 49,5$$

$$n_{gew} = 50 \ .$$

d)   *Aus Gl. (4.25) folgt:*

$$L_v^b n = \frac{1 - P_A}{\ln R(t)}$$

$$\Leftrightarrow \quad L_v = \left(\frac{\ln(1 - P_A)}{\ln R(t)} \frac{1}{n}\right)^{\frac{1}{b}}$$

$$\Leftrightarrow \quad L_v = \left(\frac{\ln(1 - 0,95)}{\ln 0,9} \frac{1}{20}\right)^{\frac{1}{1,7}}$$

$$\Leftrightarrow \quad L_v = 1,23 \ .$$

Nach Gl. (4.19) folgt:

$$L_v = \frac{t_p}{t}$$

$$\Leftrightarrow \quad t_p = L_v \, t$$

$$\Leftrightarrow \quad t_p = 1,23 \cdot (900000 \ Betätigungen)$$

$$\Leftrightarrow \quad t_p = 1106934,67 \ Betätigungen$$

$$t_{p,gewählt} = 1106935 \ Betätigungen \ .$$

e)   *Mit Abb. 4.16 ergibt sich die Zuverlässigkeit der verbleiben-*
den 18 Druckluftzylinder bei einer vorgegebenen Aussagewahr-
scheinlichkeit $P_A = 0,95$ % zu:
$R(t) = 0,71 \stackrel{\wedge}{=} 71$ %.

zu f)   Mit Gl. (4.49) und $x = 2$ folgt:

$$P_A = 1 - \sum_{i=0}^{x} \binom{n}{i} (1 - R(t))^i R(t)^{n-i}$$

$$\Leftrightarrow P_A = 1 - \frac{20!}{0!(20-0)!}(1 - 0,9)^0 0,9^{20-0}$$

$$- \frac{20!}{1!(20-1)!}(1 - 0,9)^1 0,9^{20-1}$$

$$- \frac{20!}{2!(20-2)!}(1 - 0,9)^2 0,9^{20-2}$$

$$\Leftrightarrow P_A = 0,323 \,\hat{=}\, 32,3 \,\% \ .$$

zu g)   *Nach Abb. 4.16 sind für eine Aussagewahrscheinlichkeit von $P_A = 90\,\%$ und einer Mindestzuverlässigkeit $R(t) = 89\,\%$ bei $x = 2$ Ausfällen insgesamt $n = 50$ Druckluftzylinder zu prüfen. Da noch achtzehn intakte Druckluftzylinder vorhanden sind, müssen somit $n^* = 50 - 18 = 32$ zusätzliche Druckluftzylinder geprüft werden.*

4.2. Prüfstrategie

Zu einer statistisch begründeten Prüfplanung gehört auch die Festlegung einer geeigneten Strategie. Die möglichen Prüfvarianten werden nachfolgend beschrieben.

4.2.1. Vollständige Prüfungen

Bei den vollständigen Prüfungen wird mit sämtlichen Einheiten ein Lebensdauerversuch durchgeführt. Damit die Ausfallzeiten aller Einheiten zur Verfügung stehen, werden alle betrachteten Einheiten bis zum Ausfall geprüft.
Es wird zwischen instandgesetzten und nicht instandgesetzten Einheiten unterschieden:

a) Bei den nicht instandgesetzten Einheiten werden alle Einheiten bis zum Ausfall geprüft. Es werden keine ausgefallenen Einheiten ersetzt bzw. instandgesetzt. Der für die Bestimmung der Ausfallzeiten erforderliche Stichprobenumfang entspricht der Anzahl der Ausfälle, s. Abb. 4.17.

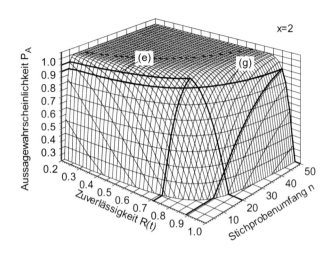

Abbildung 4.16.: Verlauf der Aussagewahrscheinlichkeit P_A in Abhängigkeit von der Mindestzuverlässigkeit $R(t)$ und dem Stichprobenumfang n bei Abbruch des Versuches nach dem zweiten Ausfall $(x = 2)$.

b) Bei den instandgesetzten Einheiten werden alle ausgefallenen Einheiten wieder instandgesetzt bzw. ausgetauscht. Für die Bestimmung der Ausfallzeiten werden nur die tatsächlichen Laufzeiten der Einheiten berücksichtigt, s. Abb. 4.18.

4.2.2. Unvollständige Prüfungen

Damit der Prüfaufwand, die Prüfzeit und somit die Prüfkosten beschränkt bzw. reduziert werden können, werden unvollständige Tests, auch als zensierte Tests bezeichnet, durchgeführt.

Diese Tests werden bis zu einer bestimmten, vor dem Test festgelegten Prüfdauer, bzw. bis zu einer vor dem Test festgelegten Anzahl von Ausfällen durchgeführt. Nachstehend werden die verschiedenen Möglichkeiten vorgestellt, wie die Ausfalldaten im Falle von unvollständigen Tests vorliegen können.

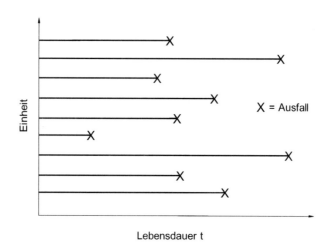

Abbildung 4.17.: Vollständig erfaßte Lebensdauern ohne Instandsetzung bei vollständigen Prüfungen.

4.2.2.1. Einfacher Fall

Im einfachen Fall sind die Beanspruchungsdauern der noch intakten Einheiten mindestens genauso groß wie die größte Lebensdauer der ausgefallenen Einheiten.

Dieser Fall tritt ein, wenn bei geplanten Lebensdauerversuchen die ausgefallenen Einheiten nicht ersetzt werden. Alle noch intakten Einheiten besitzen die gleiche Laufstrecke, s. Abb. 4.19. Der für die Bestimmung der Ausfallzeiten erforderliche Stichprobenumfang ergibt sich aus der Anzahl der ausgefallenen sowie der noch intakten Einheiten. Es können die folgenden Abbruchkriterien festgelegt werden:

1. Abbruch der Lebensdauerversuche nach einer festgelegten Zeit, unabhängig von der Anzahl der ausgefallenen Einheiten (Prüfung mit Zeitlimit). Die Anzahl der ausgefallenen Einheiten ist hierbei als eine Zufallsgröße zu betrachten. Treten keine Ausfälle auf, so kann die Lebensdauer nicht geschätzt werden und es wird mit Hilfe der Binomialverteilung, s. Abschnitt 3.4, die obere Grenze des Vertrauensbereiches F_{oG} zum Zeitpunkt

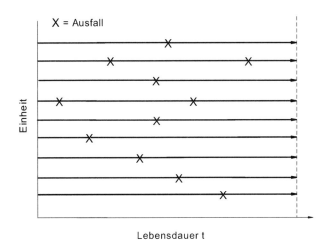

Abbildung 4.18.: Vollständig erfaßte Lebensdauern mit Instandsetzung bei vollständigen Prüfungen.

t bestimmt:

$$F_{oG}(t) = 1 - (1 - P_A)^{\frac{1}{n}} . \qquad (4.53)$$

Es wird also mit einer Wahrscheinlichkeit P_A der Ausfallanteil durch den Vertrauensbereich eingegrenzt.

2. Abbruch der Lebensdauerversuche nach einer festgelegten Anzahl x von ausgefallenen Einheiten, unabhängig vom Zeitpunkt t_x, zu dem die Einheiten ausgefallen sind (Prüfung mit Stücklimit).

Der Zeitpunkt für das Ende der Lebensdauerversuche ist auch in diesem Fall als eine Zufallsgröße zu betrachten. Liegen beispielsweise aus vorangegangenen Versuchen Vorinformationen über die charakteristische Lebensdauer T und der Ausfallsteilheit b vor, so läßt sich mittels Gleichung (3.39) der Zeitpunkt der gleichzeitig geprüften Einheiten für das Ende des Versuches bestimmen:

$$t = T \cdot \ln(\frac{1}{1 - \hat{F}(t)})^{\frac{1}{b}} \qquad (4.54)$$

mit $\hat{F}(t)$: Vorgabe einer Zuverlässigkeit.

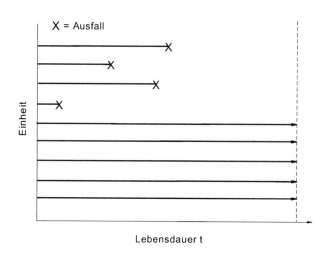

Abbildung 4.19.: Vollständig erfaßte Lebensdauern ohne Instandsetzung bei unvollständigen Prüfungen.

4.2.2.2. Allgemeiner Fall

Im allgemeinen Fall können die unvollständig erfaßten Lebensdauern der intakten Einheiten kleiner sein als die Lebensdauern der ausgefallenen Einheiten. Dieser Fall tritt sowohl bei Lebensdauerprüfungen als auch bei der Auswertung von Felddaten auf, wobei hier ausgefallene Einheiten auch teilweise instandgesetzt werden. Die Auswertung der unvollständig erfaßten Lebensdauern kann mit dem nachstehend beschriebenen Verfahren nach Johnson [14] erfolgen. Danach werden die vorliegenden Ausfallzeiten zunächst aufsteigend sortiert. Für jede Ausfallzeit wird eine hypothetische Rangzahl ermittelt, welche auch die nicht ausgefallenen Einheiten berücksichtigt. Dieses bedeutet, daß die kleinste Ausfallzeit auch die kleinste Ausfallzeit in der gesamten Stichprobe darstellt. Hingegen wäre es für die zweitkleinste Ausfallzeit auch möglich, daß diese zu einem Zeitpunkt ausfallen könnte, der kleiner als die zweitkleinste Ausfallzeit ist. Die entsprechende Korrektur der mittleren Rangzahl führt auf:

$$j(t_j) = j(t_{j-1}) + N(t_j) \quad \text{mit } j(0) = 0 \; . \qquad (4.55)$$

Die mittlere Rangzahl $j(t_j)$ entspricht der jeweils vorhergehenden Rangzahl $j(t_{j-1})$ zuzüglich dem Zuwachs $N(t_j)$.

Dieser Zuwachs berechnet sich zu:

$$N(t_j) = \frac{n + 1 - j(T_{j-1})}{1 + (n - m)} \tag{4.56}$$

mit m: Gesamtzahl der Einheiten - Anzahl der vor t_j-liegenden Einheiten.

Die Berechnung der Ausfallwahrscheinlichkeit erfolgt nach (siehe Abschnitt 5.2):

$$F(t_j) \approx \frac{j(t_j) - 0,3}{n + 0,4} . \tag{4.57}$$

Ausgefallene Einheiten können vollständig ersetzt oder durch Instandsetzung in einen neuwertigeren Zustand versetzt werden, s. Abb. 4.20. Für die Auswertung werden sämtliche Lebensdauerdaten auf einen gemeinsamen Anfangspunkt gelegt, siehe Abb. 4.21. Falls die Instandsetzung die ausgefallenen Einheiten nicht in einen neuwertigeren Zustand versetzt, können die beschriebenen Methoden nur näherungsweise angewendet werden. Die untersuchten Einheiten können auch zeitversetzte Startzeiten haben, wie es beispielsweise in einer laufenden Serie der Fall ist, s. Abb. 4.22. Auch hier werden für die Auswertung sämtliche Lebensdauerdaten auf einen gemeinsamen Anfangspunkt gelegt, siehe Abb. 4.23. Die benötigte Anzahl der Prüflinge entspricht der Anzahl der ausgefallenen Einheiten und der noch intakten Einheiten. Folgende Prüfformen werden unterschieden:

- Prüfung mit Zeitlimit:
  Hier wird der Lebensdauerversuch nach Ablauf einer vorgegebenen Zeit beendet. Die während des Versuches ausgefallenen Einheiten werden immer sofort instandgesetzt. Sowohl die Anzahl der ausgefallenen Einheiten als auch der Stichprobenumfang sind vor Beginn des Versuches unbekannt und daher als Zufallsgrößen zu betrachten. Aufgrund dieses Sachverhalts eignet sich die Prüfung mit Zeitlimit meist für kostengünstige Prüflinge und bei geringen Prüfkosten.

- Prüfung mit Stücklimit:
  Hier wird der Lebensdauerversuch erst abgebrochen, wenn eine vorgegebene Anzahl x von Einheiten ausgefallen ist. Hierbei ist der Zeitpunkt t für das Ende des Versuches als eine Zufallsgröße zu betrachten.

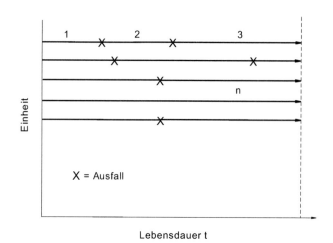

Abbildung 4.20.: Vollständiger Ersatz ausgefallener Einheiten bei unvollständigen Prüfungen.

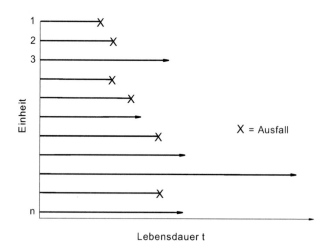

Abbildung 4.21.: Bezug sämtlicher Lebensdauerdaten vollständig ersetzter Einheiten auf einen gemeinsamen Anfangspunkt.

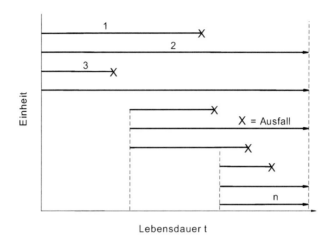

Abbildung 4.22.: Lebensdauerdaten mit zeitversetzten Startzeiten.

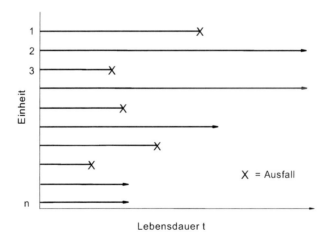

Abbildung 4.23.: Bezug sämtlicher Lebensdauerdaten mit zeitversetzten Startzeiten auf einen gemeinsamen Anfangspunkt.

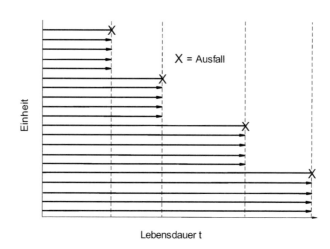

Abbildung 4.24.: Sudden-Death-Prüfung mit einer ausgefallenen Einheit pro Prüfgruppe.

4.2.2.3. Sudden-Death-Prüfung

Die Sudden-Death-Prüfung ist ein Sonderfall der Prüfung mit Stücklimit. Hierbei wird die Anzahl der zu prüfenden Einheiten in gleichgroße Prüfgruppen aufgeteilt. Jede dieser Prüfgruppen wird so lange geprüft, bis innerhalb jeder Prüfgruppe eine Einheit ausgefallen ist.

Die gesamte Prüfung gilt dann als beendet, wenn in jeder dieser Prüfgruppen jeweils eine Einheit ausgefallen ist, siehe Abb. 4.24. Die Sudden-Death-Prüfung wird angewendet, wenn

- eine Verkürzung der Prüfzeit bei gleichbleibenden Prüfbedingungen erforderlich ist,
- eine Prüfung mit Stücklimit, bei der die Anzahl der Prüfplätze kleiner als der geplante Stichprobenumfang ist, durchzuführen ist,
- Prüfungen aufgrund vorgegebener Zwänge nur in Prüfgruppen durchgeführt werden können (z.B. in einer Klima- oder Korrosionskammer).

Der Informationsgehalt über die Lebensdauerverteilung einer Sudden-Death-Prüfung ist im Vergleich zu einer unvollständigen Prüfung mit Stücklimit bei gleicher Anzahl der ausgefallenen Einheiten deutlich größer.

Die Auswertung der unvollständig erfassten Lebensdauern kann zum Beispiel mit dem Auswerteverfahren nach Johnson durchgeführt werden. Johnson gibt für sein Verfahren nur eine Plausibilitätserklärung [14]. Eine mathematisch hergeleitete Vorgehensweise stammt von Nelson [15],[16]. Bei dem Verfahren nach Nelson werden die ausgefallenen und die intakten Einheiten bzgl. ihrer Lebensdauer t aufsteigend sortiert. Jede Einheit erhält eine fortlaufende Ordnungszahl j mit $j = 1, 2, \ldots, n$. Beginnend mit dem ersten Ausfall bei der Ordnungszahl j sind einschließlich der gerade ausgefallenen Einheiten noch

$$r_j = n - j + 1 \tag{4.58}$$

Einheiten intakt. Mit der Definition der Ausfallrate

$$\lambda(t) = \frac{1}{r_j} \tag{4.59}$$

ergibt sich die aktuelle empirische Ausfallrate

$$\lambda_j = \frac{1}{r_j} \ . \tag{4.60}$$

Die empirische Ausfallrate entspricht dem Verhältnis der Anzahl der Ausfälle in einem kleinen Zeitintervall zum Zeitpunkt t sowie der Anzahl der zu diesem Zeitpunkt noch intakten Einheiten. Mit

$$f(t) = \frac{dF(t)}{dt} = \frac{d(1 - R(t))}{dt} = -\frac{dR(t)}{dt} \tag{4.61}$$

ist

$$\lambda(t) = -\frac{1}{R(t)} \cdot \frac{dR(t)}{dt} \tag{4.62}$$

und

$$\lambda(t)d(t) = -\frac{1}{R(t)}dR(t) \ . \tag{4.63}$$

Nach Integration von Gl. (4.63) folgt für die kummulierte Ausfallrate zum Zeitpunkt t:

$$H(t) = \int\limits_{-\infty}^{t} \lambda(\tau)d\tau \tag{4.64}$$

$$\Leftrightarrow \ H(t) = -\ln R(t) \tag{4.65}$$

$$\Leftrightarrow \ H(t) = -\ln(1 - F(t)) \ . \tag{4.66}$$

Die empirische, kummulierte Ausfallrate zum Zeitpunkt t berechnet sich zu:

$$H_j = \sum \frac{1}{r_j} \ . \tag{4.67}$$

Aus Gleichung (4.66) folgt

$$F(t) = 1 - e^{-H(t)} \tag{4.68}$$

und für die Näherung der empirischen Ausfallrate gilt

$$R_j = e^{-H_j} \tag{4.69}$$

bzw.

$$F_j = 1 - R_j \ . \tag{4.70}$$

In Abschnitt 5.6.3, Bsp. 5.8 ist die Anwendung des Verfahrens nach Nelson dargestellt.

4.2.3. Raffungsversuche

Eine weitere Methode, sowohl die Versuchskosten als auch die Versuchszeiten zu reduzieren, sind Prüfungen, bei denen die Prüflinge verschärften Beanspruchungen ausgesetzt werden. Dabei wird mit Hilfe physikalisch begründbarer Modelle auf die Lebensdauer unter normaler Belastung geschlossen.

Bei solchen Versuchen, die ein Bauteil schärfer prüfen als dieses im normalen Einsatz belastet wird, besteht jedoch die Gefahr, daß synthetische Fehler generiert werden. Als synthetische Fehler sind Ausfälle zu bezeichnen, welche im Labor auftreten, jedoch im realen Einsatz nicht vorhanden sind. Nachfolgend werden Möglichkeiten für geraffte Versuche vorgestellt.

4.2.3.1. Erhöhung des Beanspruchungsniveaus

Ein praxisnahes Verfahren zur Erhöhung des Belastungsniveaus ist die Aufzeichnung von Lastkollektiven, wie sie am Bauteil im Feldeinsatz auftreten. Aus diesen Lastkollektiven werden dann beispielsweise die Zeit-, Strecken- oder Betätigungsanteile bzw. die Betätigungs- oder Einsatzhäufigkeiten mit Hilfe von Histogrammen bestimmt und diese dann auf die nachzuweisende Lebensdauer hochgerechnet.

Diese Vorgehensweise, bei denen aus Ergebnissen von Versuchen mit erhöhter

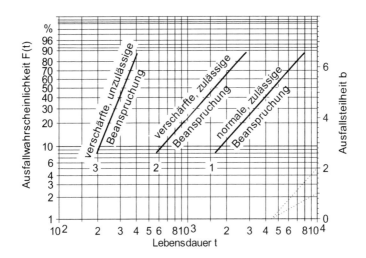

Abbildung 4.25.: Ausfallverteilungen von normalen und gerafften Lebensdauerversuchen.

Last auf die Lebensdauer unter normaler Belastung geschlossen wird, ist nur mit der Annahme gestattet, daß infolge der Laststeigerung keine Veränderung des Ausfallmechanismus' erfolgt.

In Abb. 4.25 sind schematisch die Ausfallverteilungen verschiedener Versuche eingetragen. Solange die Ausfallgerade von Ausfallverteilungen (Gerade 2) mit verschärfter Beanspruchung parallel zur Ausfallgerade mit normaler Beanspruchung (Gerade 1) ist, so ist anzunehmen, daß sich trotz verschärfter Beanspruchung am Ausfallmechanismus nichts geändert hat und die verschärfte Prüfung zulässig ist.

Ist die Ausfallgerade jedoch nicht parallel zur Ausfallgeraden mit normaler Belastung, so liegt eine Veränderung des Ausfallmechanismus' vor und die Ergebnisse sind falsch (Gerade 3). In Beispiel 4.6 werden die Ausfallverteilungen geraffter Versuche dargestellt und miteinander verglichen.

■ **Beispiel 4.6**
Prüfung elektrischer Tastschalter für Schaltknäufe bei verschärfter Beanspruchung.

geg.:   *Elektrische Tastschalter für Schaltknäufe, geforderte Betätigungszahl*
           $t = 1000000$ *Betätigungen, Betriebsspannung* $U_B = 13, 8$ *V, Schalt-*

frequenz $f_S = 1s^{-1}$, Betriebstemperatur $T_B = T_R$. Es sind für die jeweiligen Betriebsspannungen die in Tab. 4.1 aufgeführten Ausfallzeiten ermittelt worden.

Tabelle 4.1.: Betätigungszahlen für ausgefallene, elektrische Tastschalter t_i als Funktion der Betriebsspannung U_B in Volt.

Schalter	$U_B = 13,8\ V$	$U_B = 14,0\ V$	$U_B = 15,0\ V$	$U_B = 16,0\ V$
1	100816	34115	1974	11
2	101899	36299	4589	598
3	111965	42845	4917	639
4	139211	48499	29294	815
5	147450	62333	31937	849
6	164089	72142	42199	1717
7	177305	72191	68644	4333
8	183499	89532	71027	6263
9	196230	191294	101722	13552
10	210752	211877	156376	100816

ges.: *Damit die Prüfzeit verkürzt werden kann, soll geklärt werden, wie stark die Betriebsspannung ohne eine Veränderung des Ausfallmechanismus ansteigen darf. Hierfür werden an jeweils $n = 10$ Tastschaltern die Betriebsspannungen $U_B = 13,8\ V, 14\ V, 15\ V, 16\ V$ angelegt.*

Lsg.: *Die ermittelten Ausfallzeiten werden mit den jeweiligen Ausfallwahrscheinlichkeiten gem. Tab. E.2 in das Weibull-Wahrscheinlichkeitsnetz eingetragen, s. Abb. 4.26. Es ergeben sich mit der entsprechenden Ausgleichsgeraden die Kennwerte in Tab. 4.2.*
Mit steigender Betriebsspannung sinkt die Ausfallsteilheit b in Richtung zufallsbedingter Ausfälle, siehe Abb. 3.14. Eine Prüfzeitreduzierung durch eine Erhöhung der Betriebsspannung aufgrund eines sich ändernden Ausfallmechanismus' ist für die vorliegenden, elektronischen Tastschalter nicht zulässig.

Tabelle 4.2.: Weibullparameter für unterschiedliche Betriebsspannungen U_B.

Betriebsspannung U_B	13,8 V	14,0 V	15,0 V	16,0 V
Korrelationskoeffizient r	0,968	0,909	0,972	0,954
Ausfallsteilheit b	3,98	1,59	0,73	0,44
Charakt. Lebensdauer T	169336,27	97847,19	52944,45	5494,29
Lebensdauer B_{10}	96207	23858	2443	34
Lebensdauer B_{50}	154440	77754	32081	2400

4.2.3.2. Raffung von Konstant-Temperaturversuchen

Mittels der Arrhenius-Beziehung[2], daß physikalisch-chemische Reaktionen mit zunehmender Temperatur beschleunigt werden, kann der Beschleunigungsfaktor κ für die Degradation durch allgemeine chemische Reaktionen, Werkstoffdiffusion etc. in Zahlen ausgedrückt werden. Der Beschleunigungsfaktor κ berechnet sich dabei zu:

$$\kappa = e^{E_A T_F} \tag{4.71}$$

mit:

E_A: Aktivierungsernergie [eV].
T_F: Temperaturfaktor.

Für den Temperaturfaktor gilt:

$$T_F = \frac{1}{k}\left(\frac{1}{T_1} - \frac{1}{T_2}\right) \tag{4.72}$$

mit:

k: Boltzmannkonstante ($k = 8,6171 \cdot 10^{-5}\ eV/Kelvin$).
T_1:   normale Betriebstemperatur des Bauteils in Kelvin.
T_2:   Betriebstemperatur in Kelvin, für welche die Raffung ermittelt werden soll.

Die hier unbekannte Aktivierungsenergie E_A ist abhängig vom genauen Typ des zu beschleunigenden Vorgangs.

---

[2]Svante Arrhenius, 1859-1927.

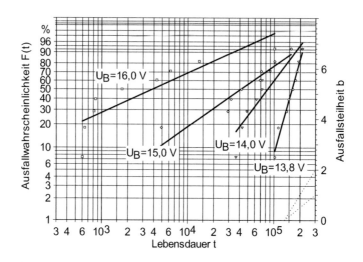

Abbildung 4.26.: Ausfallverteilungen für unterschiedliche Betriebsspannungen an elektrischen Tastschaltern.

Eine mögliche exakte Vorgehensweise ist die Berechnung der Aktivierungsenergie E_A aus den unterschiedlichen Lebensdauern bei unterschiedlichen Temperaturen. Hierzu werden vollständige Lebensdauerprüfungen bei zwei unterschiedlichen Temperaturen durchgeführt. Während dieser Prüfungen werden die Prüflinge so betrieben, wie dieses auch im normalen Feldeinsatz stattfinden würde. Mit den ermittelten Ausfallzeiten läßt sich nach Gl. (4.71),(4.72) die Gesamtaktivierungsernergie bestimmen:

$$E_A = k \ln \frac{t_1}{t_2} \cdot \left(\frac{1}{T_1} - \frac{1}{T_2}\right)^{-1} \qquad (4.73)$$

mit:

t_1/t_2:   Beschleunigungsfaktor.
t_1:   Ausfallzeit bei Temperatur T_1.
t_2:   Ausfallzeit bei Temperatur T_2.
k: Boltzmannkonstante ($k = 8,6171 \cdot 10^{-5}\ eV/Kelvin$).

Die Größe des Beschleunigungsfaktors wird direkt durch den Wert der Aktivierungsenergie bestimmt. Bei gleicher Temperaturdifferenz $T_1 - T_2$ ist der

Beschleunigungsfaktor für Reaktionen mit größerer Aktivierungsenergie größer als für Reaktionen mit niedriger Aktivierungsenergie.
Die exakte Aktivierungsenergie ist nur zu bestimmen, wenn der Fehlermechanismus auf einem einzigen Prozeß beruht. In der Praxis bedeutet dieses, daß zu einem Bauteil, welches infolge anderer Fehlermechanismen ausfallen kann, auch mehrere Aktivierungsenergien gehören. Besonders unübersichtlich wird die Bestimmung der Aktivierungsenergie, wenn, wie im Falle elektronischer Bauteile, diese aus mehreren Einzelbauteilen bestehen.
Insbesondere wenn es sich um kostenintensive Prüflinge handelt, wird der hier beschriebene Aufwand nicht gerechtfertigt sein. Daher wird nachfolgend eine weitere Möglichkeit zur Bestimmung der Gesamtaktivierungsenergie vorgestellt.
Nach Nelson [17] gilt die Faustregel:

> Eine Temperaturerhöhung um $\Delta T = 10$ °C hat eine Verdopplung der Ausfallrate bzw. eine Halbierung der mittleren Lebensdauer zur Folge.

In Tabelle 4.3 sind die Werte des Beschleunigungsfaktors κ in Abhängigkeit von der Aktivierungsenergie E_A und der Temperatur T_1 mit $T_2 = T_1 + 10$ °C für jeweils einen einzigen Ausfallmechanismus dargestellt. Anhand von katalogisier-

Tabelle 4.3.: Beschleunigungsfaktor κ in Abhängigkeit von der Aktivierungsenergie E_A und der Temperatur T_1 mit $T_2 = T_1 + 10$ °C für jeweils einen einzigen Ausfallmechanismus.

$E_A[eV]$	50 °C	60 °C	70 °C	80 °C	90 °C	100 °C	110 °C
0,1	1,1	1,1	1,1	1,1	1,1	1,1	1,1
0,2	1,2	1,2	1,2	1,2	1,2	1,2	1,2
0,3	1,4	1,4	1,3	1,3	1,3	1,3	1,3
0,4	1,5	1,5	1,5	1,4	1,4	1,4	1,4
0,5	1,7	1,7	1,6	1,6	1,5	1,5	1,5
0,6	1,9	1,8	1,8	1,7	1,7	1,6	1,6
0,7	2,1	2,0	2,0	1,9	1,8	1,8	1,7
0,8	2,4	2,3	2,2	2,1	2,0	1,9	1,9
0,9	2,6	2,5	2,4	2,3	2,2	2,1	2,0
1,0	2,9	2,8	2,6	2,5	2,4	2,3	2,2

ten Ausfallraten (z.B. Bell, SAE, Siemens, MIL 217)[3] von zu untersuchenden Einheiten können bei zwei unterschiedlichen Temperaturen T_1, T_2 die zugehörigen theoretischen Ausfallraten λ_1, λ_2 berechnet werden [53].
Analog zu Gl. (4.73) ergibt sich die Gesamtaktivierungsenergie zu:

$$E_A = \ln(\kappa) \; k \; (\frac{1}{T_1} - \frac{1}{T_2})^{-1} \; . \tag{4.74}$$

Der Prüfzeitpunkt t_p für eine Temperaturdifferenz von $\Delta T = T_E - T_P$ (mittlere Einsatztemperatur zu Prüftemperatur) berechnet sich gemäß:

$$t_p = \frac{\text{geforderte Betriebszeit } t_{gef}}{\kappa} \tag{4.75}$$

mit

$$\kappa = \lambda_1 / \lambda_2 \; . \tag{4.76}$$

Bei der Hochrechnung des Beschleunigungsfaktors über einen großen Temperaturbereich besteht die Gefahr, daß die Berechnung zu falschen Ergebnissen führt, da nicht alle Fehlermechanismen einen linearen Verlauf aufweisen. Bei Überschreitung bestimmter Temperaturschwellen können im Gegensatz zu niedrigeren Temperaturen andere Fehlermechanismen mit anderen Aktivierungsenergien auftreten.
In Beispiel 4.7 wird mittels der Arrhenius-Beziehung gezeigt, wie sich eine Temperaturerhöhung auf die Prüfzeit auswirkt.

■ **Beispiel 4.7**
Ermittlung der Prüfzeit eines Thermostaten in einem Wärmetauscher bei einer Temperaturerhöhung nach der Arrhenius-Beziehung.

geg.:   *Thermostat eines Wärmetauschers im Motorraum bei einer mittleren Temperatur am Einbauort von $T_1 = 70$ °C und einer nach SAE-Daten ermittelten Ausfallrate von $\lambda_1 = 1355$ ppm/a bzw. $\lambda_2 = 1679$ ppm/a mit $T_2 = 80$ °C. Es ist eine Betriebszeit von $t = 2500$ h gefordert.*

ges.:   *Die erforderliche Prüfzeit des Thermostaten bei einer Prüftemperatur von $T = 95$ °C ist zu ermitteln.*

---

[3]Hierbei handelt es sich überwiegend um Datenkataloge mit konstanten Ausfallraten für bestimmte Komponenten.

Lsg.: Mit Gl. (4.76) ergibt sich der Beschleunigungsfaktor zu:

$$\kappa = \frac{\lambda_1}{\lambda_2}$$

$$\Leftrightarrow \kappa = \frac{1879}{1355}$$

$$\Leftrightarrow \kappa = 1,387 \ .$$

Mit Gl. (4.73) folgt für die Aktivierungsenergie:

$$E_A = -\frac{8,65710^{-5}\ln(1,387)}{\frac{1}{273+80} - \frac{1}{273+70}}$$

$$\Leftrightarrow E_A = 0,343 \ .$$

Mit Gl. (4.71) ergibt sich somit der Beschleunigungsfaktor für eine vorgegebene Prüftemperatur $T = 95$ °C zu:

$$\kappa = e^{\frac{E_A}{k}\left(\frac{1}{T} - \frac{1}{T_1}\right)}$$

$$\Leftrightarrow \kappa = e^{\frac{0,343}{8,65710^{-5}}\left(\frac{1}{368} - \frac{1}{343}\right)}$$

$$\Leftrightarrow \kappa = 2,192 \ .$$

Mit Gl. (4.75) und der geforderten Betriebszeit t_{gef} ergibt sich die erforderliche Prüfzeit zu:

$$\kappa = \frac{t_{gef}}{t_2}$$

$$\Leftrightarrow t_2 = \frac{t_{gef}}{\kappa}$$

$$\Leftrightarrow t_2 = \frac{2500 \ h}{2,192}$$

$$\Leftrightarrow t_2 = 1140,59 \ h \ .$$

4.2.3.3. Raffung von Temperaturwechselversuchen

Wird ein Produkt im normalen Einsatz dauernden Temperaturwechseln ausgesetzt, dann kann eine Beschleunigung der Temperaturwechsel gemäß folgender Überlegung erreicht werden:

Eine höhere Beanspruchung B_2 innerhalb einer kürzeren Zeit t_2 kann die gleiche Bauteilschädigung hervorrufen wie eine niedrigere Beanspruchung B_1 innerhalb einer längeren Zeit t_2.

Dieser Zusammenhang wird mathematisch dargestellt durch folgende Gleichung:

$$t_2 = t_1 \left(\frac{B_1}{B_2}\right)^k . \tag{4.77}$$

Für $k = 2$ wird diese Gleichung als Coffin-Manson-Beziehung bezeichnet [17]. Es werden folgende Temperaturwechselprüfungen unterschieden:

a) Beschleunigung der Temperaturwechselprüfung durch schnellere Temperaturänderung:

Wird das Bauteil statt relativ langsam ablaufenden Temperaturwechseln wesentlich beschleunigenderen Temperaturschocks ausgesetzt, so sind die im Bauteil entstehenden Thermospannungen erheblich größer. Zusätzlich ist die Umlagerungszeit im Vergleich zu den Verweilzeiten deutlich kürzer, was zu wesentlich höheren Temperaturgradienten und somit zu einer höheren Bauteilbelastung führt.

Infolge einer Vielzahl von unterschiedlichen Bauteilausführungen, die sich durch Geometrie, Material und Beanspruchung im Feldeinsatz unterscheiden, läßt sich nur schwer ein Raffungsfaktor angeben. Eine Aussage diesbezüglich ist nur auf Basis von Erkenntnissen bzw. Versuchen möglich, wenn sich im Feldeinsatz auftretende Probleme aufgrund von Temperaturschwankungen für den Temperaturschock reproduzieren lassen.

b) Beschleunigung der Temperaturwechselprüfung durch Erhöhung des Temperaturhubes :

Wird das Bauteil im Feldeinsatz sich ändernden Temperaturen $T_1 \leq T \leq T_2$ ausgesetzt, so kann eine Raffung dadurch erzeugt werden, daß der im Feld auftretende Temperaturbereich erweitert wird. Diese hierbei entstehenden temperaturbedingten Bauteilspannungen sind größer als die im normalen Einsatz auftretenden Spannungen, weshalb eine geringere Zyklenzahl eine entsprechende Wirkung hat.

Mit der Beziehung nach Gleichung (4.77) kann dieser Einfluß quantifiziert werden:

$$n_1 = n_2 \left(\frac{\Delta T_2}{\Delta T_1}\right)^k \tag{4.78}$$

mit:

n_1: Anzahl der Temperaturwechsel bis zum Ausfall bei realer Belastung im Betrieb.

n_2: Anzahl der Temperaturwechsel im Laborversuch.

ΔT_1: Temperaturbereich im Feldeinsatz.

ΔT_2: Temperaturbereich im Laborversuch.

k: Materialabhängiger Exponent.

Für metallische Werkstoffe, welche bei wechselnder Beanspruchung bis in den plastischen Bereich belastet werden, ist Gl. (4.78) bestätigt worden. Ansonsten muß der Exponent k durch entsprechende Versuche ermittelt werden. Der Exponent ist abhängig vom jeweiligen Bauteil und dem zum Ausfall führenden Fehlermechanismus. Wird mittels eines durchgeführten Versuches mit zwei verschiedenen Temperaturenhüben $\Delta T_1, \Delta T_2$ die mittlere Zyklenzahl bis zum Ausfall des Bauteils bestimmt, so kann der Exponent k aus Gleichung (4.78) bestimmt werden:

$$ k = \frac{\ln \frac{n_1}{n_2}}{\ln \frac{\Delta T_1}{\Delta T_2}} \; . \tag{4.79} $$

Auch bei diesen beschleunigten Prüfungen besteht die Gefahr von synthetischen Fehlern. Bei zu starker Raffung können im Labor am Bauteil Fehlermechanismen ausgelöst werden, die im praktischen Einsatz nicht auftreten würden. Daher sollten die spezifizierten Temperaturgrenzen für das jeweilige Bauteil nicht überschritten werden.

■ Beispiel 4.8
Beschleunigung von Temperaturwechselversuchen.

geg.: *Kunststoffgehäuse mit unterschiedlichen Wanddicken im Motorraum eines NKW mit einer geforderten Lebensdauer von 10 Jahren und einer Überlebenswahrscheinlichkeit $R(t) = 0,995$ bei einer Aussagewahrscheinlichkeit $P_A = 0,90$.*

Aus vorangegangenen Untersuchungen ergibt sich die wesentliche Beanspruchung des Kunststoffgehäuses als mechanische Spannung infolge von Wärmedehnungen, hervorgerufen durch Temperaturwechselbeanspruchungen. Es wird daher eine Temperaturwechselprüfung durchgeführt mit $n = 30$ Kunststoffgehäusen. Aus vergleichbaren Untersuchungen kann eine Ausfallsteilheit $b = 2,8$ angenommen werden.

ges.: *Folgende Größen sind zu bestimmen:*

  a) Bestimmung der erforderlichen Prüfdauer.

b) Bestimmung der erforderlichen Prüfdauer aufgrund einer maximal zulässigen Temperaturerhöhung.

Lsg.:   *Die erforderlichen Prüfzeiten ergeben sich zu:*

a) Die im Fahrbetrieb (Feldeinsatz) im Motorraum auftretenden Temperaturhübe ergeben sich ausgehend vom betriebskalten Temperaturniveau aus der Erwärmung des Motorblocks auf Betriebstemperatur und dessen anschließende Abkühlung auf ein betriebskaltes Temperaturniveau: $\Delta T_{mittel} = 80 \ K$.

Aufgrund der thermischen Masse des Motorblocks können maximal zwei Temperaturhübe mit $\Delta T_{mittel} = 80 \ K$ pro Tag auftreten. Damit ergeben sich für die geforderte Lebensdauer $t = 7300$ Temperaturzyklen.

Die erforderliche Prüfdauer wird somit durch die Anzahl der erforderlichen Temperaturzyklen bestimmt. Mit Gl. (4.25) ergibt sich:

$$R(t) = (1 - P_A)^{\frac{1}{L_v^b n}}$$

$$\Leftrightarrow \quad L_v = (\frac{\ln(1 - P_A)}{\ln R(t)} \frac{1}{n})^{\frac{1}{b}} \ . \tag{4.80}$$

Mit Gl. (4.19) folgt:

$$L_v = \frac{t_p}{t} \ . \tag{4.81}$$

Gl. (4.81) eingesetzt in Gl. (4.80) ergibt die erforderliche Anzahl an Temperaturzyklen:

$$t_p = (\frac{\ln(1 - P_A)}{R(t)} \frac{1}{n})^{\frac{1}{b}} t \tag{4.82}$$

$$\Leftrightarrow \quad t_p = (\frac{\ln(1 - 0,9)}{\ln 0,995} \frac{1}{30})^{\frac{1}{2,8}} \cdot 7300$$

$$\Leftrightarrow \quad t_p = 19345 \ Temperaturzyklen \ .$$

Es sind somit $t_p = 19345$ Temperaturzyklen unter der Bedingung, das während des Versuches kein Ausfall eintritt (Succes-Run), erforderlich.

b) Mit einer aufgrund der Vorgaben ermittelten Anzahl von erforderlichen Temperaturzyklen $n_1 = 19345$ Zyklen, dem in der Praxis auftretenden Temperaturhub von $\Delta T_1 = 80 \ K$, der sich für die

*vorhandene Materialspezifikation (-40 °C $\leq t_{Material} \leq 125$ °C)
ergebende maximal zulässige Temperaturhub $\Delta T_2 = 165$ K und
dem durch entsprechende Versuche bekannten, vom Ausfallmechanismus abhängigen Exponenten $k = 4,1$ ergibt sich analog zur
Coffin-Manson-Beziehung:*

$$\frac{n_2}{n_1} = (\frac{\Delta T_1}{\Delta T_2})^k \tag{4.83}$$

$$\Leftrightarrow \; n_2 = n_1(\frac{\Delta T_1}{\Delta T_2})^k \tag{4.84}$$

$$\Leftrightarrow \; n_2 = 19345(\frac{80}{165})^{4,1} \; Temperaturzyklen$$

$$\Leftrightarrow \; n_2 = 994,4 \; Temperaturzyklen$$

$$n_{2,gewählt} = 995 \; Temperaturzyklen \; .$$

4.2.3.4. Raffung von Feuchteversuchen

Feuchteuntersuchungen lassen sich immer durch eine Erhöhung des absoluten
Wassergehaltes in der Prüfkammer beschleunigen. Da die natürlichen Tempe-
ratur- und Feuchtewerte begrenzt sind, kann durch eine Erhöhung der Temperatur ein bestimmtes Schadensbild in kürzerer Zeit erreicht werden.
Die Wasseraufnahme insbesondere von Kunststoffen verläuft exponentiell. Bei
Umgebungsbedingungen von $T = 85$ °C, $F_{rel} = 85$ % (EN60068, Teil2-67) ist
beispielsweise der Funktionsverlauf wesentlich steiler, weshalb die Wasseraufnahme in deutlich kürzerer Zeit erfolgt. Auch bei metallischen Werkstoffen
steigt die Korrosionsgeschwindigkeit erheblich an (s. Abschnitt 4.2.3.5).
Besonders im Bereich elektrotechnischer Baugruppen gibt es eine Reihe von mathematischen Modellen zur Quantifizierung von beschleunigten Feuchteprüfun-
gen [18]. Diese Modelle ergeben teilweise recht unterschiedliche Raffungsfaktoren bei gleichen Bedingungen. Aufgrund einer großen Schwankungsbreite erlau-
ben diese Modelle jedoch keine exakte Vorausberechnung, sondern nur grobe
Abschätzungen.
Auch bei dieser Prüfung besteht die Gefahr, daß synthetische Fehler erzeugt
werden. Daher empfiehlt es sich, aufgrund von Vergleichen mit realen Feldschä-
den zu entscheiden, ob der in der beschleunigten Feuchteprüfung aufgetrete
Fehler relevant ist.
Mit vergleichenden Versuchsreihen des zu untersuchenden Bauteils kann eine
Korrelation hergestellt werden, wie hoch die Prüfzeit sein muß, um einen bei
weniger scharfen Prüfbedingungen generierten Fehler nachvollziehen zu können.

4.2.3.5. Raffung von Korrosionsversuchen

Auch bei dieser Versuchsvariante gibt es zwei Möglichkeiten, diesen Versuch zu beschleunigen.

a) Beschleunigung des Korrosionsversuches durch eine Temperaturerhöhung: Chemische Reaktionen, wie sie bei einem Salzsprühnebeltest auftreten, lassen sich durch eine Anhebung der Temperatur beschleunigen. Eine Raffung ist dann vorhanden, wenn die Prüfungstemperatur im Vergleich zur Feldbeanspruchung höher ist. Dieses bedeutet, das insbesondere die Salzsprühnebelprüfung nach DIN 50021 SS mit einer Temperatur von $T = 35\,°C$ gegenüber winterlichen Bedingungen schon erheblich beschleunigt ist.

Wenn davon ausgegangen wird, daß sich die chemische Reaktionsgeschwindigkeit alle 10 Kelvin verdoppelt, so liegt der temperaturbedingte Raffungsfaktor bei einem realen Temperaturbereich von $-5\,°C \leq T \leq 5\,°C$ in einer Größenordnung von $\kappa = 3 \ldots 4$. Dieses würde ergeben, daß in einem 1/3 bis 1/4 der realen Zeit ein identisches Korrosionsbild erzeugt werden könnte.

b) Beschleunigung des Korrosionsversuches durch die Erhöhung der NaCl-Konzentration:

Eine weitere Raffung der Korrosionsprüfung wird durch eine Erhöhung der NaCl-Konzentration bewirkt. Jedoch kann eine zu hohe NaCl-Konzentration auch zu einer Verringerung der Korrosionsgeschwindigkeit führen.

Aufgrund der Tatsache, daß im Winterbetrieb nicht auf allen Fahrstrecken Streusalz ausgebracht wird und die aufgebrachte Salzkonzentration mit zunehmender Zeit verdünnt wird, liegt eine 5 %-NaCl-Konzentration im Salzsprühnebeltest oberhalb der realen Bedingungen.

Die im realen Feldeinsatz auftretenden Bedingungen können nicht exakt erfaßt werden. Weder die NaCl-Konzentration im winterlichen Einsatz noch die ausgebrachte Menge an NaCl auf die Fahrbahnen ist konstant. Auch wird nicht jedes Bauteil der maximal ausgebrachten Konzentration ausgesetzt. Die Angabe eines Beschleunigungsfaktors ist unter diesen inkonstanten Bedingungen nicht möglich.

Daher sind solche einfachen Schnellkorrosionsprüfungen, wie es zum Beispiel die DIN 50021 SS vorsieht, nur für vergleichende Prüfungen einzusetzen.

4.2.3.6. Raffung von Schwingungsversuchen

Eine Beschleunigung dieser Prüfung wäre dadurch zu erreichen, daß für das verwendete Schwingungsprofil eine höhere Schwingbeschleunigung vorgesehen wird, als im Feldeinsatz gemessen wurde. Nicht zulässig ist jedoch eine Erhöhung der Schwingfrequenz, da hier die Gefahr besteht, daß das Bauteil nicht in seiner Eigenfrequenz schwingt und das Bauteil nach Beendigung dieser Prüfung noch intakt wäre. Im Feldeinsatz würde dieses Bauteil möglicherweise mit seiner Eigenfrequenz angeregt werden und ausfallen.

Umgekehrt könnte auch der Fall vorliegen, daß das Bauteil im Feldeinsatz Kräften ausgesetzt ist, welche unterhalb der Asymptote der Wöhlerlinie liegen (s. Abschn. 4.2.3.7). Dieses Bauteil wäre demnach dauerfest. Da aufgrund zu hoher Schwingbeschleunigung in dem Schwingungsversuch das Bauteil vor Beendigung des Versuches ausfällt, würde fälschlicherweise die Schlußfolgerung gezogen, daß konstruktive Maßnahmen zur Fehlerabstellung eingeleitet werden müssen.

Wird im Rahmen einer Festigkeitsabsicherung ein Bauteil einem Rauschprofil von mindestens 24 h ausgesetzt, so ist aufgrund der Tatsache, daß alle Resonanzen im Prüfling permanent angeregt werden und die Anzahl der geforderten Lastwechsel innerhalb der Prüfzeit meistens erreicht wird, eine Beschleunigung dieser Prüfung nicht erforderlich. Ausnahmen hiervon wären Bauteile mit niederfrequenten Resonanzen. Hier wären dann längere Schwingzeiten erforderlich. Im Rahmen einer Verschleißuntersuchung sind ebenfalls längere Schwingzeiten erforderlich, da hier der Verschleiß auch eine Funktion der Zeit ist.

Die zu erzielenden Raffungsfaktoren sind stark von der jeweiligen Beschaffenheit des Bauteils abhängig. Die in der Literatur angegebenen Raffungsfaktoren sind an speziellen Versuchsanordnungen ermittelt worden und lassen sich daher nicht verallgemeinern.

4.2.3.7. Wöhler-Versuch

Der Wöhler-Versuch dient der Ermittlung der Belastbarkeit eines Bauteils bei dynamischer Belastung. Diese kann dabei im Rahmen von Dauerschwingversuchen, z. B. bei Torsions-, Biege- oder Zugbelastungen ermittelt werden, wobei die Belastung zeitlich wechselnd oder schwellend auftreten kann.

Wird das Bauteil mit einer zeitlich veränderlichen Last beansprucht, so ist eine Berechnung mit der Annahme einer statischen Last und einer konstanten zulässigen Spannung nicht möglich. Zur Ermittlung der Schadensakkumulationshypothese und der realen Beanspruchung ist eine Lebensdauerermitt-

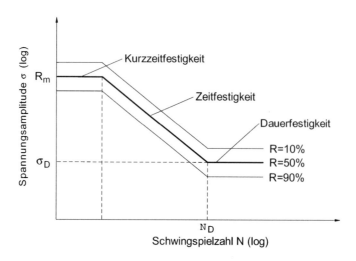

Abbildung 4.27.: Spannungsamplitude σ in Abhängigkeit von der Schwingspielzahl N (Wöhlerdiagramm).

lung mit Hilfe von Zählverfahren erforderlich, wie es die Vorgehensweise nach Wöhler[4] darstellt [19]. Diese kennzeichnet die Beanspruchung eines Bauteils bei dynamischer Belastung.

Zur Ermittlung der Wöhlerlinie wird das Bauteil auf einem Prüfstand bei konstanter Spannungsamplitude und Mittelspannung solange schwingend belastet, bis dieses ausfällt. Diese Ausfälle werden mit der jeweiligen Spannungsamplitude σ und der erreichten Schwingspielzahl N in das Wöhlerdiagramm eingetragen. Es ergibt sich unter Berücksichtigung eines Streubereiches die Wöhlerlinie für eine Überlebenswahrscheinlichkeit R, s. Abb. 4.27.

Aufgrund des Verlaufs der Wöhlerlinie läßt sich diese in drei Bereiche einteilen:

1. Bereich der Kurzzeitfestigkeit
   Dieser Bereich ist durch kleine Schwingspielzahlen gekennzeichnet. Die ertragbare Beanspruchung bzw. Spannungsamplitude des Bauteils entspricht der jeweiligen Zugfestigkeit R_m bzw. Streckgrenze R_e.
   In diesem Bereich ist eine Belastungsgrenze überschritten, bei der es in jedem Fall zu einer Schädigung des Bauteils kommt.

---

[4]August Wöhler, 1819-1914.

2. Bereich der Zeitstandfestigkeit

In diesem Bereich werden die vom Bauteil zu ertragenden Spannungs-amplituden mit steigender Schwingspielzahl immer geringer. Das Bauteil fällt dann aus, wenn bei gegebener Spannungsamplitude die maximal zu ertragende Schwingspielzahl überschritten wird.

Durch die Auftragung der Wöhlerlinie im doppeltlogarithmischen Diagramm kann der Kurvenverlauf im Bereich der Zeitstandfestigkeit als Gerade dargestellt werden. Nach Palmgren-Miner kann dieser mit folgender Gleichung beschrieben werden:

$$N_i = N_D \left(\frac{\sigma_i}{\sigma_D}\right)^{-k} \qquad (4.85)$$

mit:

N_i: Lastwechselzahl.

N_D: Lastwechselzahl ab der Dauerfestigkeit besteht.

σ_i: Bauteilspannung.

σ_D: Bauteilspannung ab der Dauerfestigkeit besteht.

k: Wöhlerexponent (Steigung der Wöhlerlinie im Bereich der Zeitstandfestigkeit),

Stahl: $k \approx 10\ldots 11$, Guß: $k \approx 13\ldots 14$, Alu: $k \approx 12$.

Mit sinkenden k-Werten steigt die Anzahl der ertragbaren Schwingspielzahlen bei der jeweiligen Spannungsamplitude. Ist für das Bauteil das Lastkollektiv bekannt, so läßt sich anhand der Wöhlerlinie die Lebensdauer in Abhängigkeit von der jeweiligen Belastung ermitteln.

3. Bereich der Dauerfestigkeit

Die Dauerfestigkeit eines Bauteils stellt den Grenzwert der Spannungs-amplitude dar, bis zu dem diese noch vom Bauteil ohne dessen Ausfall zu ertragen ist. In diesem Bereich ist die Lebensdauer eines Bauteils nicht mehr von der Lastwechselzahl abhängig. Für die Lebensdauerberechnung ist nur die Größe der Beanspruchung und deren Häufigkeit wichtig, nicht unbedingt deren zeitlichen Abfolge. Diese werden in Lastkollektive zusammengefaßt und deren Wertebereich in Klassen aufgeteilt.

Eine Lebensdauerberechnung kann auf verschiedenen Schadensakkumulationshypothesen basieren:

- Hypothese nach Palmgren-Miner (originale Miner-Regel).
- Hypothese nach Haibach (modifizierte Miner-Regel).
- Hypothese nach Corben-Dolan (elementare Miner-Regel).

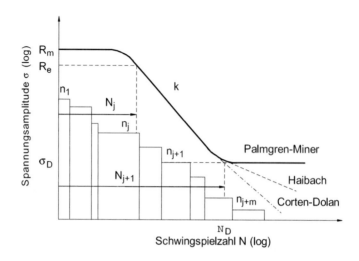

Abbildung 4.28.: Zusammenhang zwischen einem gegebenen Lastkollektiv und den hierdurch verursachten Schädigungen unter Berücksichtigung verschiedener Schadensakkumulationshypothesen.

Alle Hypothesen gehen von der Annahme aus, daß sich die Bauteilschädigungen bei dynamischer Beanspruchung linear aufsummieren [20]. Durch jedes Schwingungsspiel verringert sich die gemäß der Wöhlerlinie entsprechende Schwingspielzahl für die jeweils betrachtete Spannungsamplitude. Erreicht die Schadenssumme D den Wert 1, so tritt ein Versagen des Bauteils infolge Ermüdung auf:

$$D = \sum_{i=1}^{j} \frac{n_i}{N_i} \qquad (4.86)$$

mit:

n_i: Auftretende Schwingspielzahl in Klasse i.
N_i: Maximal zu ertragende Schwingspielzahl in Klasse i.
j: Anzahl der Klassen.

Abb. 4.28 zeigt den graphischen Verlauf der Wöhlerlinie für die jeweilige Hypothese. Wird für die maximal zu ertragende Schwingspielzahl N_i in Gl. (4.86) die Gl. (4.85) für die Wöhlerlinie eingesetzt, so errechnet sich die für das Bauteil zu ertragende Lastwechselzahl nach der Palmgren-Miner-Regel zu:

$$N_H = N_D \frac{\sum_{i=1}^{j} n_i}{\sum_{i=1}^{j} n_i (\frac{\sigma_i}{\sigma_D})^k} . \tag{4.87}$$

Die für das Bauteil ertragbare Lastwechselzahl berechnet sich gemäß der Hypothese nach Haibach zu:

$$N_H = N_D \frac{\sum_{i=1}^{j+m} n_i}{\sum_{i=1}^{j} n_i (\frac{\sigma_i}{\sigma_D})^k + \sum_{i=j+1}^{j+m} n_i (\frac{\sigma_i}{\sigma_D})^{2k-1}} . \tag{4.88}$$

Die ertragbare Lastwechselzahl gem. der Hypothese nach Corten-Dolan berechnet sich zu:

$$N_H = N_D \frac{\sum_{i=1}^{j+m} n_i}{\sum_{i=1}^{j+m} n_i (\frac{\sigma_i}{\sigma_D})^k} . \tag{4.89}$$

Der Index m bezieht sich auf Kollektive bis zur Lastwechselzahl N_D, ab der der Dauerfestigkeitsbereich beginnt. Erfahrungsgemäß haben Schädigungen geringer als $0, 5 \cdot \sigma$ kaum Einfluß auf die Bauteildauerfestigkeit.

Die Praxis zeigt, daß mit der Hypothese nach Palmgren-Miner (Original-Miner) die berechnete Lebensdauer zu hoch ist und mit der Hypothese nach Corten-Dolan (Elementar-Miner) zu gering ausfällt. Daher werden nach der Hypothese von Haibach die jeweiligen Dauerfestigkeitsbereiche halbiert und die Steigung der Wöhlerlinie mit $2k - 1$ angesetzt.

Für die Ermittlung des Raffungsfaktors κ stehen die Feldausfälle, die Ausfälle während der Laboruntersuchungen oder die unterschiedlichen Bauteilbelastungen im Wöhlerdiagramm zur Verfügung.

Unter der Voraussetzung, daß sich die Steigungen der Ausfallgeraden zwischen den Feld- und den Laborergebnissen nicht wesentlich unterscheiden, ergibt sich der Raffungsfaktor κ zu:

$$\kappa = \frac{t_2}{t_1} . \tag{4.90}$$

Bei einem parallelen Verlauf der Geraden ist das Verhältnis von t_2/t_1 unabhängig vom Niveau der Ausfallhäufigkeit. Im Wöhlerdiagramm gilt für jeweils nur eine Belastung im Zeitstandfestigkeitsbereich:

$$\kappa = \frac{N_{Feld}}{N_{Labor}} \tag{4.91}$$

$$\Leftrightarrow \kappa = (\frac{\sigma_{Feld}}{\sigma_{Labor}})^{-k} . \tag{4.92}$$

Im Feldeinsatz liegen selten konstante Belastungen vor, sondern meist ein Last-kollektiv. Daher gilt für den Zeitfestigkeitsbereich mittels der Elementar-Miner-Regel folgender Zusammenhang:

$$N_{EM,Feld} = \frac{\sum_{i=1}^{n} n_{Feld,i}}{\sum_{i=1}^{n} \frac{n_{Feld,i}}{N_D} \left(\frac{\sigma_{Feld,i}}{\sigma_D}\right)^k} \tag{4.93}$$

$$\Leftrightarrow N_{EM,Feld} = \frac{\sum_{i=1}^{n} n_{Feld,i}}{\frac{1}{N_D \sigma_D^k} \sum_{i=1}^{n} n_{Feld,i} \sigma_{Feld,i}^k} \ . \tag{4.94}$$

Für eine einzige Belastung gilt:

$$N_{Labor} = N_D \left(\frac{\sigma_{Labor}}{\sigma_D}\right) \ . \tag{4.95}$$

Wird Gl. (4.94),(4.95) in Gl. (4.91) eingesetzt, so ergibt sich für den Raffungs-faktor:

$$\kappa = \frac{N_{EM,Feld}}{N_{Labor}} \tag{4.96}$$

$$\Leftrightarrow \kappa = \frac{\sum_{i=1}^{n} n_{Feld,i}}{\frac{1}{N_D \sigma_D^k} \sum_{i=1}^{n} n_{Feld,i} \sigma_{Feld,i}^k} \frac{1}{N_D \left(\frac{\sigma_{Labor}}{\sigma_D}\right)^{-k}} \ . \tag{4.97}$$

Der Raffungsfaktor für Bauteile ohne Berücksichtigung der Dauerfestigkeit (Elementar-Miner), also im Zeitbereich, berechnet sich somit nach:

$$\kappa_{EM} = \frac{\sum_{i=1}^{n} n_{Feld,i}}{\sum_{i=1}^{n} n_{Feld,i} \sigma_{Feld,i}^k} \ . \tag{4.98}$$

Die Spannung σ kann durch andere Bauteilbelastungen ersetzt werden.
Wird gemäß Haibach für den weiteren Verlauf der Bauteilbelastung die halbe Steigung angenommen, so ergibt sich:

$$N_{H,Feld} = \frac{\sum_{i=1}^{n} n_{Feld,i}}{\sum_{i=1}^{m} \frac{n_{Feld,i}}{N_D} \left(\frac{\sigma_{Feld,i}}{\sigma_D}\right)^k + \sum_{i=m+1}^{n} \frac{n_{Feld,i}}{N_D} \left(\frac{\sigma_{Feld,i}}{\sigma_D}\right)^{2k-1}} \tag{4.99}$$

und

$$\kappa = \frac{N_{H,Feld}}{N_{Labor}} \tag{4.100}$$

$$\Leftrightarrow \kappa = \frac{\sum_{i=1}^{n} n_{Feld,i}}{\frac{1}{N_D} \left(\sum_{i=1}^{m} n_{Feld,i} \left(\frac{\sigma_{Feld,i}}{\sigma_D}\right)^k + \sum_{i=m+1}^{n} n_{Feld,i} \left(\frac{\sigma_{Feld,i}}{\sigma_D}\right)^{2k-1}\right)} \tag{4.101}$$

$$\cdot \frac{1}{N_D \left(\frac{\sigma_{Labor}}{\sigma_D}\right)^{-k}} \ .$$

Der Raffungsfaktor nach Haibach für Bauteile im Dauerfestigkeitsbereich[5] errechnet sich nach:

$$\kappa_H = \frac{N_{H,Feld}}{N_{Labor}} \quad (4.102)$$

$$\Leftrightarrow \kappa_H = \frac{\sum_{i=1}^{n} n_{Feld,i}}{\sum_{i=1}^{m} n_{Feld,i}\left(\frac{\sigma_{Feld,i}}{\sigma_D}\right)^k + \sum_{i=m+1}^{n} n_{Feld,i}\left(\frac{\sigma_{Feld,i}}{\sigma_D}\right)^{2k-1}} \left(\frac{\sigma_{Labor}}{\sigma_D}\right)^k .$$

$$(4.103)$$

Es sollten für eine sinnvolle Bestimmung des Raffungsfaktors genaue Informationen bzgl. des Werkstoffes und dem zugehörigen Exponenten k sowie des wirkenden Lastkollektivs vorhanden sein.

4.2.3.8. Step-Stress-Methode

Die Step-Stress-Methode einer beschleunigten Lebensdauerprüfung basiert auf einem Vorschlag von Nelson. Die Grundlage dieses Laststeigerungsverfahrens ist die nach einem festgelegten Zeitintervall schrittweise Erhöhung der auf das Bauteil wirkenden Belastung.
Unter der Annahme, daß durch die Laststeigerung keine Änderung des Ausfallmechanismus verursacht wird, soll diese Vorgehensweise zu einer Reduzierung der Ausfallzeiten führen. Die Steigung der Weibull-Gerade wäre somit unabhängig von der auf das Bauteil wirkenden Belastung.
Bei konstantem Formfaktor b, also bei identischem Ausfallmechanismus, stellt jede Laststufe eine Gerade im Weibulldiagramm dar, s. Abb. 4.29. Daher könnten die bei höheren Laststufen auftretenden Ausfälle auf die Ausfallgerade für die Grundbelastung zurückgerechnet werden.
Von Nelson wird ein entsprechendes rekursives Verfahren angegeben [21]. Dieses setzt voraus, daß eine Beziehung zwischen der Laststufe und der charakteristischen Lebensdauer T bekannt ist. Aufgrund dieser in der Praxis eher selten anzutreffenden Voraussetzung wird die Step-Stress-Methode überwiegend für Vergleichsuntersuchungen eingesetzt.

4.2.3.9. HALT, HASS, HASA

Die Akronyme HALT und HASS stehen für Highly Accelerated Life Testing bzw. Highly Accelerated Stress Screening und stellen eine alternative Vorge-

---

[5]Die Dauerfestigkeit wird mit dem Faktor $0,5$ berücksichtigt.

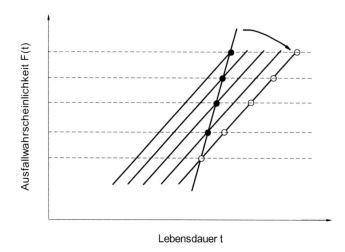

Abbildung 4.29.: Auswertung nach der Step-Stress-Methode im Weibull-Wahrscheinlichkeitsnetz.

hensweise zur Zuverlässigkeitssicherung von Produkten schon in der Entwicklungsphase dar. Mit dem HALT-Test, welcher schon in der Entwicklungsphase eingeplant wird, sollen Schwachstellen im Entwicklungs- und Produktionsprozeß entdeckt werden. Während der Durchführung des HALT-Tests werden die Versuchsparameter für den in der Produktion eingesetzten HASS-Test festgelegt[6] [22].

Es sollen bei minimalen Kosten und kurzen Versuchszeiten relevante Ausfallmechanismen durch Versuche mit schrittweiser Laststeigerung herausgearbeitet werden. Dabei sollen möglichst viele Ausfallmechanismen provoziert werden. Das Ziel eines solchen Versuches ist in jedem Fall der Ausfall des betreffenden Bauteils. In HALT liegen daher die Belastungsniveaus wesentlich über denen, welche in der Praxis auftreten.

Der HALT- und HASS-Test werden in hierfür konzipierten Prüfkammern durchgeführt. Dabei führt das Bauteil während des Versuches seine vorgesehene Funktion aus und muß daher kontinuierlich überwacht werden. Dieser iterative Optimierungsprozeß besteht aus folgenden Schritten:

---

[6]Voraussetzung für die Anwendung von HALT bzw. HASS ist der Ausfall ausschließlich defekter bzw. vorgeschädigter Bauteile. Es darf also die Lebensdauer von intakten Einheiten nicht durch den beaufschlagten Stress verkürzt werden.

- Versuchsdurchführung mit schrittweiser Laststeigerung.
- Analyse der Versuchsergebnisse auch dann, wenn die Ausfälle außerhalb der Spezifikationsgrenzen aufgetreten sind.
- Einleitung von Korrekturmaßnahmen (z. B. Konstruktionsänderung, Zuliefererwechsel, Werkstoffwahl, Montagereihenfolge).

Während der Prüfung werden folgende Kenngrößen ermittelt:

Upper Destruct Level (UDL),
Upper Operating Level (UOL),
Lower Operating Level (LOL),
Lower Destruct Level (LDL),
Fundamental Limit of Technology (FLT).

In Abb. 4.30 sind diese Kenngrößen schematisch für zwei fiktive Parameter c_1, c_2 mit sukzessiv zunehmender Belastung dargestellt. Nach dem Einleiten von Korrekturmaßnahmen wird das Bauteil wieder getestet, um erneut die Betriebs- bzw. Funktionsgrenzen sowie die Grenzbelastungen zu bestimmen. Dabei werden die genannten Kenngrößen iterativ durch Herantasten an die technischen Grenzen des untersuchten Bauteils ermittelt. Bei diesem Vorgang wird zugleich die Erfüllung der Bauteilspezifikation überprüft. Mögliche Abweichungen von diesen spezifizierten Vorgaben führen unmittelbar zu konstruktiven Änderungen der Bauteile oder des Systems, welche dann wiederum zu einer Wiederholung der Prüfprozedur führen. Dieser Vorgang wird solange wiederholt, bis alle Anforderungen an das Bauteil erfüllt und nachgewiesen sind.

Es werden somit nicht nur die Spezifikationsgrenzen untersucht, sondern auch zusätzlich die funktionalen und bauteilzerstörenden Grenzwerte bestimmt. Infolge dessen kann die Bauteilrobustheit bewertet und abgesichert werden. Wird die obere bzw. die untere Betriebsgrenze unter- oder überschritten, so ist die Bauteilfunktion solange fehlerhaft, bis das Bauteil wieder in den normalen Betriebsbereich übergeht. Befindet sich das Bauteil jenseits dieser Ausfallgrenzen, so wird dieses irreversibel geschädigt. Infolge verschiedener Belastungskombinationen ergeben sich meist niedrigere Grenzniveaus der einwirkenden Belastungen.

HALT arbeitet sich hierachisch von den untersten Bauteileinheiten in Richtung höherer Komplexizitätsstufen vor. Die Ergebnisse dieser Methode sollen wiederum der konstruktiven Auslegung, den Fertigungsprozessen sowie der erneuten Ermittlung von Belastungsprofilen dienen. Es sollen mit hoher Effektivität Design-, Fertigungsmängel und Spezifikationsgrenzen ermittelt und erweitert

werden sowie die Produktzuverlässigkeit erhöht, die Entwicklungszeit verkürzt und Modifikationsauswirkungen prognostiziert werden.
Der HASS-Test ist ein Screeningverfahren zur Absicherung und Steigerung der Serienqualität. Es wird der während der Entwicklungsphase durchgeführte HALT-Test mit reduzierten Belastungen in die Serienproduktion übertragen. In Abb. 4.31 ist die Vorgehensweise der HALT- und HASS-Prüfung gezeigt. Ist bei zu großen Stückzahlen eine vollständige Anwendung des HASS-Tests nicht möglich, so wird dieser Test auf eine statistisch relevante Stichprobe angewendet. Diese Anwendung wird als HASA (Highly Accelerated Stress Audit) bezeichnet. Ein wesentlicher Nachteil dieser Methode ist jedoch die fehlende Möglichkeit einer Prognose über Feldausfallraten oder MTBF-Werten auf statistischer Basis.

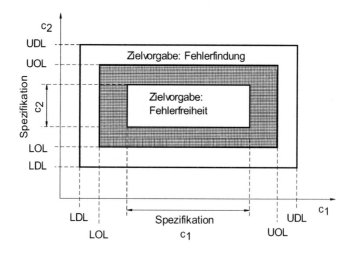

Abbildung 4.30.: Schematische Darstellung der Kenngrößen für zwei fiktive Parameter c_1, c_2 bei HALT-Untersuchungen mit sukzessiv zunehmender Belastung.

4.2.3.10. Verschleißprognose

Kann für ein zeitabhängiges Verschleißverhalten ein linearer Zusammenhang vorausgesetzt werden, so kann der Umfang einer verschleißbedingten Schädi-

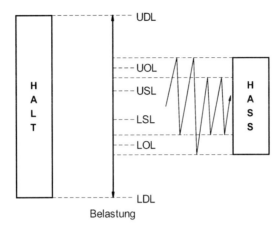

Abbildung 4.31.: Schematische Darstellung der Vorgehensweise bei HALT- und HASS-Untersuchungen.

gung infolge definierter Beanspruchung gemessen und unter Berücksichtigung des noch möglichen Verschleißes das Lebensdauerende extrapoliert werden. Dieses bedeutet, daß erst nach einer gewissen Betriebsdauer, also einer ausfallfreien Zeit t_0 ein Ausfall des Bauteils (z.B. Brems- und Kupplungsbeläge, Reifen, Kohlebürsten, beschichtete Bauteile etc.) erfolgt[7]. Erst dann treten die gemessenen Ausfälle in einem relativ kleinen Zeitintervall, welches wiederum einer großen Ausfallsteilheit entspricht, auf.

---

[7]Dieses gilt auch für Driftausfälle, also dem Wegdriften eines Parameters, bis ein Funktionswert unter- oder überschritten wird.

5. Zuverlässigkeitsermittlung nach Weibull

Für die Angabe des Ausfallverhaltens von Komponenten und Systemen ist die Auswertung des jeweiligen Lebensdauermerkmals bis zum ersten Ausfall erforderlich. Solche Lebensdauermerkmale können beispielsweise die Laufleistung in km, die Anzahl von Zyklen bzw. Lastwechsel in Zz bzw. LW oder die Betriebszeit in h sein. Als Lebensdauerverteilung soll hier die insbesondere im Maschinen- und Automobilbau überwiegend angewendete Weibull-Verteilung verwendet werden.

5.1. Ranggrößen

Die Auswertung der Ausfallzeiten basiert auf der Verteilung von Ranggrößen. Für die Auswertung der Ausfallzeiten mittels des Weibull-Wahrscheinlichkeitsnetzes sind zunächst nur die einzelnen Ausfallzeiten als Abzissenwerte vorhanden. Für eine Eintragung in das Weibull-Wahrscheinlichkeitsnetzes sind noch entsprechende Ausfallwahrscheinlichkeiten $F(t)$ erforderlich [25].

Werden die Ausfallzeiten einer Untersuchung vom Umfang n nach ihrer Größe aufsteigend sortiert, so werden diese geordneten Größen als Ranggrößen bezeichnet und der jeweilige Index entspricht der Rangzahl:

$$t_1, t_2, t_3, \ldots, t_{n-1}, t_n \ .$$

Auf den Umfang der Stichprobe bezogen entspricht der Ausfall der ersten Ranggröße $\frac{1}{n}$ der Stichprobe, der Ausfall der zweiten Ranggröße $\frac{2}{n}$ usw. Für die Betrachtung dieser Stichprobe ist der ersten Ranggröße eine Ausfallwahrscheinlichkeit $F(t) = \frac{1}{n}$, der zweiten Ranggröße $F(t) = \frac{2}{n}$ usw. zuzuordnen. Diese Ausfallzeiten gehören jedoch nur zu einer einzigen Stichprobe. Bei jeder weiteren Stichprobe werden die Ausfallzeiten voneinander differieren. Für m Stichproben ergibt sich somit die folgende Matrix:

1. Stichprobe vom Umfang n: $\quad t_{1,1} \leq t_{2,1} \leq \cdots \leq t_{n,1}$
2. Stichprobe vom Umfang n: $\quad t_{1,2} \leq t_{2,2} \leq \cdots \leq t_{n,2}$
3. Stichprobe vom Umfang n: $\quad t_{1,3} \leq t_{2,3} \leq \cdots \leq t_{n,3}$

$\qquad\qquad\qquad\vdots \qquad\qquad\qquad\quad \vdots \qquad \vdots \qquad\ddots\qquad \vdots$

m. Stichprobe vom Umfang n: $\quad t_{1,m} \leq t_{2,m} \leq \cdots \leq t_{n,m}$

Aufgrund von Schwankungen in den Ausfallzeiten einer jeden Ranggröße sind diese als Zufallsgrößen zu betrachten. Diesen Ranggrößen kann somit eine Verteilung zugeordnet werden. Die mathematische Herleitung dieser Ranggrößenverteilung führt auf eine erweiterte Binomialverteilung [4],[5],[8],[23],[24]. Die Ausfallwahrscheinlichkeiten bzw. Medianränge ergeben sich nach:

$$P_A = \sum_{k=j}^{n} \binom{n}{k} F(t)^k (1 - F(t))^{n-k} \; . \tag{5.1}$$

Mit $P_A = 0,5$ ergeben sich die iterativ zu bestimmenden Medianränge nach:

$$0,5 = \sum_{k=i}^{n} \frac{n!}{k!(n-k)!} F(t)^k (1 - F(t))^{n-k} \; . \tag{5.2}$$

In Tabelle E.2 sind die berechneten Werte für den Median aufgeführt.

Für praktische Anwendungen werden den Ausfallzeiten t_i bei Stichprobenumfängen $n < 50$ die Ausfallwahrscheinlichkeiten gemäß:

$$F(t_i) \approx \frac{i - 0,3}{n + 0,4} \qquad \text{(Median)} \tag{5.3}$$

zugeordnet bzw. wenn klassiert für jeden Lebensdauerwert mehrere Ausfallzeiten vorliegen:

$$F(t_i) \approx \frac{G_i - 0,3}{n + 0,4} \qquad \text{(Median)} \; . \tag{5.4}$$

Für Stichprobenumfänge $n \geq 50$ werden den Ausfallzeiten die Ausfallwahrscheinlichkeiten gemäß

$$F(t_i) = \frac{i}{n + 1} \qquad \text{(Mittelwert)} \tag{5.5}$$

bzw. bei einer Klassierung der Ausfälle:

$$F(t_i) = \frac{G_i}{n+1} \qquad \text{(Mittelwert)} \qquad (5.6)$$

zugeordnet.

5.2. Vertrauensbereich

Aufgrund der Tatsache, daß die Ausfallwahrscheinlichkeiten der Ranggrößen über einen bestimmten Bereich streuen können, stellt die Weibull-Gerade nur eine Möglichkeit dar, eine Abschätzung über die Grundgesamtheit zu geben. Bei Verwendung des Medians zur Ermittlung von $F(t_i)$ wird diejenige Gerade dargestellt, welche ungefähr im Mittel die wahrscheinlichste ist. Dies bedeutet, daß die wirkliche Gerade, also die Gerade, welche die Grundgesamtheit darstellt, in 50 % aller Fälle unterhalb bzw. oberhalb der Weibull-Gerade liegt. Mit der Einführung eines Vertrauensbereiches der Weibull-Gerade kann ermittelt werden, wie stark dieser vertraut werden darf. Der Vertrauensbereich gibt für eine Aussagewahrscheinlichkeit an, daß die beobachteten Werte mit dieser Wahrscheinlichkeit in diesem Bereich auftreten. Da der Vertrauensbereich meist symmetrisch zum Median angelegt wird, besitzt der 90 %-Vertrauensbereich eine 5 %- sowie eine 95 %-Vertrauensgrenze.

Auch die Grenzwerte für den Vertrauensbereich werden nach Gl. (5.1) ermittelt. Für die 5 %-Vertrauensgrenze ergeben sich mit der Aussagewahrscheinlichkeit $P_A = 0,05$ die iterativ zu ermittelnden Werte für die Vertrauensgrenze nach:

$$0,05 = \sum_{k=j}^{n} \frac{n!}{k!(n-k)!} F(t)^k (1 - F(t))^{n-k} . \qquad (5.7)$$

Für die 95 %-Vertrauensgrenze ergeben sich mit der Aussagewahrscheinlichkeit $P_A = 0,95$ die iterativ zu ermittelnden Werte für die Vertrauensgrenze nach:

$$0,95 = \frac{n!}{k!(n-k)!} F(t)^k (1 - F(t))^{n-k} . \qquad (5.8)$$

In Tabelle E.1 sind die berechneten Werte für die 5 %-Vertrauensgrenze aufgeführt.

In Tabelle E.3 sind die berechneten Werte für die 95 %-Vertrauensgrenze aufgeführt.

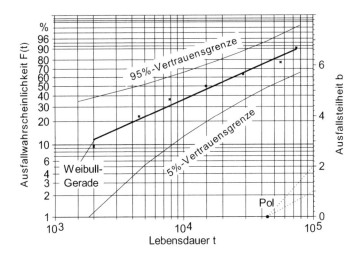

Abbildung 5.1.: Weibull-Gerade mit 90 %-Vertrauensbereich.

Werden die Grenzpunkte der Ranggrößen miteinander verbunden, so ergibt sich die Grenzlinie des gesamten Vertrauensbereiches über die gesamte Ausfallzeit, s. Abb. 5.1. Die hier eingetragene Weibull-Gerade ist über viele Stichproben betrachtet, die wahrscheinlichste Gerade. Diese kann innerhalb des 90 %-Bereiches jede beliebige Lage einnehmen, s. Abb 5.2. Die Wahrscheinlichkeit, daß die Weibullgerade sich außerhalb des 90 %-Bereiches befindet, liegt bei 10 %.

Die Einführung des Vertrauensbereiches ist besonders bei kleinen Stichproben $n < 50$ notwendig. Hingegen bei Stichprobenumfängen von $n \geq 50$ wird der Vertrauensbereich immer enger, so daß dieser hier vernachlässigbar ist.

5.3. Analytische Ermittlung der Weibull-Parameter

Sollte die Genauigkeit der graphisch ermittelten Weibull-Parameter nicht ausreichend sein, so sind diese analytisch zu ermitteln. Für die analytische Ermittlung der Parameter T und b existiert eine große Anzahl von statistischen Verfahren zu deren Punkt- und Intervallschätzung [8],[26],[27],[28],[36]. Nachfolgend werden die Prinzipien der wichtigsten in der Praxis angewendeten Me-

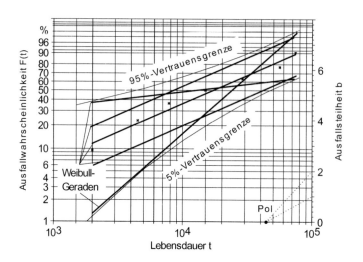

Abbildung 5.2.: Mögliche Lagen der Weibull-Gerade im 90 %-Vertrauensbereich.

thoden vorgestellt.

5.3.1. Ermittlung der Parameter b und T

5.3.1.1. Methode nach Gumbel

Bei dieser in der Praxis häufig angewendeten Methode zur Berechnung der Parameter b und T werden die Ausfallpunkte im Weibull-Wahrscheinlichkeitsnetz entsprechend gewichtet [29]:

$$b = \frac{0,557}{s_{log}} \tag{5.9}$$

und

$$T = 10^{\left(\sum_{i=1}^{n} \log(t_i)\right)/n + 0,2507/b} \tag{5.10}$$

mit:

s_{log}: Logarithmische Standardabweichung.

Bei der Interpretation der Ergebnisse ist zu beachten, daß sich im Vergleich zur Regressionsanalyse deutlich größere Werte für die Ausfallsteilheit b ergeben.

5.3.1.2. Regressionsanalyse

Mit Hilfe der Regressionsanalyse wird ein mathematisches Modell für den Zusammenhang zwischen Einflußgrößen und Zielgrößen an vorhandene Daten angepaßt [8],[29]. Dabei muß die mathematische Form des Zusammenhangs vorgegeben sein.
Die Parameter in dieser Form werden dann derart angepaßt, daß sich die bestmögliche Beschreibung der Daten ergibt.
Basis der einfachen linearen Regression[1] sind n Meßwerte ($i = 1, 2, \ldots, n$) für eine Zielgröße y in Abhängigkeit von einer Einflußgröße x. Gemäß der Geraden-Gleichung

$$\hat{y}_i = b_0 + b_1 x_i \tag{5.11}$$

läßt sich für b_0 und b_1 für jeden Wert der Einflußgröße x_i ein Schätzwert $\hat{y}_i$ der Zielgröße berechnen.
Dabei werden b_0 und b_1 derart bestimmt, daß die Summe der quadrierten Abweichungen (S.d.q.A.) zwischen den Schätzwerten $\hat{y}_i$ und den Meßwerten y_i über alle n Meßwerte so klein wie möglich ist, also

$$\sum_{i=1}^{n}(y_i - \hat{y}_i)^2 = \sum_{i=1}^{n}(y_i - (b_0 + b_1 x_i))^2 \overset{!}{=} min. \tag{5.12}$$

In Abb. 5.3 ist eine mit Hilfe der Methode der kleinsten Quadrate[2] ermittelte Schätzgerade dargestellt. Die Abweichungen ($y_i - \hat{y}_i$) der Meßwerte von der Regressionsgeraden werden auch als Residuen bezeichnet.
Anschaulich bedeutet Gl. (5.12), daß eine Gerade derart durch die Punkte gelegt wird, daß die Summe der Quadrate ($y_i - \hat{y}_i$)^2, also die Abstände der Meßwerte von der Geraden in y-Richtung, minimiert wird.
Aus Gl. (5.12) ergeben sich für b_0 und b_1 die folgenden Beziehungen:

$$b_0 = \bar{y} - b_1 \bar{x} , \tag{5.13}$$

$$b_1 = \frac{\sum_{i=1}^{n}(x_i - \bar{x})(y_i - \bar{y})}{\sum_{i=1}^{n}(x_i - \bar{x})^2} \tag{5.14}$$

---

[1]Im Rahmen dieses Buches wird ausschließlich die einfache lineare Regression verwendet.
[2]Für sämtliche Beispiele in diesem Buch wird zur Ermittlung des Korrelationskoeffizienten die Methode der kleinsten Quadrate verwendet.

mit:

$$\bar{x} = \frac{1}{n} \sum_{i=1}^{n} x_i \qquad \text{(Mittelwerte der x-Werte)} . \qquad (5.15)$$

$$\bar{y} = \frac{1}{n} \sum_{i=1}^{n} y_i \qquad \text{(Mittelwerte der y-Werte)} . \qquad (5.16)$$

$$Q_{xx} = \sum_{i=1}^{n} (x_i - \bar{x})^2 \qquad \text{(S.d.q.A. der y-Werte)} . \qquad (5.17)$$

$$Q_{xy} = \sum_{i=1}^{n} (x_i - \bar{x})^2 (y_i - \bar{y})^2 . \qquad (5.18)$$

Die Größe Q_{xy} ist ein Maß dafür, wie stark sich die x- und y-Werte gemeinsam verändern. Für den Fall, daß diese unabhängig voneinander sind gilt:

$$Q_{xy} = 0 . \qquad (5.19)$$

Der Schätzwert b_1 für die Steigung der Geraden ist das Verhältnis aus einer Größe, welche angibt, wie stark sich die x- und y-Werte gemeinsam verändern und einer Größe, die angibt, wie stark die x-Werte streuen.

Mittels der Methode der kleinsten Quadrate kann an beliebige Daten eine Gerade angepaßt werden. Für die Beurteilung der Güte dieser Anpassung wird die Summe der quadratischen Abweichungen der y-Werte in einen Anteil der Regressionsgeraden und eine Abweichung von der Regressionsgeraden zerlegt ($Q_{gesamt} = Q_{Regression} + Q_{Rest}$):

$$\sum_{i=1}^{n} (y_i - \bar{y})^2 = \sum_{i=1}^{n} (\hat{y} - \bar{y})^2 + \sum_{i=1}^{n} (y_i - \hat{y}_i)^2 . \qquad (5.20)$$

Die Methode der kleinsten Quadrate besteht darin, den Anteil Q_{Rest} zu minimieren. Analog zu Gl. (5.17) gilt:

$$Q_{gesamt} = Q_{yy} = \sum_{i=1}^{n} (y_i - \bar{y})^2 . \qquad (5.21)$$

Die Anpassung ist umso besser, je größer der Anteil der S.d.q.A. ist, der durch die Regressionsgerade beschrieben wird. Mit Hilfe des sogenannten Bestimmtheitsmaßes

$$B = \frac{Q_{Regression}}{Q_{gesamt}} = \frac{Q_{xy}^2}{Q_{xx} Q_{yy}} \qquad (5.22)$$

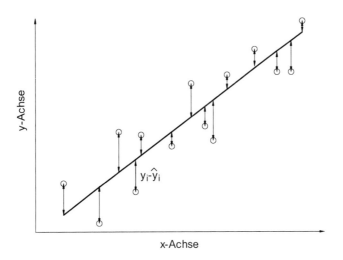

Abbildung 5.3.: Ermittlung der Regressionsgerade mittels der Summe der quadratischen Abweichungen.

und der Bedingung

$$Q_{Regression} \leq Q_{gesamt} \tag{5.23}$$

gilt:

$$0 \leq B \leq 1 \ . \tag{5.24}$$

Alternativ zum Bestimmtheitsmaß kann auch der Korrelationskoeffizient r verwendet werden:

$$r = (Vorzeichen \ von \ b_1) \cdot \sqrt{B} \ . \tag{5.25}$$

Für den Korrelationkoeffizienten gilt

$$-1 \leq r \leq 1 \ . \tag{5.26}$$

Für $B = 1$ bzw. $r = \pm 1$ liegen alle Punkte auf einer Geraden.

5.3.1.3. Momenten-Methode

Als Momente einer Verteilung gelten gemäß Abschnitt 2.2 beispielsweise der Mittelwert, die Standardabweichung, die Varianz oder deren Schiefe. Da sich mit mehreren Momenten eine Verteilung genau charakterisieren läßt, wird mittels dieser Methode die beste Weibull-Gerade durch das Vergleichen der Stichprobenmomente mit den theoretisch ermittelten Verteilungsmomenten ermittelt.

Dabei werden zunächst die Momente der Stichprobe ermittelt, um diese dann mit der zu bestimmenden Weibull-Verteilung zwecks bester Übereinstimmung zu vergleichen [30].

In der zugehörigen Herleitung von Weibull, speziell für die vertikale Momentenmethode [13], ergeben sich die gesuchten Parameter zu:

$$b = \frac{\ln 2}{\ln V_1 - \ln V_2} \tag{5.27}$$

und

$$T = \frac{V_1}{(1/b)!} \tag{5.28}$$

mit

$$V_1 = \frac{1}{2} \left(\frac{1}{n+1} t_m + \frac{2}{n+1} \sum_{i=1}^{n} t_i \right) \tag{5.29}$$

sowie

$$V_2 = \frac{1}{2} \left(\frac{1}{(n+1)^2} t_m + \frac{4}{n+1} \sum_{i=1}^{n} t_i - \frac{4}{(n+1)^2} \sum_{i=1}^{n} (i \cdot t_i) \right) \tag{5.30}$$

und dem arithmetischen Mittelwert:

$$t_m = \sum_{i=1}^{n} (t_i - t_{i-1}) \ . \tag{5.31}$$

Dieses Verfahren zeichnet sich durch einen geringen Rechenaufwand und kurzen Rechenzeiten aus.

5.3.1.4. Maximum-Likelihood-Methode

Eine bewährte statistische Methode zur Berechnung unbekannter Verteilungsparameter ist die Maximum-Likelihood-Methode [15],[31]. Diese Methode basiert auf dem Sachverhalt, daß bei einem großen Stichprobenumfang n der Übergang vom Histogramm der Ausfallhäufigkeiten zur Dichtefunktion $f(t)$ und somit von den Häufigkeiten zu den Wahrscheinlichkeiten erfolgt, s. Abb.

2.4.

Es läßt sich die Anzahl der Ausfälle für jedes Intervall angeben. Gemäß dem Produktgesetz der Wahrscheinlichkeiten ergibt sich für die Wahrscheinlichkeit L, daß die in Abb. 2.4 dargestellte Stichprobe vorhanden sein wird, als Produkt der Wahrscheinlichkeiten für die Einzelintervalle:

$$L = f(t_1) \cdot f(t_2) \cdot \ldots \cdot f(t_n) \ . \tag{5.32}$$

Das Ziel dieser Methode ist es, eine Funktion f zu finden, mit der die Likelihoodfunktion L maximiert wird. Diese wird maximal, wenn die Funktion f in Bereichen mit einer großen Anzahl von t_i entsprechend hohe Werte der Dichtefunktion besitzt. Hingegen dürfen in Bereichen mit wenigen Ausfallzeiten nur geringe Werte der Dichtefunktion auftreten. Mit dieser Eigenschaft kann die so bestimmte Funktion mit hoher Wahrscheinlichkeit die vorliegende Stichprobe beschreiben. Die Likelihoodfunktion ergibt sich mit den Weibullparametern t, b, T, t_0 zu:

$$L = f(t_1, T, b, t_0) \cdot f(t_2, T, b, t_0) \cdot \ldots \cdot f(t_n, T, b, t_0) \ . \tag{5.33}$$

Um die Differentiation zu vereinfachen, wird die Likelihoodfunktion logarithmiert. Die Produktgleichung (5.33) geht somit in eine Summengleichung über:

$$L = \sum_{i=1}^{n} \ln f(t_i, T, b, t_0) \ . \tag{5.34}$$

Mit Hilfe geeigneter numerischer Verfahren können alle drei Parameter aus den nichtlinearen Gleichungen, in denen die erste Ableitung der Likelihoodfunktion zu Null gesetzt wird, errechnet werden:

$$\frac{d\ln L}{dT} = 0, \ \frac{d\ln L}{db} = 0, \ \frac{d\ln L}{dt_0} = 0 \ . \tag{5.35}$$

Die sich ergebenden Extrema für t, b, T, t_0 sind dann die optimalen Parameter der Likelihoodfunktion [32].

5.3.2. Ermittlung des Parameters t_0

Die graphische Vorgehensweise, die ausfallfreie Zeit t_0 im Weibull-Wahrscheinlichkeitsnetz zu schätzen, stellt hinsichtlich der zu erzielenden Genauigkeit nur eine Näherungslösung dar.

Nur bei einer großen Anzahl von Versuchswerten läßt sich die ausfallfreie Zeit genau bestimmen. Diese wäre dann mit der geringsten Ausfallzeit identisch. Da oft nur wenige Versuchswerte vorliegen, muß diese geschätzt werden. Die ausfallfreie Zeit ist dann als eine streuende Zufallsvariable mit einem entsprechenden Vertrauensbereich zu betrachten.

Von den analytischen Verfahren zur Punkt- und Intervallschätzung wird bei der Maximum-Likelihood-Methode versucht, den Parameter so zu bestimmen, daß die ermittelte Verteilung mit hoher Wahrscheinlichkeit der Verteilung der Versuchswerte nahe kommt.

Jedoch zeigt das Verfahren für Versuchswerte mit $n < 100$ deutliche Konvergenzprobleme. Die Methoden nach Kolmogorov-Smirnov, Andersen-Darling und Kuiper sowie Cramer-von Mises erfordern einen hohen Berechnungsaufwand und sind nur bei Vorhandensein vollständiger Stichproben geeignet.

Die Mann-Scheuer-Fertig-Methode [6],[33] kann auch bei unvollständigen Stichproben angewendet werden. Aufgrund der hohen Konvergenzgeschwindigkeit wird dieses häufig eingesetzte Verfahren auch bei kleinen Stichprobenumfängen eingesetzt.

5.4. Graphische Ermittlung der Weibull-Parameter

5.4.1. Weibull-Wahrscheinlichkeitsnetz

Mit dem Weibull-Wahrscheinlichkeitsnetz kann der s-förmige Funktionsverlauf der zweiparametrigen Weibull-Verteilung, s. Abb. 5.4, als Gerade dargestellt werden, s. Abb. 5.5. Diese Umwandlung des Kurvenverlaufs in eine Gerade wird mittels einer logarithmisch geteilten Abzisse und einer doppeltlogarithmisch geteilten Ordinate erreicht:

$$t = \ln t \, , \tag{5.36}$$

$$y = \ln(-\ln(1 - F(t))) \, . \tag{5.37}$$

Der Aufbau des Weibull-Wahrscheinlichkeitsnetzes sowie die Parameter für die

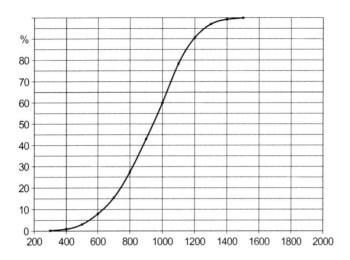

Abbildung 5.4.: Verlauf der Ausfallwahrscheinlichkeiten $F(t)$ im linearen Maßstab.

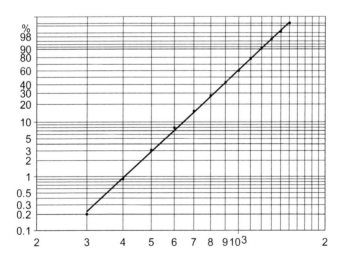

Abbildung 5.5.: Verlauf der Ausfallwahrscheinlichkeiten $F(t)$ im logarithmisch
/ doppeltlogarithmischen Maßstab.

Geradengleichung ergeben sich aufgrund folgender Beziehung:

$$F(t) = 1 - e^{-\left(\frac{t}{T}\right)^b} \tag{5.38}$$

$$\Leftrightarrow \qquad 1 - F(t) = e^{-\left(\frac{t}{T}\right)^b} \tag{5.39}$$

$$\Leftrightarrow \qquad \frac{1}{1 - F(t)} = e^{\left(\frac{t}{T}\right)^b} \tag{5.40}$$

$$\Leftrightarrow \qquad \ln\left(\frac{1}{1 - F(t)}\right) = \left(\frac{t}{T}\right)^b \tag{5.41}$$

$$\Leftrightarrow \qquad \ln\left(\ln\left(\frac{1}{1 - F(t)}\right)\right) = b\left(\frac{t}{T}\right) \tag{5.42}$$

$$\Leftrightarrow \qquad \ln(-\ln(1 - F(t))) = b(\ln t - \ln T) \tag{5.43}$$

$$\Leftrightarrow \qquad \ln(-\ln(1 - F(t))) = b\ln t - b\ln T \ . \tag{5.44}$$

Die allgemeine Geradengleichung lautet:

$$y = mx + c \tag{5.45}$$

mit:

m: Steigung der Geraden.
c: y-Achsenabschnitt.

Auf Gl. (5.43) bezogen ergeben sich die folgenden Kennwerte:

Steigung der Geraden: $m = b$. $\tag{5.46}$

y-Achsenabschnitt: $c = -b\ln T$. $\tag{5.47}$

Abzissenskalierung: $x = \ln t$. $\tag{5.48}$

Ordinatenskalierung: $y = \ln(-\ln(1 - F(t)))$. $\tag{5.49}$

Mittels dieser Transformation erhält man als Graphen der Verteilungsfunktion $F(t)$ eine Gerade im xy-Koordinatensystem, s. Abb. 5.5. Jede zweiparametrige Weibull-Verteilung läßt sich somit als Gerade darstellen.

Wenn mittels einer Parallelverschiebung die Gerade durch den sogenannten Pol P verschoben wird (s. Abb. 5.6), kann als direktes Maß für die Geradenglei-chung der Formparameter bzw. die Ausfallsteilheit b abgelesen werden.

Mit Hilfe von Gl. (5.45)-(5.49) kann die Lage des Pols P sowie die Einteilung

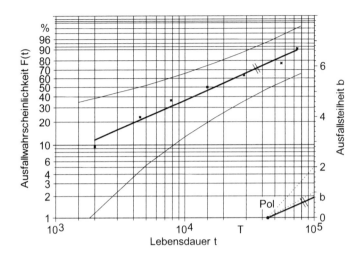

Abbildung 5.6.: Weibull-Ausgleichsgerade mit den Parametern b und T.

der linearen Ordinatenskalierung für den Parameter b bestimmt werden.

$$b = \frac{y_2 - y_1}{x_2 - x_1} \tag{5.50}$$

$$\Leftrightarrow b = \frac{\ln(-\ln(1 - F_2(t_2))) - \ln(-\ln(1 - F_1(t_1)))}{\ln(x_2 - x_1)} . \tag{5.51}$$

Die charakteristische Lebensdauer T berechnet sich aus dem Schnittpunkt der Gerade mit der y-Achse zu:

$$T = -m \ln T . \tag{5.52}$$

In Abb. 5.6 ist die Ermittlung der Parameter b und T im Weibull-Wahrschein-lichkeitsnetz schematisch dargestellt. Die dreiparametrige Weibull-Verteilung ergibt im Weibull-Wahrscheinlichkeitsnetz eine konvexe Kurve, s. Abb. 5.7. Mittels der Zeittransformation $t \to t - t_0$ kann die dreiparametrige Weibull-Verteilung auf eine zweiparametrige Form zurückgeführt werden (s. Abschnitt 3.7.3) und so als Gerade gekennzeichnet werden, s. Abb. 5.8.

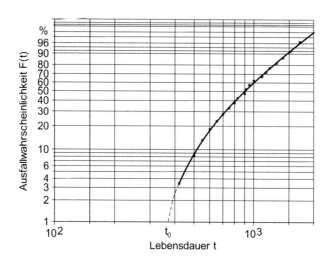

Abbildung 5.7.: Ausfallverteilung einer dreiparametrigen Weibull-Verteilung.

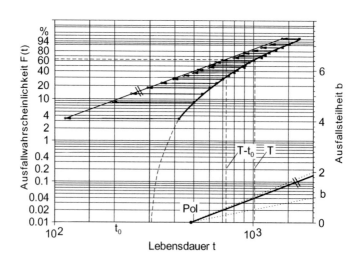

Abbildung 5.8.: Ausfallverteilung einer dreiparametrigen Weibull-Verteilung mit den um t_0 korrigierten Ausfallzeiten $t - t_0$.

5.4.2. Bestimmung der Weibull-Parameter

Wird für die empirisch gewonnenen Daten angenommen, daß deren Grundgesamtheit weibullverteilt ist, so können mittels der nachfolgend beschriebenen Vorgehensweise die entsprechenden Parameter der Weibull-Verteilung ermittelt werden. Hierfür soll das Beispiel 2.1 aus Kapitel 2 dienen:

Schritt 1   Ordnen der Ausfallzeiten:
Die Ausfallzeiten werden zwecks einer besseren Übersicht über deren Zeitverlauf zunächst entsprechend ihrer jeweiligen Größe geordnet: $t_1 < t_2 < \ldots < t_n$. Der Index dieser geordneten Ausfallzeiten (Ranggrößen) entspricht der Rangzahl. Für das Beispiel 2.1 ergeben sich die in Tabelle 5.1 aufgeführten Ranggrößen.

Tabelle 5.1.: Ranggrößen ausgefallener Druckluftzylinder nach Beispiel 2.1 .

Ausfallzeit	Lastwechsel	Ausfallzeit	Lastwechsel
t_1	630000	t_{11}	1080000
t_2	680000	t_{12}	1090000
t_3	685000	t_{13}	1160000
t_4	820000	t_{14}	1180000
t_5	850000	t_{15}	1230000
t_6	910000	t_{16}	1290000
t_7	960000	t_{17}	1310000
t_8	965000	t_{18}	1560000
t_9	980000	t_{19}	1750000
t_{10}	1030000	t_{20}	1810000

Schritt 2   Ermittlung der Ausfallwahrscheinlichkeiten:
Die Ausfallwahrscheinlichkeiten $F(t)$ der einzelnen Ranggrößen ergeben sich unter Verwendung des Medians gem. Gl. (5.3) näherungsweise zu:

$$F(t_i) \approx \frac{i - 0,3}{n + 0,4} \ .$$

Die genauen Werte gem. Gl. (5.2) sind in Tab 5.2 abgelegt. Die Ranggrößen, denen diese Ausfallzeiten damit zugeordnet werden, sind als Zufallsgrößen zu betrachten. Daher besitzen diese eine Verteilung, deren Median Gl. (5.3) entspricht. Somit ergeben sich die Ausfallwahrscheinlichkeiten nach Tab. 5.2.

Tabelle 5.2.: Ausfallwahrscheinlichkeiten (Medianwerte) ausgefallener Druckluftzylinder nach Beispiel 2.1 .

i	$F(t_i)$ in %	i	$F(t_i)$ in %
1	3,41	11	52,46
2	8,25	12	57,37
3	13,15	13	62,29
4	18,06	14	67,20
5	22,97	15	72,12
6	27,88	16	77,03
7	32,80	17	81,95
8	37,71	18	86,85
9	42,63	19	91,75
10	47,54	20	96,59

Schritt 3   Eintragung der Wertepaare in das Weibull-Wahrscheinlichkeitsnetz: Die in Schritt 1 und 2 für die vorhandenen Ausfallzeiten ermittelten Ausfallwahrscheinlichkeiten werden in das Weibull-Wahrscheinlichkeitsnetz eingetragen. Die Ausfallzeiten entsprechen hierbei den Abzissenwerten und die Ausfallwahrscheinlichkeiten den Ordinatenwerten, siehe Abb. 5.9.

Schritt 4   Eintragung der Ausgleichsgeraden in das Weibull-Wahrscheinlichkeitsnetz: Durch die eingetragenen Punkte der jeweiligen Wertepaare wird näherungsweise eine Gerade gelegt. Je dichter die Punkte der Wertepaare an bzw. auf der Geraden liegen, je größer ist auch die Wahrscheinlichkeit, daß die Grundgesamtheit einer Weibull-Verteilung entspricht, siehe Abb. 5.10.

Schritt 5   Graphische Auswertung der Maßzahlen: Die charakteristische Lebensdauer wird an der Stelle auf der Abzisse abgelesen, an der die Ausgleichsgerade die 63, 2 %-Horizontale

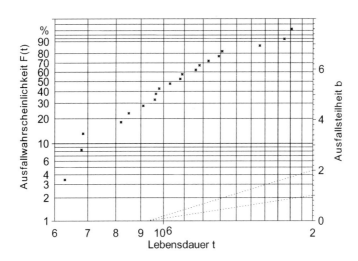

Abbildung 5.9.: Eintragung der Ausfallzeiten und -wahrscheinlichkeiten ausgefallener Druckluftzylinder in das Weibull-Wahrscheinlichkeitsnetz.

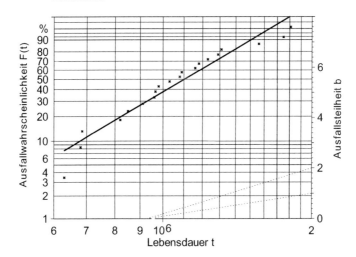

Abbildung 5.10.: Eintragung der Ausgleichsgerade an die Datenpunkte ausgefallener Druckluftzylinder in das Weibull-Wahrscheinlichkeitsnetz.

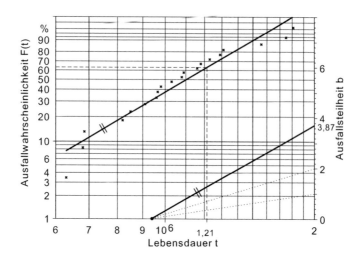

Abbildung 5.11.: Weibull-Verteilung ausgefallener Druckluftzylinder.

schneidet. Die Ausfallsteilheit erhält man durch die Parallelverschiebung der Ausgleichsgerade in den auf der Abzisse befindlichen Pol. Auf der rechten Randeinteilung der Ordinate kann der Wert für die Ausfallsteilheit b abgelesen werden, s. Abbildung 5.11.

Mit den so ermittelten Schätzwerten für die Parameter b und T läßt sich gemäß Gl. (3.39) die Weibull-Verteilung wie folgt bestimmen:

$$F(t) = 1 - e^{-\left(\frac{t}{1213613}\right)^{3,87}} . \tag{5.53}$$

5.4.3. Bestimmung des Vertrauensbereiches

Die in Abschnitt 5.4.2, Schritt 1.1-1.5 ermittelte Weibullgerade stellt eine mittlere Weibullgerade dar. Würden mehrere Stichproben vom gleichen Umfang geprüft, so wäre die i-te Ranggröße immer unterschiedlich. Die Ranggrößen besitzen eine entsprechende Verteilung, da diese als Zufallgrößen zu betrachten sind.

Dieses bedeutet aber auch, daß sich die Lage der Weibullgerade für die jeweils unterschiedlichen Stichproben in einem bestimmten Bereich ändern kann.

Die Ausgleichsgerade im Weibull-Diagramm entspricht also nur der jeweiligen Stichprobe. Je mehr Teile geprüft bzw. ausgewertet werden, desto mehr streuen die Wertepaare um die Ausgleichsgerade. Damit eine statistische Abschätzung über den Bereich der Grundgesamtheit gemacht werden kann, also der Schluß von der vorliegenden Stichprobe auf die Grundgesamtheit, wird ein sogenannter Vertrauensbereich eingeführt. Die Ermittlung dieses Vertrauensbereiches und dessen Vertrauensgrenzen wird mit den folgenden Arbeitsschritten ermittelt:

Schritt 1   Ermittlung der Vertrauensgrenzen:
Die Vertrauensgrenzen für eine angenommene Aussagewahrscheinlichkeit von $P_A = 90$ % werden aus Tabelle E.1, E.3 für die Ausfallwahrscheinlichkeiten $F(t_i)_{5\ \%}$ und $F(t_i)_{95\ \%}$ entnommen und in das Weibull-Wahrscheinlichkeitsnetz eingetragen. Die sich mit diesen Wertepaaren ergebenden Ausgleichsgeraden entsprechen der 5 %- bzw. der 95 % Vertrauensgrenze des dazwischenliegenden 90 %-Vertrauensbereiches.
Für das vorliegende Beispiel ergeben sich die in Tabelle 5.3 aufgeführten Werte.

Die Ausgleichsgerade mit den eingetragenen Vertrauensgrenzen ist in Abb. 5.12 dargestellt. Die Vertrauensgrenzen geben den Bereich an, in dessen Grenzen die Ausgleichsgerade mit einer Aussagewahrscheinlichkeit von $P_A = 90$ % liegen kann.
Auch die Bereiche für die Minima- und Maximawerte der charakteristischen Lebensdauer T_{min} und T_{max} und der Ausfallsteilheit b_{min} und b_{max} werden durch die Vertrauensgrenzen festgelegt. Diese ergeben sich durch die innenliegenden Tangenten an den Vertrauensgrenzen, siehe Abbildung 5.13.
Für die angenommene zweiparametrige Weibull-Verteilung ergeben sich mittels dieser graphischen Auswertung die Parameterwerte

$$T_{min} = 1185000 \quad T_{median} = 1213613 \quad T_{max} = 1233000$$
$$b_{min} = 2,3 \quad\quad b_{median} = 3,87 \quad\quad b_{max} = 6,0$$

für einen angenommenen Vertrauensbereich von $P_A = 90$ %. Sollten die entsprechenden Tabellen nicht vorliegen, so läßt sich mit nachstehenden Näherungsgleichungen [30] der Bereich der Streuung für die charakteristische Le-

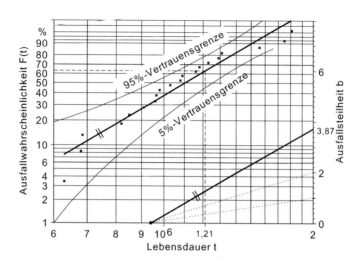

Abbildung 5.12.: Weibull-Verteilung ausgefallener Druckluftzylinder mit 90 %-Vertrauensbereich.

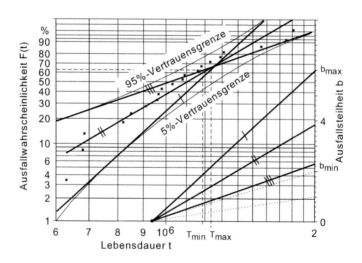

Abbildung 5.13.: Mögliche Weibull-Verteilungen ausgefallener Druckluftzylinder, einem 90 %-Vertrauensbereich sowie die Extremwerte der Ausfallsteilheit und charakteristischen Lebensdauer.

Tabelle 5.3.: Ausfallwahrscheinlichkeiten $F(t_i)_{5\%}$, $F(t_i)_{50\%}$, $F(t_i)_{95\%}$ ausgefallener Druckluftzylinder.

i	t_i	$F(t_i)_{5\%}$ in %	$F(t_i)_{50\%}$ in %	$F(t_i)_{95\%}$ in %
1	630000	0,26	3,41	13,91
2	680000	1,81	8,25	21,61
3	685000	4,22	13,15	28,26
4	820000	7,14	18,06	34,37
5	850000	10,41	22,97	40,10
6	910000	13,96	27,88	45,56
7	960000	17,73	32,80	50,78
8	965000	21,71	37,71	55,80
9	980000	25,87	42,63	60,64
10	1030000	30,20	47,54	65,31
11	1080000	34,69	52,46	69,80
12	1090000	39,36	57,37	74,13
13	1160000	44,20	62,29	78,29
14	1180000	49,22	67,21	82,27
15	1230000	54,44	72,12	86,04
16	1290000	59,90	77,03	89,59
17	1310000	65,63	81,95	92,86
18	1500000	71,74	86,85	95,78
19	1750000	78,39	91,75	98,19
20	1810000	86,09	96,59	99,74

bensdauer nach

$$T_{min} = T_{5\%} = T_{median}(1 - \frac{1}{9n} + 1{,}645\sqrt{\frac{1}{9n}})^{-\frac{3}{b}} \,, \qquad (5.54)$$

$$T_{max} = T_{95\%} = T_{median}(1 - \frac{1}{9n} - 1{,}645\sqrt{\frac{1}{9n}})^{-\frac{3}{b}} \qquad (5.55)$$

mit:

T_{median}: ermittelte charakteristische Lebensdauer aus Schritt 1.1-1.5

und der Bereich für die Streung der Ausfallsteilheit nach

$$b_{min} = b_{5\%} = \frac{b_{median}}{1 + \sqrt{\frac{1{,}4}{n}}} \,, \tag{5.56}$$

$$b_{max} = b_{95\%} = b_{median}(1 + \frac{\sqrt{1{,}4}}{n}) \tag{5.57}$$

mit:

b_{median}:   ermittelte Ausfallsteilheit aus Schritt 1.1-1.5 ,

ermitteln.
Insbesondere bei kleinen Stichprobenumfängen wird vom Vertrauensbereich ein großer Bereich umfaßt und ist als Maß für die zu ermittelnden Parameter zu betrachten. Für Stichprobenumfänge von $n > 50$ wird der Vertrauensbereich immer enger und kann daher meist vernachlässigt werden.

5.4.4. Bestimmung der ausfallfreien Zeit

Ist bei der Ermittlung der Weibullparameter eine ausfallfreie Zeit zu berücksichtigen, so folgen die Punkte der Wertepaare dem Verlauf einer konvexen Kurve, siehe Abschnitt 5.4.1.

Schritt 1   Prüfung auf Vorhandensein einer ausfallfreien Zeit:
            Es ist im ersten Schritt festzulegen, ob mit guter Näherung eine
            Ausgleichskurve oder eine Ausgleichsgerade durch die Punkte der
            Wertepaare gelegt werden kann. Im Falle einer Ausgleichskurve ist
            die zugehörige dreiparametrige Weibull-Verteilung mit dem Para-
            meter t_0 zu ermitteln.

Schritt 2   Ermittlung der ausfallfreien Zeit:
            Für die Ermittlung einer ausfallfreien Zeit bieten sich mehrere Ver-
            fahren an. Eine einfache, aber möglicherweise ungenaue Schätzung
            ist die Verlängerung der Ausgleichskurve, bis diese die Abzisse
            schneidet. Eine weitere Möglichkeit zur Ermittlung des Parame-
            ters t_0 ergibt sich durch die Transformation $t^* = t_i - t_0$.
            Hierdurch könnte sich ein derart gestreckter Verlauf der Ausgleichs-
            gerade ergeben, daß diese im optimalen Fall eine Gerade darstellt.
            Eine weitere Möglichkeit zur graphischen Parameterbestimmung
            von t_0 ist die Näherungslösung nach Dubey [34]. Dabei wird die
            Näherungskurve in vertikaler Richtung in zwei gleichgroße Abschnit-
            te Δ aufgeteilt, s. Abb. 5.14. Die entsprechenden drei Lotlinien der

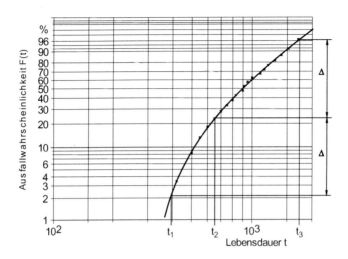

Abbildung 5.14.: Ermittlung einer ausfallfreien Zeit nach Dubey.

zwei Teilabschnitte ergeben dann die Zeiten t_1, t_2 und t_3.
Die ausfallfreie Zeit t_0 berechnet sich dann zu:

$$t_0 = t_2 - \frac{(t_3 - t_2)(t_2 - t_1)}{(t_3 - t_2) - (t_2 - t_1)} \; . \tag{5.58}$$

Wesentlich genauer läßt sich die ausfallfreie Zeit t_0 mittels einer Iteration bestimmen. Hierzu werden dann solange unterschiedliche Werte für t_0 eingesetzt, bis sich eine entsprechende Ausgleichsgerade ergibt.
Für das betrachtete Beispiel ergibt sich somit eine ausfallfreie Zeit von $t_0 = 521010$, siehe Abb. 5.15. Mit diesen Parametern kann das Ausfallverhalten der Druckluftzylinder aus Beispiel 2.1 mittels der dreiparametrigen Weibull-Verteilung beschrieben werden:

$$F(t) = 1 - e^{-\left(\frac{t - 521010}{T - 521010}\right)^{1,75}} \; . \tag{5.59}$$

Die ausfallfreie Zeit t_0 muß im Intervall $0 < t_0 \leq t_1$ liegen. Die Zeit t_1 stellt hierbei den Wert des ersten Bauteilausfalls dar. Meist liegt t_0 dicht am Wert des ersten Ausfalls. Läßt man daher t_0 in diskreten Schritten das Intervall $0 < t_0 \leq t_1$ durchlaufen und ermittelt für

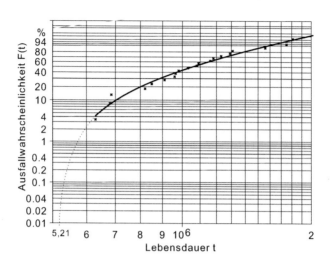

Abbildung 5.15.: Weibull-Verteilung ausgefallener Druckluftzylinder mit um t_0 korrigierten Ausfallzeiten.

jeden Schritt den Korrelationskoeffizienten der Ausgleichsgerade, so ist dieser ein Maß dafür, wie groß der Abstand der Wertepaare zu der Ausgleichsgeraden ist bzw. wie gut die Approximation der Ausgleichsgerade an die Wertepaare ist.

Übertragen auf das Weibull-Wahrscheinlichkeitsnetz bedeutet dieses, daß die Punkte der Wertepaare um den nach links verschobenen Betrag t_0 aufgetragen werden, s. Abb. 5.16. Die Rechtskrümmung des Kurvenverlaufs ergibt sich aufgrund der logarithmischen Skalierung der Abzisse, da die jeweiligen Bereiche unterschiedlich verzerrt sind.

Der Korrelationskoeffizient läßt sich auch mit den üblichen statistischen Methoden [8] untersuchen, um die Frage zu klären, ob eine ausfallfreie Zeit t_0 signifikant vorhanden ist. Da ein rechtsgekrümmter Kurvenverlauf unterschiedliche Ursachen haben kann, siehe Abschnitt 5.1, 5.2, liefert ein entsprechender Hypothesentest für die praktische Auswertung nur bedingt aussagekräftige Informationen. Es sollte aber überprüft werden, ob der Korrelationskoeffizient der Ausgleichsgerade zwecks Güte der Approximation sich im Bereich

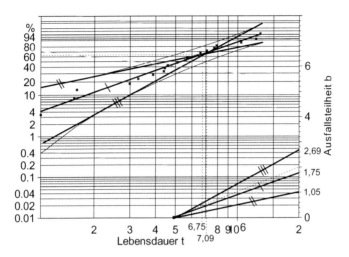

Abbildung 5.16.: Dreiparametrige Weibull-Verteilung ausgefallener Druckluftzylinder, einem 90 %-Vertrauensbereich, einer ausfallfreien Zeit sowie die Extremwerte für die Ausfallsteilheit und der charakteristischen Lebensdauer.

$0,95 \leq r \leq 1,0$ befindet.

Schritt 3   Ermittlung des Vertrauensbereiches:
Analog zum Schritt 2.1 werden die Vertrauensbereiche für eine Aussagewahrscheinlichkeit von $P_A = 90$ % mit den um t_0 korrigierten Ausfallzeiten ermittelt.

Gemäß Abb. 5.16 ergeben sich somit für die angenommene dreiparametrige Weibull-Verteilung folgende Parameterwerte:

$$T_{min} = 657000 \quad T_{median} = 658475 \quad T_{max} = 709000$$
$$b_{min} = 1,05 \quad b_{median} = 1,75 \quad b_{max} = 2,69$$

und einer ausfallfreien Zeit $t_0 = 52101$ sowie einem 90 %-Vertrauensbereich. Der Vertrauensbereich für die ausfallfreie Zeit läßt sich nur analytisch mit den beschriebenen Verfahren ermitteln. Kann aufgrund des Kurvenverlaufs die Annahme einer ausfallfreien Zeit nicht eindeutig getroffen werden, so sollte man sich auf eine Betrachtung mit der zweiparametrigen Verteilung beschränken, da die Beschreibung im anfänglichen Teil des Ausfallbereiches deutlich konservativere Werte liefert. Nur wenn die begründete Annahme besteht, daß eine ausfallfreie Zeit vorliegt, sollte die dreiparametrige Weibull-Verteilung verwendet werden.

5.5. Auswertung vollständig erfasster Lebensdauern

In diesem Abschnitt wird die Auswertung vollständig erfaßter Lebensdauern beschrieben (s. Abschnitt 4.2.1). Voraussetzung hierfür ist, daß alle Einheiten bis zum Ausfall geprüft werden. Nur wenn die Lebensdauern, also die Ausfälle der betrachteten Einheiten, vorliegen, kann eine Aussage über die Zuverlässigkeit der betreffenden Bauteile gemacht werden.

5.5.1. Aufbereitung der Lebensdauern

Die Schätzwerte für die Parameter der Weibull-Verteilung werden im Weibull-Wahrscheinlichkeitsnetz graphisch bestimmt. Neben den Lebensdauern, welche die Abzissenwerte darstellen, werden darüberhinaus die aus den Lebensdauern der Einheiten ermittelten Ausfallwahrscheinlichkeiten der einzelnen Ranggrößen benötigt.

- Stichprobenumfang $n \leq 50$:
  Die Lebensdauern werden der Größe nach aufsteigend sortiert und den jeweiligen Rängen $j = 1, 2, \ldots, n$ zugeordnet. Die Medianwerte für die Ausfallwahrscheinlichkeiten der einzelnen Ranggrößen können in Abhängigkeit von der Anzahl der Lebensdauern und den Rängen der Tabelle E.2 entnommen werden.
  Näherungsweise lassen sich die Ausfallwahrscheinlichkeiten $F(t_i)$ der einzelnen Ranggrößen gem. Gl. (5.3) ermitteln:

$$F(t) \approx \frac{i - 0,3}{n + 0,4} \qquad (5.60)$$

mit:

n: Anzahl der Lebensdauern.
i: Ranggröße der sortierten Ausfalleinheiten.

Damit aussagekräftige Ergebnisse im Lebensdauernetz ermittelt werden können, sollte der Stichprobenumfang bzw. die Anzahl der Lebensdauern $n > 4$ betragen.

- Stichprobenumfang $n > 50$:
Die Ausfallwahrscheinlichkeiten können mittels folgender Beziehung ermittelt werden:

$$F(t_i) = \frac{i}{n+1} \qquad (5.61)$$

bzw. im Falle einer Klassierung, die üblicherweise bei diesen Stichprobenumfängen vorgenommen wird:

$$F(t) = \frac{G_i}{n+1} \qquad (5.62)$$

mit:

n: Anzahl der Lebensdauern.
i: Ranggröße der sortierten Ausfalleinheiten.
G_i: Summierte Anzahl der klassierten Ausfälle.

Der Übergang bei der auch vorkommenden Beziehung $F(t_i) = \frac{i}{n}$ ist zwischen den Stichprobenumfängen $n \leq 50$ und $n > 50$ nicht so elegant, als es mit Gl. (5.60) ist.

Werden die Lebensdauern klassiert, so wird für die Anzahl der Klassen näherungsweise $n_k \approx \sqrt{n}$ gewählt, wobei n_k der Übersicht wegen im Bereich $5 \leq n_k \leq 20$ liegen sollte.

Die Klassenbreite B kann gemäß Gl. (2.6) bestimmt werden[3]:

$$B = \frac{t_{max} - t_{min}}{n_k} \ .$$

Die Klassengrenzen werden so gewählt, daß diese ganze Zahlen ergeben. Die Lebensdauern, welche auf Klassengrenzen fallen, werden der jeweils unteren Klasse zugeordnet.

5.5.2. Graphische Ermittlung von Kenngrößen

Die graphische Bestimmung der Kenngrößen im Weibull-Wahrscheinlichkeitsnetz erfolgt nach folgender Vorgehensweise:

---

[3]Diese kann möglicherweise auch vorgegeben sein (z.B. tageweise Erfassung).

Schritt 1:   Eintragung der Ausfallwahrscheinlichkeiten und Lebensdauern in das Weibull-Wahrscheinlichkeitsnetz. Bei klassierten Lebensdauern wird die Ausfallwahrscheinlichkeit der Klassen über den Klassengrenzen aufgetragen.

Schritt 2:   Durch die Punkte der Wertepaare wird eine Ausgleichsgerade gelegt. Diese sollte innerhalb des 90 %-Vertrauensbereiches liegen.

Schritt 3:   Der Wert T der charakteristischen Lebensdauer ergibt sich aus dem Schnittpunkt der Ausgleichsgeraden mit der 63, 2 %-Linie und dem Schnittpunkt der Lotlinie mit der Abzisse, s. Abb. 5.11.

Schritt 4:   Wird die Ausgleichsgerade durch den Pol P auf der Abzisse parallelverschoben, so kann im Schnittpunkt der Ausgleichsgerade mit der Ordinate der Schätzwert b für die Ausfallsteilheit abgelesen werden, s. Abb. 5.11.

Schritt 5:   Der Schätzwert für die t_{10}-Lebensdauer ergibt sich aus dem Schnittpunkt der Ausgleichsgerade mit der 10 %-Linie und dem Schnittpunkt der Lotlinie mit der Abzisse.

Schritt 6:   Der Schätzwert für die t_{50}-Lebensdauer ergibt sich aus dem Schnittpunkt der Ausgleichsgerade mit der 50 %-Linie und dem Schnittpunkt der Lotlinie mit der Abzisse.

In den Beispielen 5.1, 5.2 wird die Auswertung vollständig erfaßter Lebensdauern unterschiedlicher Stichprobenumfänge gezeigt.

■ Beispiel 5.1

Auswertung vollständig erfaßter Lebensdauern druck- und temperaturbeaufschlagter Kunststoffkolben im Weibull-Wahrscheinlichkeitsnetz.

geg.:   *Vollständig erfaßte Lebensdauern von 9 Kunststoffkolben, welche in entsprechenden Vorrichtungen druck- und temperaturbeaufschlagt wurden. Es ist die Anzahl der Betätigungen mit $t = 2750000,\ 980000,\ 2250000,\ 1120000,\ 620000,\ 410000,\ 1500000,\ 1750000$ als Ausfallzeit ermittelt worden.*

ges.:   *Folgende Kennwerte sind zu bestimmen:*

    a) Ausfallsteilheit b,
    b) Charakteristische Lebensdauer T,
    c) 10 %-Lebensdauer t_{10} ,
    d) 50 %-Lebensdauer t_{50} ,
    e) Korrelationskoeffizient r.

Lsg.:   *Mit den vorliegenden Ausfallzeiten ergeben sich die Ausfallwahrscheinlichkeiten nach Tab. 5.4. Die Auswertung mit dem Weibull-Wahrschein-*

Tabelle 5.4.: Ausfallzeiten t_j und Medianwerte $F(t_j)$ ausgefallener Kunststoffkolben.

Rang j	t_j	$F(t_j)$
1	410000	0,0741
2	620000	0,1796
3	980000	0,2862
4	1120000	0,3931
5	1150000	0,5000
6	1175000	0,6069
7	1920000	0,7138
8	2250000	0,8204
9	2750000	0,9259

lichkeitsnetz gem. Abb. 5.17 liefert folgende Kennwerte:

  a) *Ausfallsteilheit b= 1,79 ,*
  b) *charakteristische Lebensdauer T = 1578999 ,*
  c) 10 *%-Lebensdauer* t_{10} = 448571 ,
  d) 50 *%-Lebensdauer* t_{50} = 1286174 ,
  e) *Korrelationskoeffizient r = 0, 981 .*

■ **Beispiel 5.2**
Auswertung vollständig erfaßter, klassierter Lebensdauern biegewechselbeanspruchter Bolzen einer Viergelenk-Kinematik im Weibull-Wahrscheinlichkeitsnetz.

geg.:   *Vollständig erfaßte Lebensdauern von n = 68 biegewechselbeanspruchter Bolzen. Die kleinste, ermittelte Lastwechselzahl beträgt* t_{min} = 12100 *Lastwechsel. Die größte, ermittelte Lastwechselzahl beträgt* t_{max} = 760000 *Lastwechsel.*

ges.:   *Folgende Kennwerte sind zu ermitteln:*

  a) *Ausfallsteilheit b,*

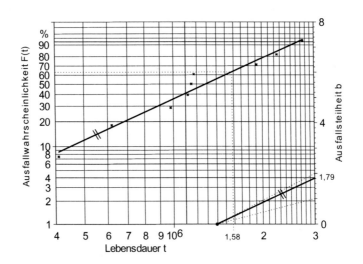

Abbildung 5.17.: Auswertung vollständig erfaßter Lebensdauern von druck-
und temperaturbeaufschlagten Kunststoffkolben.

b) Charakteristische Lebensdauer T,
c) 10 %-Lebensdauer t_{10},
d) 50 %-Lebensdauer t_{50},
e) Korrelationskoeffizient r.

Lsg.:   *Gemäß Gl. (2.5) ergibt sich die Anzahl der Klassen zu:*

$$k = \sqrt{n} = \sqrt{68} \approx 8 \, .$$

Mit Gl. (2.6) ergibt sich die Klassenbreite zu:

$$B = \frac{t_{max} - t_{min}}{k}$$

$$\Leftrightarrow B = \frac{760000 - 12100}{8}$$

$$\Leftrightarrow B = 93488 \quad Lastwechsel \, .$$

$$B_{gewählt} = 94000 \quad Lastwechsel \, .$$

Die Auswertung des Versuches ergibt mit

$$F(t_j) = \frac{G_i}{n+1} \quad (mit \ G_i = summierte \ Anzahl \ der \ Ausfälle)$$

die in Tab. 5.5 aufgeführten Ausfallwahrscheinlichkeiten (Medianwerte). Die graphische Auswertung mit dem Weibull-Wahrscheinlichkeits-

Tabelle 5.5.: Klassenobergrenze t_j, Anzahl der Ausfälle x_j und Medianwerte $F(t_j)$ biegebeanspruchter Bolzen einer Viergelenk-Kinematik.

Klasse j	t_j	x_j	$F(t_j)$
1	94000	3	0,0830
2	188000	5	0,2011
3	282000	6	0,3205
4	376000	8	0,4402
5	470000	10	0,5598
6	564000	11	0,6795
7	638000	13	0,7989
8	752000	12	0,9170

netz gem. Abbildung 5.18 liefert folgende Kennwerte:

a) Ausfallsteilheit b= 1,51 ,
b) charakteristische Lebensdauer T = 504725 ,
c) 10 %-Lebensdauer t_{10} = 113665 ,
d) 50 %-Lebensdauer t_{50} = 395850 ,
e) Korrelationskoeffizient r = 0,989 .

5.5.3. Ermittlung einer ausfallfreien Zeit

Bei weibullverteilten Lebensdauern mit den drei Parametern b, T, t_0 ergibt sich im Lebensdauernetz eine konkave Punktfolge. Mittels der Subtraktion einer Konstanten t_0 von den Ausfallzeiten kann die Ausgleichskurve linearisiert werden. Die Bestimmung der Konstanten t_0 kann näherungsweise durch eine Extrapolation der konkaven Ausgleichskurve auf die Abzisse bzw. durch Gleichsetzen mit der Lebensdauer der ersten Ausfallzeit bestimmt werden. Die so erhaltene Konstante t_0 wird von den Ausfallzeiten subtrahiert.

Kann durch die Punkte der sich neu ergebenden Wertepaare eine Ausgleichsgerade gelegt werden, so können die Parameter einer dreiparametrigen Weibull-Verteilung bestimmt werden, wobei die Konstante t_0 als ausfallfreie Zeit bezeichnet wird. Insbesondere bei einer großen Ausfallsteilheit kann eine mögliche

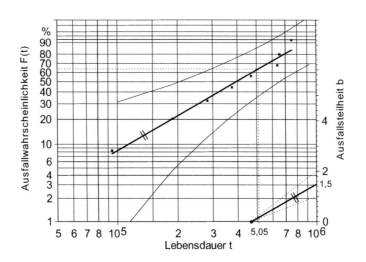

Abbildung 5.18.: Auswertung vollständig erfaßter, klassierter Lebensdauern biegewechselbeanspruchter Bolzen einer Viergelenk-Kinematik.

dreiparametrige Weibull-Verteilung wegen der geringen Krümmung der Ausgleichskurve nur schwierig als eine solche erkannt werden. In Beispiel 5.3 wird die Auswertung eines Lebensdauerversuches unter Berücksichtigung einer ausfallfreien Zeit gezeigt.

■ **Beispiel 5.3**

Auswertung vollständig erfaßter Lebensdauern von im Motorraum verbauten Wasserpumpen unter Berücksichtigung einer ausfallfreien Zeit im Weibull-Wahrscheinlichkeitsnetz.

geg.:   *Vollständig erfaßte Lebensdauern von n = 20 im Motorraum eines PKW angeordneten Wasserpumpen. Aufgrund des konstruktiven Aufbaus dieser Baueinheit kann mit einer Mindestlebensdauer gerechnet werden. Folgende Ausfallzeiten wurden in aufsteigender Reihenfolge erfaßt:*

96,6 h, 115,0 h, 126,5 h, 138,0 h, 149,5 h, 161,0 h, 172,5 h, 184,0 h, 190,9 h, 207,0 h, 209,3 h, 218,5 h, 230,0 h, 253,0 h, 264,5 h, 276,0 h, 299,0 h, 322,0 h, 349,6 h, 391,0 h.

ges.:   *Es sind die Parameter der dreiparametrigen Weibull-Verteilung zu er-*

mitteln.

Lsg.: *Aufgrund der Annahme einer Mindestlebensdauer wird die dreipara-metrige Weibull-Verteilung verwendet. Zunächst werden gem. Tab. E.2 die Ausfallwahrscheinlichkeiten für die jeweiligen Ausfallzeiten ermit-telt, siehe Tab. 5.6. Diese Werte werden in das Weibull-Wahrschein-*

Tabelle 5.6.: Ausfallzeiten t_j und Medianwerte $F(t_j)$ ausgefallener Wasserpumpen.

Rang j	t_j	$F(t_j)$	Rang j	t_j	$F(t_j)$
1	96,6	0,0341	11	209,3	0,5246
2	115,0	0,0825	12	218,5	0,5738
3	126,5	0,1315	13	230,0	0,6229
4	138,0	0,1806	14	253,0	0,6721
5	149,5	0,2297	15	264,5	0,7212
6	161,0	0,2788	16	276,0	0,7703
7	172,5	0,3280	17	299,0	0,8195
8	184,0	0,3771	18	322,0	0,8685
9	190,9	0,4263	19	349,6	0,9175
10	207,0	0,4754	20	391,0	0,9659

lichkeitsnetz eingetragen und miteinander verbunden, siehe Abb. 5.19. Durch die Verlängerung (Extrapolation) der Ausgleichskurve auf die Abzisse wird eine ausfallfreie Zeit $t_0 = 70,62$ h ermittelt. Diese er-mittelte ausfallfreie Zeit wird von den vorhandenen Ausfallzeiten sub-trahiert, siehe Tabelle 5.7. Die sich im Weibull-Wahrscheinlichkeitsnetz ergebenden Punkte können nun durch eine Ausgleichsgerade angenähert werden, siehe Abb. 5.20.

Es können die folgenden, transformierten Kenngrößen abgelesen wer-den:

transformierte Ausfallsteilheit $\hat{b} = b = 1,8$,

transformierte charakteristische Lebensdauer $\hat{T} = T - t_0 = 167,4$ h .

Da sich mittels der ausfallfreien Zeit t_0 eine Ausgleichsgerade durch die sich ergebenden Punkte legen läßt, welche die Annahme einer Min-

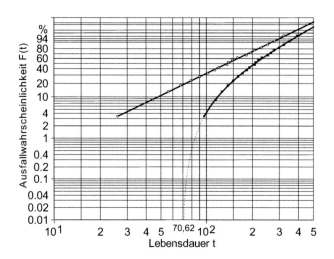

Abbildung 5.19.: Ausfallverteilung defekter Wasserpumpen mit konkaver Punktfolge.

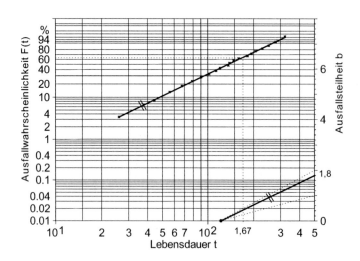

Abbildung 5.20.: Ausfallverteilung für um $t_0 = 70,62\ h$ reduzierte Ausfallzeiten defekter Wasserpumpen.

Tabelle 5.7.: Ausfallzeiten t_j, korrigierte Ausfallzeiten $t_j - t_0$ und Medianwerte $F(t_j)$ ausgefallener Wasserpumpen.

Rang j	t_j	$t_j - t_0$	$F(t_j)$
1	96,6	25,98	0,0341
2	115,0	44,38	0,0825
3	126,5	55,88	0,1315
4	138,0	67,38	0,1806
5	149,5	78,88	0,2297
6	161,0	90,38	0,2788
7	172,5	101,88	0,3280
8	184,0	113,38	0,3771
9	190,9	120,28	0,4263
10	207,0	136,38	0,4754
11	209,3	138,68	0,5246
12	218,5	147,88	0,5738
13	230,0	159,38	0,6229
14	253,0	182,38	0,6721
15	264,5	193,88	0,7212
16	276,0	205,38	0,7703
17	299,0	228,38	0,8195
18	322,0	251,38	0,8685
19	349,6	278,98	0,9175
20	391,0	320,38	0,9659

destlebensdauer bestätigt, ist die ermittelte ausfallfreie Zeit zu der zur Ausgleichsgerade zugehörigen charakteristischen Lebensdauer zu addieren.

Somit ergeben sich die gesuchten Parameter der dreiparametrigen Weibull-Verteilung:

- *Ausfallsteilheit b= 1,80 ,*
- *charakteristische Lebensdauer $T = 167,40$ h,*
- *10 %-Lebensdauer $t_{10} = 48$ h,*
- *50 %-Lebensdauer $t_{50} = 137$ h,*

- *Korrelationskoeffizient* $r = 0,999$.

5.5.4. Ermittlung des Vertrauensbereiches

Zu der Ausgleichsgerade kann der zugehörige Vertrauensbereich bestimmt werden. Für den 90 %-Vertrauensbereich können die jeweilige 5 %- und 95 %-Vertrauenswerte der Tabelle E.1, E.3 entnommen werden. Durch die Verbindung dieser Punkte erhält man die zwei Grenzkurven des Vertrauensbereiches. Anhand von Beispiel 5.4 wird die Vorgehensweise für die Ermittlung des Vertrauensbereiches dargestellt.

■ **Beispiel 5.4**
Ermittlung des Vertrauensbereiches für eine dreiparametrige Weibull-Verteilung.

geg.:   *Es werden die sich ergebenden Ausfallzeiten für die dreiparametrige Weibull-Verteilung aus Beispiel 5.3 zur Ermittlung des Vertrauensbereiches verwendet.*

ges.:   *Es soll der 90 %-Vertrauensbereich für die vorliegenden Ausfallzeiten ermittelt werden.*

Lsg.:   *Mit Tabelle E.1, E.3 ergeben sich folgende Ausfallwahrscheinlichkeiten für die 5 %- und 95 %-Vertrauensgrenze nach Tab. 5.8. Die ermittelten Werte für die 5 %- und 95 %-Ausfallwahrscheinlichkeiten werden über die Ausfallzeit t_j aufgetragen. Durch das Verbinden dieser Grenzpunkte ergeben sich die zwei Grenzkurven nach Abb. 5.21.*

5.6. Auswertung unvollständig erfasster Lebensdauern

Bei unvollständig erfaßten Lebensdauern (s. Abschnitt 4.2.2) ist es sinnvoll, auch die während eines Lebensdauertests nicht ausgefallenen Einheiten zu berücksichtigen.

Anhand von Beispiel 5.5, 5.6 wird im folgenden die Vorgehensweise für die Auswertung unvollständiger Lebensdauern veranschaulicht. Die Auswertung der unvollständig erfassten Lebensdauern erfolgt mit dem Verfahren nach Johnson, siehe Abschnitt 4.2.2.2.

Tabelle 5.8.: Ausfallwahrscheinlichkeiten $F(t_j)_{5\%}$, $F(t_j)_{50\%}$, $F(t_j)_{95\%}$ ausgefallener Wasserpumpen.

j	t_j in h	$F(t_j)_{5\%}$	$F(t_j)_{50\%}$	$F(t_j)_{95\%}$
1	25,98	0,0026	0,0341	0,1391
2	44,38	0,0181	0,0825	0,2161
3	55,88	0,0422	0,1315	0,2826
4	67,38	0,0714	0,1806	0,3437
5	78,88	0,1041	0,2297	0,4010
6	90,38	0,1396	0,2788	0,4556
7	101,88	0,1773	0,3280	0,5078
8	113,38	0,2171	0,3771	0,5581
9	120,28	0,2587	0,4263	0,6064
10	136,38	0,3020	0,4754	0,6531
11	138,68	0,3469	0,5246	0,6980
12	147,88	0,3936	0,5738	0,7414
13	159,38	0,4420	0,6229	0,7829
14	182,38	0,4922	0,6721	0,8227
15	193,88	0,5444	0,7212	0,8604
16	205,38	0,5990	0,7703	0,8959
17	228,38	0,6563	0,8195	0,9287
18	251,38	0,7174	0,8685	0,9578
19	278,98	0,7839	0,9175	0,9819
20	320,38	0,8609	0,9659	0,9974

5.6.1. Auswertung für den einfachen Fall

Im folgenden Beispiel wird die Prüfung nach einer Zeit t beendet, unabhängig also von der Zahl der ausgefallenen Einheiten (Prüfung mit Zeitlimit).

■ **Beispiel 5.5**
Auswertung unvollständig erfaßter Lebensdauern elektronischer Steuergeräte mit Zeitlimit.

geg.:   *Elektronische Steuergeräte, $n = 120$, welche 186 h bei Konstant-Temperatur betrieben werden. Nach jeweils 24 h wurden die einzelnen Geräte*

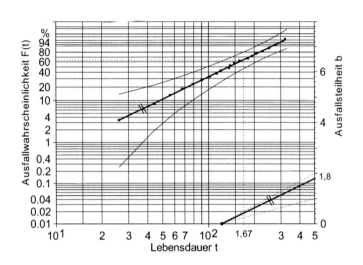

Abbildung 5.21.: Vertrauensbereich für die dreiparametrige Weibull-Verteilung ausgefallener Wasserpumpen.

bzgl. ihrer Funktionsfähigkeit untersucht. Es lagen $x = 22$ defekte Steuergeräte vor.

ges.:   *Folgende Kennwerte sind zu ermitteln:*

    a) Ausfallsteilheit b,
    b) Charakteristische Lebensdauer T,
    c) 10 %-Lebensdauer t_{10} ,
    d) 50 %-Lebensdauer t_{50} ,
    e) Korrelationskoeffizient r .

Lsg.:   *Die Ausfallwahrscheinlichkeiten werden nach Gl. (5.6) mit $n = 120$ berechnet. In Tabelle 5.9 ist der Rang j, die Klassenobergrenze t_j, die Anzahl der Ausfälle x_j, die Summe der Ausfälle G_j und die Ausfallwahrscheinlichkeit $F(t_j)$ tabellarisch aufgelistet.*
    Die graphische Auswertung ergibt mit Abbildung 5.22 folgende Kennwerte:

    a) Ausfallsteilheit b= 1,43 ,
    b) charakteristische Lebensdauer $T = 506,30\ h$,

Tabelle 5.9.: Ausfallwahrscheinlichkeiten unvollständig erfaßter Lebensdauern elektronischer Steuergeräte mit Zeitlimit.

j	t_j in h	x_j	G_j	$F(t_j)$
1	24	2	2	0,0165
2	48	1	3	0,0248
3	72	3	6	0,0496
4	96	5	11	0,0909
5	120	4	15	0,1240
6	144	7	22	0,1818

c) 10 %-Lebensdauer $t_{10} = 110$ h ,
d) 50 %-Lebensdauer $t_{50} = 400$ h ,
e) Korrelationskoeffizient $r = 0,974$.

Diese Kennwerte gelten für den Lebensdauerbereich $0 \leq t \leq 144$ h. Für Lebensdauern über $t = 144$ h muß extrapoliert werden. Dieses ist nur dann zulässig, wenn die Ausfallsteilheit b aus vorhergegangenen Untersuchungen bekannt und mit der vorliegenden identisch ist.

Im folgenden Beispiel wird die Prüfung nach einer zuvor festgelegten Anzahl x ausgefallener Einheiten beendet (Prüfung mit Stücklimit).

■ **Beispiel 5.6**
Auswertung unvollständig erfaßter Lebensdauern pneumatischer 3/2-Wegeventile mit Stücklimit.

geg.: *12 pneumatische 3/2-Wegeventile werden druck- und temperaturbeaufschlagt. Nach 149 h ist das fünfte 3/2-Wegeventil ausgefallen. Die aufsteigend sortierten Ausfallzeiten für die 3/2-Wegeventile sind $t_1 = 24,8$ h, $t_2 = 62,8$ h, $t_3 = 93,5$ h, $t_4 = 149,0$ h, $t_5 = 206,0$ h.*

ges.: *Folgende Kennwerte sind zu ermitteln:*

a) Ausfallsteilheit b,
b) Charakteristische Lebensdauer T,

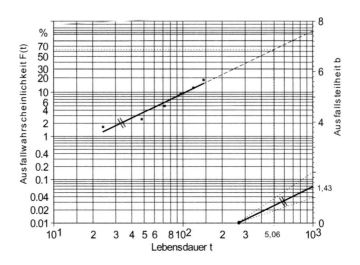

Abbildung 5.22.: Ausfallverteilung einer Lebensdauerprüfung mit Zeitlimit.

c) 10 %-Lebensdauer t_{10} ,
d) 50 %-Lebensdauer t_{50} ,
e) Korrelationskoeffizient r .

Lsg.:   Mit den vorliegenden Ausfallzeiten ergeben sich die gem. Tabelle 5.10
aufgeführten Klassenobergrenzen t_j, die Anzahl der Ausfälle x_j, die
Summe der Ausfälle G_j und die Ausfallwahrscheinlichkeiten $F(t_j)$. Die
graphische Auswertung ergibt mit Abbildung 5.23 folgende Kennwerte:

a) Ausfallsteilheit b= 1,005 ,
b) charakteristische Lebensdauer $T = 415,65\ h$,
c) 10 %-Lebensdauer $t_{10} = 43,8\ h$,
d) 50 %-Lebensdauer $t_{50} = 295,0\ h$,
e) Korrelationskoeffizient $r = 0,998$.

Diese Kennwerte gelten für den Lebensdauerbereich $0 \leq t \leq 206\ h$. Für
Lebensdauern über $t = 206\ h$ muß extrapoliert werden. Dieses ist nur
dann zulässig, wenn die Ausfallsteilheit b aus vorhergegangenen Untersuchungen bekannt und mit der vorliegenden identisch ist.

Tabelle 5.10.: Ausfallwahrscheinlichkeiten unvollständig erfaßter Lebensdauern von pneumatischen 3/2-Wegeventilen mit Stücklimit für die 5 %- und 90 %-Vertrauensgrenzen sowie die Medianwerte.

j	t_j in h	x_j	G_j	$F(t_j)_{5\%}$	$F(t_j)_{50\%}$	$F(t_j)_{95\%}$
1	24,8	1	1	0,0043	0,0561	0,2209
2	62,8	1	2	0,0305	0,1360	0,3387
3	93,5	1	3	0,0719	0,2167	0,4381
4	149,0	1	4	0,1229	0,2976	0,5273
5	206,0	1	5	0,1810	0,3785	0,6091

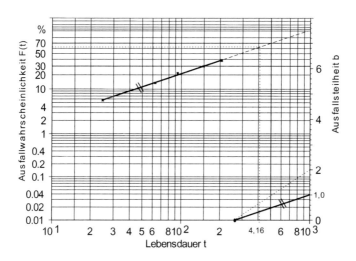

Abbildung 5.23.: Ausfallverteilung unvollständig erfaßter Lebensdauern von pneumatischen 3/2-Wegeventile mit Stücklimit.

Tabelle 5.11.: Erfaßte Betätigungszahlen seilzugbetätigter Viergelenke.

Vorrichtung	Seilzugbetätigungen	Gesamtzahl der Betätigungen
1	688, **4312**	5000
2	3500, 1125, **375**	5000
3	1687, 2312, **1001**	5000
4	2812, **2188**	5000
5	**5000**	5000
6	918, 3288, **794**	5000

5.6.2. Auswertung für den allgemeinen Fall

Im Beispiel 5.7 wird der Versuch nach einer vor Versuchsbeginn festgelegten Zeit beendet (Prüfung mit Zeitlimit), dabei sollen die während des Versuches ausgefallenen Einheiten unmittelbar ersetzt werden.

■ Beispiel 5.7
Auswertung unvollständig erfaßter Lebensdauern mit Zeitlimit und sofortigem Ersatz ausgefallener Einheiten seilbetätigter Viergelenke.

geg.:   *In einer Klimakammer wird auf sechs Vorrichtungen jeweils ein seil-betätigtes Viergelenk untersucht. Die Durchmesser der Umlenkrollen befinden sich im Bereich des Mindestbiegeradius für das Drahtseil. Ausgefallene Einheiten können aufgrund einer permanenten Versuchsüberwachung sofort ersetzt werden. Der Versuch ist nach 5000 Betätigungen beendet worden. Es wurden die Lebensdauern nach Tab. 5.11 ermittelt. Die Betätigungszahlen von nicht ausgefallenen Seilzügen sind fettgedruckt. Insgesamt wurden in allen sechs Vorrichtungen 30000 Betätigungen an insgesamt $n = 14$ Seilzügen durchgeführt.*

ges.:   *Es sind die folgenden Kennwerte zu ermitteln:*

     a) Ausfallsteilheit b,
     b) Charakteristische Lebensdauer T,
     c) 10 %-Lebensdauer t_{10} ,
     d) 50 %-Lebensdauer t_{50} ,
     e) Korrelationskoeffizient r .

Lsg.: *In Tabelle 5.12 ist der Rang j, die erreichte Anzahl von Betätigungen t_j, die Anzahl der Ausfälle x_j, die Anzahl der unvollständig erfaßten Lebensdauern t_j^*, die Anzahl der nachfolgenden Einheiten B_j, der Zuwachs $N(t_j)$, die mittlere Rangzahl $j(t_j)$ und die Ausfallwahrscheinlichkeit $F(t_j)$ aufgelistet.*

Tabelle 5.12.: Ausfallwahrscheinlichkeiten seilzugbetätigter Viergelenke mit dem Verfahren nach Johnson.

j	t_j	x_j	t_j^*	B_j	$N(t_j)$	$j(t_j)$	$F(t_j)$
	375	0	1	14			
1	688	1	0	13	0,071	1,071	0,054
	794	0	1	12			
2	918	1	0	11	1,161	2,232	0,134
	1001	0	1	10			
3	1125	1	0	9	1,277	3,509	0,223
4	1687	1	0	8	1,277	4,786	0,312
	2188	0	1	7			
5	2312	1	0	6	1,459	6,245	0,413
6	2812	1	0	5	1,459	7,704	0,514
7	3288	1	0	4	1,459	9,163	0,616
8	3500	1	0	3	1,459	10,622	0,717
	4312	0	1	2			
	5000	0	1	1			

Die Berechnung der Ausfallwahrscheinlichkeit erfolgt hier mit dem Verfahren nach Johnson, siehe Abschnitt 4.2.2.2 .
Mit Gl. (4.55), (4.56), (4.57), einem Stichprobenumfang $n = 14$ sowie dem Startwert $j_0 = 0$ ergibt sich:

$$N_1 = \frac{14 + 1 - 0}{1 + 13} = 0,071 \ ,$$

$$j_1 = 0 + 1,071 = 1,071 \ ,$$

$$F(t_1) = \frac{1,071 - 0,3}{14 + 0,4} = 0,054 \ ,$$

$$N_2 = \frac{14 + 1 - 1,071}{1 + 11} = 1,161 \ ,$$

$$j_2 = 1,071 + 1,161 = 2,232 \ ,$$

$$F(t_2) = \frac{2,232 - 0,3}{14 + 0,4} = 0,134 \ ,$$

$$N_3 = \frac{14 + 1 - 2,232}{1 + 9} = 1,277 \ ,$$

$$j_3 = 2,232 + 1,277 = 3,509 \ ,$$

$$F(t_3) = \frac{3,509 - 0,3}{14 + 0,4} = 0,223 \ ,$$

$$N_4 = \frac{14 + 1 - 3,509}{1 + 8} = 1,277 \ ,$$

$$j_4 = 3,509 + 1,277 = 4,786 \ ,$$

$$F(t_4) = \frac{4,786 - 0,3}{14 + 0,4} = 0,312 \ ,$$

$$N_5 = \frac{14 + 1 - 4,786}{1 + 6} = 1,459 \ ,$$

$$j_5 = 4,786 + 1,459 = 6,245 \ ,$$

$$F(t_5) = \frac{6,245 - 0,3}{14 + 0,4} = 0,413 \ ,$$

$$N_6 = \frac{14 + 1 - 6,245}{1 + 5} = 1,459 \ ,$$

$$j_6 = 6,245 + 1,459 = 7,704 \ ,$$

$$F(t_6) = \frac{7,704 - 0,3}{14 + 0,4} = 0,514 \ ,$$

$$N_7 = \frac{14 + 1 - 7,704}{1 + 4} = 1,459 \ ,$$

$$j_7 = 7,704 + 1,459 = 9,163 \ ,$$

$$F(t_7) = \frac{9,163 - 0,3}{14 + 0,4} = 0,616 \ ,$$

$$N_8 = \frac{14 + 1 - 9,163}{1 + 3} = 1,459 \ ,$$

$$j_8 = 9,163 + 1,459 = 10,622 \ ,$$

$$F(t_8) = \frac{10,622 - 0,3}{14 + 0,4} = 0,717 \ .$$

Mit Abbildung 5.24 ergeben sich somit die gesuchten Kennwerte zu:

a) *Ausfallsteilheit* $b = 1,66$,
b) *charakteristische Lebensdauer* $T = 3196,77$ *Betätigungen,*
c) *10 %-Lebensdauer* $t_{10} = 825$ *Betätigungen,*
d) *50 %-Lebensdauer* $t_{50} = 2600$ *Betätigungen,*
e) *Korrelationskoeffizient* $r = 0,98$.

5.6.3. Sudden-Death-Prüfung

Als Sonderfall der Prüfung mit Stücklimit ist die Sudden-Death-Prüfung anzusehen, siehe Abschnitt 4.2.2.3 .

Beispiel 5.8 zeigt die Anwendung dieser Methode. Jedoch soll statt des Verfahrens nach Nelson bzw. Johnson ein wesentlich einfacheres Verfahren vorgestellt werden [14]. Dabei sollen auch hier die zu den ersten Ausfallzeiten zugehörigen Ausfallwahrscheinlichkeiten nach Gl. (5.3) ermittelt, in das Wahrscheinlichkeitsnetz eingetragen und durch die sich ergebenden Punkte eine Ausgleichsgerade gelegt werden.

Gemäß der Weibulltheorie entspricht die Ausfallsteilheit der Stichprobe auch die der Grundgesamtheit. Damit wäre gemäß der Sudden-Death-Methode für die ersten Ausfälle eines jeden Prüfloses bzw. einer Prüfgruppe die Ausfallsteilheit der Gesamtverteilung ermittelt. Für die weitere Beschreibung des Ausfallverhaltens ist noch die horizontale Lage der Ausgleichsgerade festzulegen. Dabei wird dem ersten Ausfall einer Prüfgruppe eine Ausfallwahrscheinlichkeit von

$$F_1^* = \frac{0,7}{m + 0,4} \tag{5.63}$$

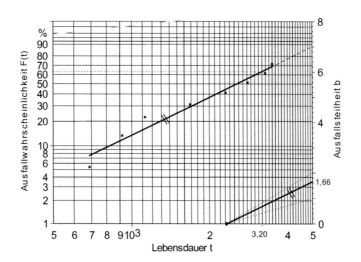

Abbildung 5.24.: Ausfallverteilung einer Lebensdauerprüfung mit Zeitlimit und sofortigem Ersatz für ausgefallene Einheiten seilzugbetätigter Viergelenke.

zugeordnet und als repräsentativer Wert für diesen ersten Ausfall der Median aller ermittelten ersten Ausfälle verwendet. Vom Schnittpunkt der 50 %-Linie mit der Ausgleichsgerade der ersten Ausfälle wird eine Lotlinie bis zur F_1^*-Linie des ersten Ausfalls gezogen. Dieser Schnittpunkt ergibt einen Punkt auf der Geraden der Gesamtverteilung.

Da die Steigung der Ausgleichsgerade bekannt ist, muß die Ausgleichsgerade der ersten Ausfälle noch durch diesen Punkt parallelverschoben werden, siehe Abbildung 5.25.

■ Beispiel 5.8

Auswertung unvollständig erfaßter Lebensdauern mit Stücklimit elektromagnetisch betätigter 3/2-Wegeventile nach der Sudden-Death-Methode.

geg.:   *Es werden $n = 25$ elektromagnetisch betätigte 3/2-Wegeventile in 5 Prüfgruppen mit je 5 Einheiten untersucht. Die 3/2-Wegeventile in jeder dieser Prüfgruppen werden bis zum ersten Ausfall eines solchen Ventils betätigt. Die Lebensdauerprüfung ist dann beendet, wenn in jeder dieser Prüfgruppen genau ein Ausfall eines solchen 3/2-Wegeventils aufgetreten ist. Es haben sich die in Tab. 5.13 aufsteigend sortierten*

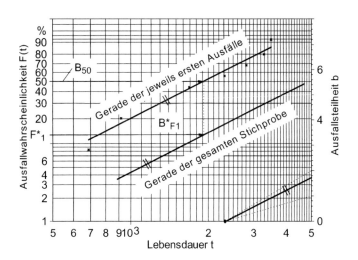

Abbildung 5.25.: Vorgehensweise für die graphische Auswertung eines Sudden-Death-Tests.

Tabelle 5.13.: Aufsteigend sortierte Lebensdauern elektromagnetischer 3/2-Wegeventile für die jeweils ersten Ausfälle einer jeden Prüfgruppe.

Rang j	1	2	3	4	5
Lebensdauer t_j	56575	80600	97650	110825	142600

Lebensdauern (Betätigungen) der jeweils ersten Ausfälle einer jeden Prüfgruppe ergeben.

ges.:   Es sind die charakteristischen Kennwerte der Ausfallverteilung mit dem

     a) Verfahren nach Nelson,
     b) Verfahren nach Johnson,
     c) sowie nach der vereinfachten graphischen Auswertung

    zu ermitteln.

Lsg.:   a) Mit dem Verfahren nach Nelson ergeben sich die Ausfallparameter *nach Tab. 5.14. Werden die Lebensdauerwerte mit den berechneten*

Tabelle 5.14.: Auswertung unvollständig erfaßter Lebensdauern elektromagnetischer 3/2-Wegeventile mit dem Verfahren nach Nelson.

Rang j	t_j	r_j	$\hat{\lambda}_j$	$\hat{H}_j$	$\hat{R}_j$	$\hat{F}_j$
1	56575	25	0,04	0,04	0,961	0,0392
2	80600	20	0,05	0,09	0,914	0,0861
3	97650	15	0,07	0,16	0,855	0,1450
4	110825	10	0,10	0,26	0,774	0,2264
5	142600	5	0,20	0,46	0,633	0,3666

Ausfallzeiten in das Weibull-Wahrscheinlichkeitsnetz eingetragen, so ergibt sich die Ausfallgerade gemäß Abb. 5.26. Es ergeben sich somit die gesuchten Kennwerte mit dem Verfahren nach Nelson zu:

- *Ausfallsteilheit $b = 2,7$,*
- *charakteristische Lebensdauer $T = 190388$ Betätigungen,*
- *10 %-Lebensdauer $t_{10} = 82500$ Betätigungen,*
- *Korrelationskoeffizient $r = 0,997$.*

b) Mit dem Verfahren nach Johnson ergeben sich die Ausfallparameter nach Tab. 5.15. Werden die Lebensdauerwerte mit den berech-

Tabelle 5.15.: Auswertung unvollständig erfaßter Lebensdauern elektromagnetischer 3/2-Wegeventile mit dem Verfahren nach Johnson.

Rang j	t_j	$n_f(t_j)$	B_j	$j(t_j)$	$N(t_j)$	F_j
1	56575	1	25	1,00	1,00	0,0276
2	80600	1	20	2,19	1,19	0,0744
3	97650	1	15	3,68	1,49	0,1330
4	110825	1	10	5,71	2,03	0,2129
5	142600	1	5	9,09	3,38	0,3461

neten Ausfallzeiten in das Weibull-Wahrscheinlichkeitsnetz einge-

*tragen, so ergibt sich die Ausfallgerade gemäß Abb. 5.26. Es erge-
ben sich somit die gesuchten Kennwerte mit dem Verfahren nach
Johnson zu:*

- *Ausfallsteilheit $b = 3,01$,*
- *charakteristische Lebensdauer $T = 185514$ Betätigungen,*
- *10 %-Lebensdauer $t_{10} = 87000$ Betätigungen,*
- *Korrelationskoeffizient $r = 0,998$.*

c) *In Abbildung 5.27 ist die Ausgleichsgerade der ersten Ausfälle sowie die Ausgleichsgerade der gesamten Stichprobe eingetragen. Jeder dieser ersten Ausfälle wird durch den Medianrang*

$$F_1^* = \frac{1 - 0,3}{k + 0,4} \qquad mit \ k = 5 \tag{5.64}$$

$$\Leftrightarrow \ F_1^* = \frac{0,7}{5,4} = 0,1296 \stackrel{\wedge}{=} 12,96 \ \% \tag{5.65}$$

dargestellt. Es ergeben sich die gesuchten Kennwerte zu:

- *Ausfallsteilheit $b = 2,98$,*
- *charakteristische Lebensdauer $T = 194000$ Betätigungen,*
- *10 %-Lebensdauer $t_{10} = 90500$ Betätigungen,*
- *Korrelationskoeffizient $r = 0,997$.*

*Sowohl das graphische Verfahren als auch das Verfahren nach Nelson
liefern für den gegebenen Wertebereich deutlich konservativere Kennwerte als dieses bei dem Verfahren nach Johnson der Fall ist.*

5.7. Auswertung vermengter Weibull-Verteilungen

Werden die Ausfallzeiten von n Bauteilen, welche unterschiedlichen Ausfallmechanismen unterliegen, miteinander vermengt, also zu einer Grundgesamtheit
zusammengefaßt, so entsprechen die unterschiedlichen Ausfallmechanismen verschiedenen Ausfallsteilheiten b_n sowie möglicherweise verschiedenen charakteristischen Lebensdauern T_n.
Bei Auftragung der jeweiligen Punkte in das Weibull-Wahrscheinlichkeitsnetz
ergibt sich je nach Verschiedenheit der Ausfallsteilheiten b_n ein konvexer bzw.

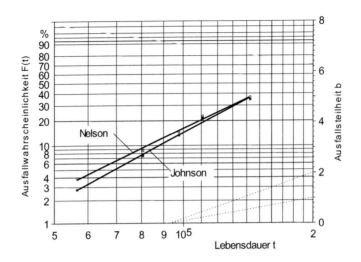

Abbildung 5.26.: Auswertung unvollständig erfaßter Lebensdauern elektromagnetischer 3/2-Wegeventile mit Stücklimit mittels der
Sudden-Death-Methode und des Verfahrens nach Nelson sowie nach Johnson.

konkaver Kurvenverlauf .
Werden zwei Grundgesamtheiten mit den Umfängen n_1 und n_2 und den Verteilungsfunktionen $F_1(t)$ und $F_2(t)$ miteinander vermengt, so ergibt sich für die
vermengte Verteilungsfunktion $F_m(t)$ mit $n = n_1 + n_2$:

$$F_m(t) = \frac{n_1}{n} F_1(t) + \frac{n_2}{n} F_2(t) \qquad (5.66)$$

$$\Leftrightarrow F_m(t) = \frac{n_1}{n}(1 - e^{-(\frac{t}{T_1})^{b_1}}) + \frac{n_2}{n}(1 - e^{-(\frac{t}{T_2})^{b_2}}) . \qquad (5.67)$$

Für vermengte Verteilungen vom Umfang n gilt:

$$F_m(t) = \frac{1}{n} \sum_{i=1}^{k} n_i F_i(t) \qquad (5.68)$$

mit

$$n = \sum_{i=1}^{k} n_i . \qquad (5.69)$$

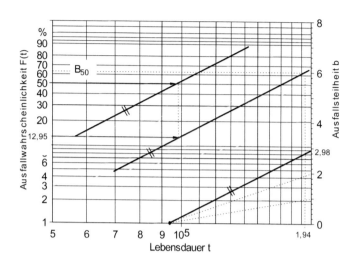

Abbildung 5.27.: Auswertung unvollständig erfaßter Lebensdauern mit Stücklimit mittels der Sudden-Death-Methode und der vereinfachten
graphischen Auswertung.

Anhand von Beispiel 5.9 und 5.10 soll verdeutlicht werden, welche Ausfallverteilungen sich aus vermengten Ausfallverteilungen aufgrund unterschiedlicher
Ausfallmechanismen ergeben.

■ **Beispiel 5.9**

*Ausfallverteilungen für unterschiedliches Ausfallverhalten von Druckluftzylin-
dern.*

geg.:   *17 Druckluftzylinder, bestückt mit zwei unterschiedlichen Schmierfetten und gleichen Nutringen. Der Spezifikationstemperaturbereich der
Schmierfettvariante A beträgt $-20\ °C \leq T_{Var1} \leq 175\ °C$. Hiermit wurden 12 Druckluftzylinder bestückt.
Der spezifizierte Temperaturbereich der Schmierfettvariante B beträgt
$-25\ °C \leq T_{Var2} \leq 185\ °C$. Hiermit wurden 5 Druckluftzylinder bestückt.
Die Druckluftzylinder werden in einer Klimakammer bei einer Betriebstemperatur $T_B = 160\ °C$ in identischen Vorrichtungen geprüft. Die geforderte Lebensdauer beträgt $t = 900000$ Betätigungen.
Es haben sich mit dem Unterschreiten eines vorgegebenen Hubes bzw.
dem Unterschreiten einer vorgegebenen Hubgeschwindigkeit als Ausfall-*

Tabelle 5.16.: Sortierte Lebensdauern ausgefallener Druckluftzylinder.

t_i	t_i	i	t_i
1	112023	10	219327
2	148104	11	227413
3	152463	12	236107
4	175728	13	274561
5	182915	14	313106
6	194613	15	373259
7	205921	16	442055
8	209412	17	579833
9	214118	-	-

kriterium die sortierten Betätigungszahlen t_i nach Tabelle 5.16 ergeben.

ges.:   *Es soll das Vorhandensein einer Mischverteilung untersucht werden.*

Lsg.:   *Die Auftragung der Lebensdauern gem. Tab. 5.16 mit den nach Tabelle E.2 ermittelten Ausfallwahrscheinlichkeiten werden in das Weibull-Wahrscheinlichkeitsnetz eingetragen, s. Abb 5.28. Es ist zu erkennen, daß sich die Ausfallverteilung nur schlecht durch eine Ausfallgerade approximieren läßt. Dieses Verhalten wird auch durch einen ermittelten Korrelationskoeffizienten $r = 0,933$ bestätigt.*
Die Aufteilung der Lebensdauern (Anzahl der Betätigungen) nach den unterschiedlichen Schmierfettvarianten ergibt die nach Tab. 5.17 aufgeführten Lebensdauerwerte. Werden diese getrennten Lebensdauern mit den zugehörigen Ausfallwahrscheinlichkeiten nach Tab. E.2 in das Weibull-Wahrscheinlichkeitsnetz aufgetragen, so ergeben sich die Ausfallgeraden gem. Abb. 5.29. Mit Abb. 5.29 ergeben sich die in Tabelle 5.18 aufgeführten Kennwerte der nach verbautem Schmierfett getrennten Druckluftzylinder. Die getrennte Auswertung der Lebensdauern nach den Schmierfettvarianten wird durch deutlich günstigere, approximierbare Punktfolgen bestätigt.

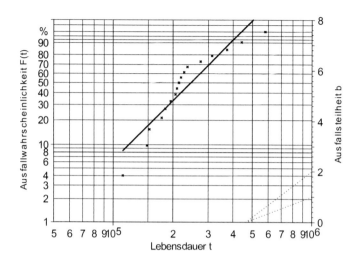

Abbildung 5.28.: Mischverteilung von ausgefallenen Druckluftzylindern mit unterschiedlichen Schmierfetten.

Tabelle 5.17.: Auswertung von Lebensdauern ausgefallener Druckluftzylinder nach Schmierfettvarianten.

i	Variante 1	Variante 2
1	112023	274561
2	148104	313106
3	152463	373259
4	175728	442055
5	182915	579833
6	194613	-
7	205921	-
8	209412	-
9	214118	-
10	219327	-
11	227413	-
12	236107	-

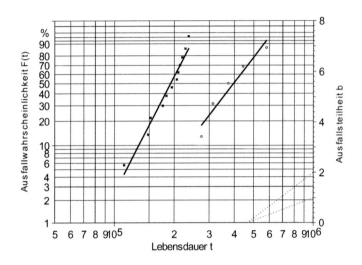

Abbildung 5.29.: Ausfallverteilungen ausgefallener Druckluftzylinder getrennt nach Schmierfettvarianten.

Tabelle 5.18.: Kennwerte der getrennten Auswertung von Lebensdauerverteilungen ausgefallener Druckluftzylinder nach eingesetzter Schmierfettvariante.

Variante	T	b	r
1	441927,3	3,42	0,968
2	206415,9	5,10	0,982

In Beispiel 5.10 ist die Kombination von drei unterschiedlichen Ausfallmechanismen gegeben. Einer dieser Ausfallmechanismen ist zusätzlich mit einer ausfallfreien Zeit gekoppelt. Das Vorhandensein unterschiedlicher Ausfallursachen wird auch auch als konkurrierende Ausfallmechanismen bezeichnet.
Liegen solche konkurrierende Ausfallmechanismen vor, so ergibt sich die Überlebenswahrscheinlichkeit $R(t)$ eines Bauteils mit i unterschiedlichen Ausfallursachen zu:

$$R(t) = R_1(t) \cdot R_2(t) \cdot \ldots \cdot R_i(t) \ . \tag{5.70}$$

■ Beispiel 5.10

Ausfallverteilungen für die Kombination von drei unterschiedlichen Ausfallmechanismen.

geg.: *Es werden Lebensdauerprüfungen mit $n = 31$ Druckluftzylinder bei einer Betriebstemperatur von $T_B = 200$ °C und einem Betriebsdruck von $p_B = 12$ bar durchgeführt. Die Druckluftzylinder sind mit identischem Schmierfett und Nutringen nach Lieferantenvorgaben, aber zeitlich unterschiedlichen Lieferchargen bestückt.*
Es haben sich mit dem Unterschreiten eines vorgegebenen Hubes bzw. dem Unterschreiten einer vorgegebenen Hubgeschwindigkeit als Ausfallkriterium die in Tab. 5.19 eingetragenen, sortierten Betätigungszahlen t_i ergeben.

ges.: *Es ist zu prüfen, ob eine Mischverteilung vorliegt.*

Lsg.: *Die Auftragung der Lebensdauern gem. Tab. 5.19 und die nach Tabelle E.2 ermittelten Ausfallwahrscheinlichkeiten in das Weibull-Wahrscheinlichkeitsnetz zeigt Abbildung 5.30. Wird durch diese Punkte eine Ausgleichsgerade nach der Methode der kleinsten Quadrate, s. Abschnitt 5.3.1.2, gelegt, so läßt die Form der Ausfallverteilung trotz eines Korrelationskoeffizienten $r = 0,977$ vermuten, daß eine Mischverteilung vorliegt (s. Abb. 5.31).*
Die Aufteilung der Lebensdauerzeiten nach den drei nach Versuchsende ermittelten Schadensbildern:

1. *Nutring vom Kolben gezogen, kein Schmierfett vorhanden.*
2. *Nutring gerissen, kein Schmierfett vorhanden.*
3. *Nutring-Dichtlippe verschlissen, kein Schmierfett vorhanden.*

ergibt drei neue Verteilungen (s. Tab. 5.20).
Werden diese Lebensdauern mit den zugehörigen Ausfallwahrschein-

Tabelle 5.19.: Sortierte Lebensdauern ausgefallener Druckluftzylinder mit identischem Schmierfett und Nutringen für zeitlich unterschiedliche Lieferchargen.

i	t_i	i	t_i
1	98047	17	728972
2	142212	18	797721
3	163247	19	894363
4	194477	20	927478
5	229980	21	933790
6	241518	22	1145645
7	298273	23	1185418
8	318603	24	1448845
9	324246	25	1600674
10	378960	26	1791529
11	427530	27	1806052
12	427938	28	2110775
13	429021	29	2393247
14	450186	30	2601074
15	538299	31	2779862
16	697592		

lichkeiten nach Tab. E.2 in das Weibull-Wahrscheinlichkeitsnetz aufgetragen, so ergeben sich die approximierten Ausfallkurven gem. Abb. 5.32.

Die Auswertung der Ausfallverteilungen nach Abb. 5.32 ergibt die in Tabelle 5.21 aufgeführten Kennwerte. Der gekrümmte Verlauf aller drei Ausgleichskurven läßt auf das Vorhandensein einer ausfallfreien Zeit t_0 schließen. Für die Bestimmung der ausfallfreien Zeit nach Abschnitt 5.4.4.4 ergeben sich folgende Werte:

Verteilung	t_0
1	25590
2	104045
3	544844

Tabelle 5.20.: Aufteilung der Lebensdauern ausgefallener Druckluftzylinder mit identischem Schmierfett und Nutringen für zeitlich unterschiedliche Liefercharge nach Schadensbildern.

i	Verteilung 1	Verteilung 2	Verteilung 3
1	98047	194477	797721
2	142212	241518	927478
3	163247	378960	1145645
4	229980	427530	1185418
5	298273	450186	1448845
6	318603	697592	1600674
7	324246	728972	1791529
8	427938	894363	1806052
9	429022	933790	2110775
10	538299	-	2393247
11	-	-	2601074
12	-	-	2779862

Tabelle 5.21.: Kennwerte der Ausfallverteilungen von Druckluftzylindern mit identischem Schmierfett und Nutringen für zeitlich unterschiedliche Liefercharge in Abhängigkeit vom Schadensbild.

Verteilung	T	b	r
1	313140	1,77	0,989
2	515894	1,41	0,981
3	1345351	1,65	0,986

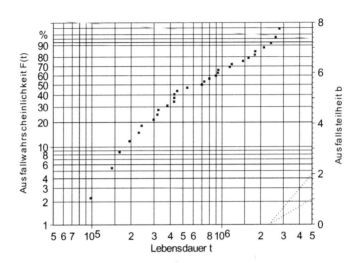

Abbildung 5.30.: Ausfallverteilung von ausgefallenen Druckluftzylindern mit identischem Schmierfett und Nutringen für zeitlich unterschiedliche Liefirchargen.

Werden die vorhandenen Lebensdauer um die ausfallfreien Zeiten korrigiert, so ergeben sich die in Tabelle 5.22 aufgelisteten Lebensdauern. Werden diese um t_0 korrigierten Lebensdauern erneut in das Weibull-Wahrscheinlichkeitsnetz eingetragen, siehe Abb. 5.33, so ergibt die Auswertung dieser Ausfallverteilung die in Tabelle 5.23 aufgeführten Kennwerte.

Die getrennte Auswertung der Lebensdauern nach den Schadensbildern wird durch die hohen Werte der Korrelationskoeffizienten bestätigt. Die weitere Analyse der Nutringe ergab eine inhomogene Materialzusammensetzung. Dieses korrelierte wiederum mit nicht bekanntgegebenen, zeitlich verschobenen Änderungen im Herstellungsprozeß und den aus diesem Zeitraum stammenden Nutringen.

Kann die Ursache einer möglichen Vermengung nicht eindeutig geklärt werden, so ist aufgrund der Streuung einzelner Punkte um die Ausgleichsgerade ein eindeutiger Nachweis für eine vermengte Verteilung nur sehr schwierig zu erbringen. Es stellt sich dann die Frage, ob die Abweichungen der einzelnen

Tabelle 5.22.: Lebensdauern ausgefallener Druckluftzylinder mit identischem Schmierfett und Nutringen für zeitlich unterschiedliche Liefer-chargen mit um t_0 korrigierten, ausfallfreien Zeiten.

i	Verteilung 1	Verteilung 2	Verteilung 3
1	72457	90432	252878
2	116622	137473	382634
3	137656	274915	600801
4	204390	323486	640575
5	272683	346141	904001
6	293013	593547	1055831
7	298656	624927	1246686
8	402347	790318	1261208
9	403431	829745	1565931
10	512709	-	1848403
11	-	-	2056230
12	-	-	2235018

Tabelle 5.23.: Kennwerte der um t_0 korrigierten Ausfallverteilungen von Druck-luftzylindern mit identischem Schmierfett und Nutringen für zeit-lich unterschiedliche Lieferchargen in Abhängigkeit vom Scha-densbild.

Verteilung	T	b	r
1	313140	1,77	0,990
2	515894	1,41	0,984
3	1345351	1,65	0,994

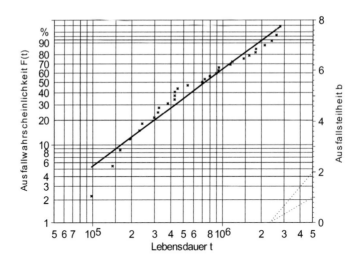

Abbildung 5.31.: Ausfallverteilung von ausgefallenen Druckluftzylindern mit identischem Schmierfett und Nutringen für zeitlich unterschiedliche Lieferchargen und nach der Methode der kleinsten Quadrate ermittelten Ausgleichsgeraden.

Punkte von der Ausgleichsgeraden zufälliger oder systematischer Art sind. Zur Klärung der Frage, ob eine vermengte Verteilung vorliegt, können abschnittsweise Ausgleichsgeraden gebildet werden. Dieses bedeutet, das die jeweiligen Geraden bezogen auf alle vorhandenen Ausfallpunkte aus einer unterschiedlichen Anzahl dieser Ausfallpunkte gebildet werden. Beispielsweise wird in einem ersten Abschnitt eine "Gerade 1" aus drei von zwanzig Ausfallpunkten gebildet, die "Gerade 2" entsprechend aus den verbleibenden 17 Ausfallpunkten gebildet. Im zweiten Schritt wird die "Gerade 1" aus vier von zwanzig Ausfallpunkten gebildet, die "Gerade 2" entsprechend aus den verbleibenden 16 Ausfallpunkten gebildet. Dieses Verfahren wird solange fortgesetzt, bis im letzten Abschnitt die "Gerade 1" sich aus 17 Ausfallpunkten und die "Gerade 2" sich aus 3 Punkten zusammensetzt. Für jeden Abschnitt wird der Korrelationskoeffizient beider Abschnittsgeraden ermittelt. Derjenige Abschnitt mit den höchsten Korrelationswerten für beide Ausgleichsgeraden ist dann der sogenannte Trennpunkt. In einem anschließenden Test ist dann zu überprüfen, ob die abschnittsweise

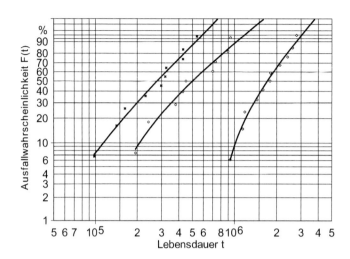

Abbildung 5.32.: Ausfallverteilungen ausgefallener Druckluftzylinder mit identischem Schmierfett und Nutringen für zeitlich unterschiedliche Lieferchargen nach Schadensbildern.

ermittelten Ausgleichsgeraden die Ausfallzeiten genauer repräsentieren als eine einzige Ausgleichsgerade (Gesamtgerade) über alle Ausfallzeiten.
Eine Prüfvariante hierfür wäre der Vergleich der Steigungen der zwei Ausgleichsgeraden zu dem Vertrauensbereich der Steigung der Gesamtgeraden. Liegt die geringere Steigung der abschnittsweise ermittelten Ausgleichsgerade unterhalb des unteren bzw. die größere Steigung oberhalb des oberen Vertrauensbereiches, so kann angenommen werden, daß eine vermengte Verteilung vorliegt.
Bei vermengten Verteilungen jedoch, bei denen die Differenz der Steigungen der jeweiligen (Abschnitts-) Ausgleichsgerade sehr gering ist, wird das o.g. Verfahren eine solche Vermengung nicht erkennen, obwohl die Steigung der Gesamtgerade kleiner ist als die der beiden Abschnittsgeraden. Daher ist zusätzlich die jeweilige charakteristische Lebensdauer T bzgl. des Vertrauensbereiches der Gesamtgerade zu überprüfen.
Auch in diesem Fall gilt die Hypothese für das Vorliegen einer vermengten Verteilung, wenn die charakteristischen Lebensdauern der abschnittsweise ermittelten Ausgleichsgeraden außerhalb des Vertrauensbereiches der Gesamtgerade

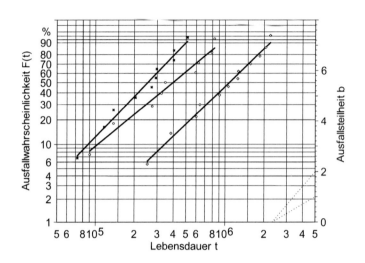

Abbildung 5.33.: Ausfallverteilungen ausgefallener Druckluftzylinder mit identischem Schmierfett und Nutringen für zeitlich unterschiedliche Lieferchargen mit um t_0 korrigierten ausfallfreien Zeiten.

liegen.

Da es sich bei einem gekrümmten Verlauf der Gesamtgerade auch um eine
ausfallfreie Zeit t_0 oder um einen zu geringen Datenumfang (siehe Abb. F.5)
handeln könnte, ist die Alternativhypothese, daß keine vermengte Verteilung
vorliegt, mittels dieser Vorgehensweise nicht zulässig. Verteilungen, welche sich
über den gleichen Zeitbereich erstrecken, lassen sich nicht erkennen.

5.8. Bewertung von zwei Ausfallverteilungen

Für den Vergleich von zwei Komponenten bzw. Systemen, welche sich konstruk-
tiv bzw. fertigungstechnisch unterscheiden, ist die Betrachtung deren charakte-
rischer Lebensdauer oder deren t_q-Lebensdauer nicht ausreichend. Notwendig
für die Beurteilung zweier Verteilungen ist die statistische Aussagewahrscheinlichkeit über deren Grundgesamtheit. Es ist also zu ermitteln, mit welcher
Aussagewahrscheinlichkeit P_A eine Verteilung B eine höhere Zuverlässigkeit
aufweist, als eine Verteilung A.

Mit dem nachstehend beschriebenen Verfahren können Vergleiche zweier Ausfallverteilungen für jede Lebensdauer t_q in Kombination mit den jeweiligen Ausfallsteilheiten b und Stichprobengrößen n ermittelt werden. Nach [37] gilt für die Ausfallwahrscheinlichkeit folgende Beziehung:

$$P_A = 1 - \frac{1}{e^{e^{y'}}} \qquad (5.71)$$

mit

$$y = \sqrt{1-q}(t_{qB}^2 - t_{qA}^2)\frac{\ln(\frac{1}{1-q})}{2\sqrt{qt_{qA}t_{qB}z}} , \qquad (5.72)$$

$$y' = -0,3507 + 1,4752y - 0,1954y^2 . \qquad (5.73)$$

Für z gilt:

$$z = (\frac{\frac{t_{qA}}{b_A}}{\sqrt{n_A}} + \frac{\frac{t_{qB}}{b_B}}{\sqrt{n_B}})(\frac{\frac{t_{qB}}{b_A}}{\sqrt{n_A}} + \frac{\frac{t_{qA}}{b_B}}{\sqrt{n_B}}) \qquad (5.74)$$

mit:

z: Ersatzfunktion zur Bestimmung der Aussagewahrscheinlichkeit für $R_B(t) \geq R_A(t)$.

y: Hilfsfunktion für die Bestimmung der Aussagewahrscheinlichkeit.

q: Betrachteter prozentualer Summenausfallbereich.

$t_{q,A}$:   Lebensdauer der Verteilung A bei q-%-Ausfällen.

$t_{q,B}$:   Lebensdauer der Verteilung B bei q-%-Ausfällen.

b_A: Ausfallsteilheit der Verteilung A.

b_B: Ausfallsteilheit der Verteilung B.

n_A: Stichprobenumfang der Verteilung A.

n_B: Stichprobenumfang der Verteilung B.

P_A: Aussagewahrscheinlichkeit.

In Beispiel 5.11, 5.12 wird die Anwendung dieser Beziehung verdeutlicht.

■ Beispiel 5.11

Bewertung der Ausfallverteilung von Fahrzeugdachsystemen mit unterschiedlicher Kinematik aber gleicher Koppelkurve.

geg.:   *Es liegen die Lebensdauern (Dachbetätigungen bis zur ersten Fehlfunktion) von $n_1 = 3$ neu konstruierten kinematischen Elementen bzw. $n_2 = 4$ sich in der Serienfertigung befindlichen Fahrzeugdachsystemen vor, siehe Tabelle 5.24.*

Tabelle 5.24.: Anzahl der Betätigungen ausgefallener Fahrzeugdachsysteme mit unterschiedlicher Kinematik aber gleicher Koppelkurve.

i	Dachkinematik 1	Dachkinematik 2
1	2183	2821
2	5874	3364
3	10687	4687
4	-	4875

Tabelle 5.25.: Kennwerte der Ausfallverteilung von Fahrzeugdachsystemen mit unterschiedlicher Kinematik aber gleicher Koppelkurve.

Variante	T	b	r	$t_{10\%}$
1	7551,34	1,20	0,998	1161,02
2	4369,94	3,68	0,964	2369,02

ges.:   Es ist anhand der vorliegenden Lebensdauerdaten für die t_{10}-Lebensdauer zu ermitteln, mit welcher Aussagewahrscheinlichkeit die sich schon in der Serienfertigung befindlichen Dachkinematik 2 eine höhere Zuverlässigkeit besitzt.

Lsg.:   Werden die vorhandenen Lebensdauern und die zugehörigen Ausfallwahrscheinlichkeiten in das Weibull-Wahrscheinlichkeitsnetz eingetragen, s. Abb. 5.34, so ergeben sich die in Tabelle 5.25 aufgeführten Kennwerte.

Mit den Kennwerten nach Tabelle 5.25 ergibt sich gem. Gl. (5.71)-(5.74):

$$z = \left(\frac{\frac{t_{qA}}{b_A}}{\sqrt{n_A}} + \frac{\frac{t_{qB}}{b_B}}{\sqrt{n_B}} \right)\left(\frac{\frac{t_{qB}}{b_A}}{\sqrt{n_A}} + \frac{\frac{t_{qA}}{b_B}}{\sqrt{n_B}} \right)$$

$$\Leftrightarrow z = \left(\frac{\frac{1161,02}{1,20}}{\sqrt{3}} + \frac{\frac{2369,06}{3,68}}{\sqrt{4}} \right)\left(\frac{\frac{2369,06}{1,20}}{\sqrt{3}} + \frac{\frac{1161,02}{3,68}}{\sqrt{4}} \right)$$

$$\Leftrightarrow z = 1140166,45 \; .$$

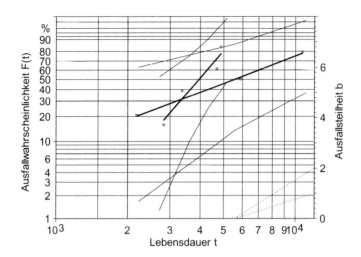

Abbildung 5.34.: Ausfallverteilung von Fahrzeugdachsystemen mit unterschiedlicher Kinematik aber gleicher Koppelkurve sowie zugehörigem 90 %-Vertrauensbereich.

$$y = \sqrt{1-q}(t_{qB}^2 - t_{qA}^2)\frac{\ln(\frac{1}{1-q})}{2\sqrt{qt_{qA}t_{qB}z}}$$

$$\Leftrightarrow y = \sqrt{1-0,1}(2369,06^2 - 1161,02^2)\cdot$$

$$\cdot \frac{\ln(\frac{1}{1-0,1})}{2\sqrt{0,1\cdot 1161,02\cdot 2369,06\cdot 1140166,45}}$$

$$\Leftrightarrow y = 0,3806 \ .$$

$$y' = -0,3507 + 1,4552y - 0,1954y^2$$

$$\Leftrightarrow y' = -0,3507 + 1,4552\cdot 0,3806 - 0,1954\cdot 0,3806^2$$

$$\Leftrightarrow y' = 0,1824 \ .$$

Tabelle 5.26.: Lebensdauer von Druckluftzylindern mit Kunststoffkolben unterschiedlicher Kolbengeometrie.

i	Kolbenvariante 1	Kolbenvariante 2
1	801457	506421
2	1503487	725146
3	1798623	853214
4	-	1012541
5	-	1165813
6	-	1267483
7	-	1350982
8	-	1409875
9	-	1598732

$$P_A = 1 - \frac{1}{e^{e^{y'}}}$$

$$\Leftrightarrow \quad P_A = 1 - \frac{1}{e^{e^{0,1824}}}$$

$$\Leftrightarrow \quad P_A = 0,6989 \; \hat{=} \; 69,89 \; \% \; .$$

*Es ist also davon auszugehen, daß die Dachkinematik 2 mit einer Aus-
sagewahrscheinlichkeit von $P_A = 69,86$ % eine höhere Zuverlässigkeit
bei einer Ausfallhäufigkeit von $F(t) = 10$ % aufweist.*

■ **Beispiel 5.12**
*Bewertung der Ausfallverteilung von Druckluftzylindern mit unterschiedlicher
Geometrie des Kunststoffkolbens.*

geg.: *Es liegen die Lebensdauern von $n = 9$, sich im Serieneinsatz befindliche
Druckluftzylinder sowie von $n = 3$ Prototypen, welche möglicherweise
die Serienvariante ersetzen sollen, vor. Diese Druckluftzylinder unterscheiden sich ausschließlich durch die Geometrie des Kunststoffkolbens,
siehe Tabelle 5.26.*

ges.: *Es ist anhand der vorliegenden Lebensdauern zu ermitteln, mit welcher
Aussagewahrscheinlichkeit der Druckluftzylinder mit der Kolbengeome-*

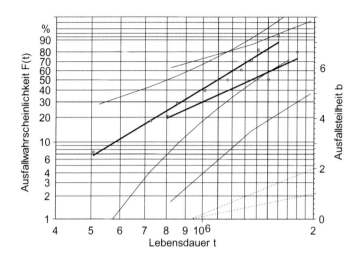

Abbildung 5.35.: Ausfallverteilung und 90 %-Vertrauensbereich von Kunststoffkolben mit unterschiedlicher Kolbengeometrie.

trie 2 bei einer Ausfallhäufigkeit von $F(t) = 20$ % bzw. $F(t) = 50$ %
eine höhere Zuverlässigkeit besitzt.

Lsg.:   Werden die vorhandenen Lebensdauern und die zugehörigen Ausfall-
        wahrscheinlichkeiten in das Weibull-Wahrscheinlichkeitsnetz eingetra-
        gen, s. Abb. 5.35, so ergeben sich die in Tabelle 5.27 aufgeführten Kenn-
        werte.
        Mit den Kennwerten nach Tabelle 5.27 ergibt sich nach Gl. (5.71)-

Tabelle 5.27.: Kennwerte der Ausfallverteilung von Kunststoffkolben mit unterschiedlicher Kolbengeometrie.

Variante	T	b	r	$t_{20\%}$	$t_{50\%}$
1	1591724	2,22	0,974	803000	1340000
2	1238451	2,98	0,993	739000	1100000

(5.74):

$$z = (\frac{\frac{t_{qA}}{b_A}}{\sqrt{n_A}} + \frac{\frac{t_{qB}}{b_B}}{\sqrt{n_B}})(\frac{\frac{t_{qB}}{b_A}}{\sqrt{n_A}} + \frac{\frac{t_{qA}}{b_B}}{\sqrt{n_B}})$$

$$\Leftrightarrow z = (\frac{\frac{803000}{2,22}}{\sqrt{3}} + \frac{\frac{739000}{2,98}}{\sqrt{9}})(\frac{\frac{739000}{2,22}}{\sqrt{3}} + \frac{\frac{803000}{2,98}}{\sqrt{9}})$$

$$\Leftrightarrow z = 82205247483 \ .$$

$$y = \sqrt{1-q}(t_{qB}^2 - t_{qA}^2)\frac{\ln(\frac{1}{1-q})}{2\sqrt{qt_{qA}t_{qB}z}}$$

$$\Leftrightarrow y = \sqrt{1-0,2}(739000^2 - 803000^2) \cdot$$

$$\cdot \frac{\ln(\frac{1}{1-0,2})}{2\sqrt{0,2 \cdot 803000 \cdot 739000 \cdot 46513590574}}$$

$$\Leftrightarrow y = -0,09971 \ .$$

$$y' = -0,3507 + 1,4552y - 0,1954y^2$$

$$\Leftrightarrow y' = -0,3507 + 1,4552 \cdot (-0,09971) - 0,1954 \cdot (-0,09971)$$

$$\Leftrightarrow y' = -0,4977 \ .$$

$$P_A = 1 - \frac{1}{e^{e^{y'}}}$$

$$\Leftrightarrow P_A = 1 - \frac{1}{e^{e^{-0,4977}}}$$

$$\Leftrightarrow P_A = 0,5445 \stackrel{\wedge}{=} 54,45 \ \% \ .$$

Es ist also davon auszugehen, daß der Druckluftzylinder mit der Kolbengeometrie 2 für eine Aussagewahrscheinlichkeit von $P_A = 54,45\ \%$ eine höhere Zuverlässigkeit bei einer Ausfallwahrscheinlichkeit von $F(t) = 20\ \%$ aufweist. Für eine Ausfallwahrscheinlichkeit von $F(t) = 50\ \%$ ergibt sich mit einer Aussagewahrscheinlichkeit von $P_A = 66,97\ \%$ eine höhere Zuverlässigkeit des Druckluftzylinders mit der Kolbengeometrie 2.

5.9. Verknüpfung von Wöhlerdiagramm und Weibulldiagramm

Gemäß Abschnitt 4.2.3.7 wird im Wöhlerdiagramm die Bauteilbelastung, welche auf der Ordinate aufgetragen wird, als Funktion der Lastspiele oder der Laufzeit dargestellt. Mittels der durch diese Wertepaare gelegten Gerade kann eine Aussage bzgl. einer zu erwartenden Lebensdauer in Abhängigkeit von der jeweiligen Bauteilbelastung gemacht werden. Damit auch eine Aussage über die zu erwartende Ausfallwahrscheinlichkeit in Abhängigkeit von einer bestimmten Belastung gemacht werden kann, können das Weibull-Wahrscheinlichkeitsnetz und das Wöhler-Diagramm miteinander verknüpft werden. Nachfolgend soll die Vorgehensweise für die Ermittlung dieses Zusammenhangs erläutert werden.

Schritt 1:   Für unterschiedliche Bauteilbelastungen werden die Weibullgeraden erstellt. Voraussetzung hierfür ist jedoch, daß sich die zum Bauteilausfall führenden Ausfallmechanismen nicht ändern. Die Ausfallgeraden müssen also die gleiche Ausfallsteilheit aufweisen.

Schritt 2:   Für eine bestimmte Ausfallwahrscheinlichkeit, üblicherweise $F(t) = 50\,\%$, wird der Schnittpunkt mit der jeweiligen Weibullgerade in das Wöhlerdiagramm projiziert. Der Ordinatenwert im Weibulldiagramm korrespondiert mit dem Wert der Bauteilbelastung, welche durch die jeweilige Weibullgerade repräsentiert wird.

Schritt 3:   Durch die sich ergebenden Punkte im Wöhlerdiagramm wird eine Ausgleichsgerade gelegt.

Schritt 4:   Analog zu Schritt 2 kann für eine 5 %- bzw. 95 %-Ausfallwahrscheinlichkeit der zugehörige Wahrscheinlichkeitsbereich im Wöhlerdiagramm erzeugt werden.

In Abb. 5.36 ist diese Vorgehensweise anhand von thermisch hochbelasteten Druckfedern dargestellt.
Die Ausgleichsgeraden für die Wahrscheinlichkeitsgrenzen sind abhängig von den Steigungen der unterschiedlichen Weibullgeraden. Sind diese nicht identisch, was aufgrund der zufälligen Streuung meist der Fall ist, ergeben sich für den Wahrscheinlichkeitsbereich verengte oder aufgeweitete Verläufe. Damit die Ausgleichsgeraden des Wahrscheinlichkeitsbereiches trotz dieses Sachverhalts parallel zur Wöhlerlinie liegen, sollte eine gemittelte Steigung aller Weibullgeraden verwendet werden.

Diese Vorgehensweise zur Verknüpfung der Weibull- und Wöhlerdiagramme gilt nur für den Zeitfestigkeitsbereich. Im Dauerfestigkeitsbereich treten keine Ausfälle mehr auf, die Bauteile sind dauerfest. Damit sichergestellt werden kann, daß sich die Bauteilausfälle noch im Zeitfestigkeitsbereich befinden, sind entsprechend viele Lebensdauerversuche mit unterschiedlichen Bauteilbelastungen erforderlich. Nur dann ist ein horizontaler Verlauf der Wöhlerlinie, welcher den Bereich der Dauerfestigkeit signalisiert, erkennbar.

Gemäß Gl. (4.85) ergibt sich die Steigung der Wöhlerlinie zu:

$$k = -\frac{\ln(L_1/L_2)}{\ln(F_1/F_2)} \ . \tag{5.75}$$

■ **Beispiel 5.13**
Zuverlässigkeitsermittlung als Funktion der Bauteilbelastung von thermisch hochbelasteten Druckfedern.

geg.: *Es werden jeweils $n = 8$ Druckfedern mit den Temperaturen $T_1 = 150\ °C$, $T_2 = 195\ °C$, $T_3 = 245\ °C$ schwellend belastet. Eine belastete Druckfeder gilt dann als ausgefallenen, wenn diese gebrochen ist oder bestimmte geometrische Vorgaben von dieser unterschritten werden. In Tabelle 5.28 sind die vollständig erfaßten Lebensdauern mit den jeweiligen Temperaturen aufgelistet.*

Tabelle 5.28.: Vollständig erfaßte Lebensdauern t_i schwellend belasteter Druckfedern für unterschiedliche Temperaturen.

Rang i	$T_1 = 150\ °C$	$T_2 = 195\ °C$	$T_3 = 245\ °C$
1	1043455	524317	301235
2	1496525	682353	393257
3	2558538	1267035	534125
4	2668012	1332517	632541
5	3076157	1604403	695028
6	3491585	1806713	851952
7	3933803	1879883	906872
8	4091490	2338088	1208975

ges.: *Es ist die Ausfallwahrscheinlichkeit, die Lebensdauer sowie die Bauteilbelastung miteinander zu verknüpfen.*

Lsg.: *Werden die vorhandenen Lebensdauern mit den zugehörigen Ausfall-*
wahrscheinlichkeiten nach Tabelle E.2 in das Weibull-Wahrscheinlich-
keitsnetz eingetragen, s. Abb. 5.36, oben, so ergeben sich die Kennwerte
nach Tabelle 5.29. Mit der Durchführung der Schritte 1-4 ergibt sich

Tabelle 5.29.: Kennwerte der Ausfallverteilungen schwellend belasteter Druckfedern für unterschiedliche Temperaturen.

Temperatur	T	b	B_{10}	B_{50}	r
$T_1 = 150\,^\circ\mathrm{C}$	3230854	2,21	1165544	2736196	0,975
$T_2 = 195\,^\circ\mathrm{C}$	1656066	2,06	555826	1386110	0,976
$T_3 = 245\,^\circ\mathrm{C}$	786030	2,39	305933	673976	0,994

die Wöhler-Gerade für eine gemittelte Ausfallsteilheit $b_{mittel} = 2,22$
als Funktion der Bauteilbelastung (Temperatur) und der Lebensdauer
(Lastwechsel), siehe Abb. 5.36, unten.

5.10. Feldanalysen

Bei der Feldanalyse lassen sich die vorliegenden Felddaten in zwei Kategorien
unterteilen:

1. Feldaten, welche innerhalb des Gewährleistungszeitraums über den Rück-
   kopplungsprozeß vom Kunden zum Händler bis zum Hersteller ermittelt
   werden.
2. Feldaten, welche oft nur als teilweisen und unvollständigen Rückfluss
   dem Lieferanten aus dem Nachgewährleistungszeitraum zur Verfügung
   stehen.

Anhand von Beispielen soll nachfolgend mit den in den vorangegangenen Ab-
schnitten vorgestellten mathematischen Beziehungen und Vorgehensweisen die
Auswertung von vorliegenden Felddaten für die jeweilige Produktphase gezeigt
werden.

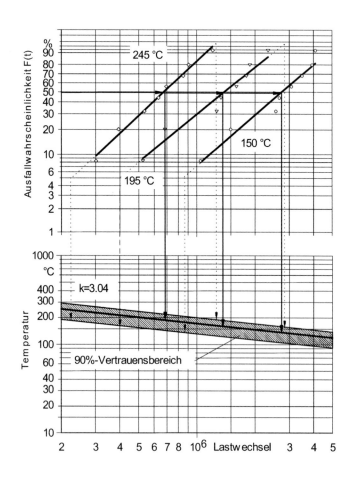

Abbildung 5.36.: Verknüpfung von Weibull-Wahrscheinlichkeitsnetz und Wöhler-Diagramm.

5.10.1. Felddaten aus dem Gewährleistungszeitraum

In diesem Abschnitt soll die Vorgehensweise für die Analyse von Felddaten, welche für den Gewährleistungszeitraum vorliegen, verdeutlicht werden. Mögliche Probleme, die bei der Felddatenanalyse und ihrer Interpretation auftreten können, werden erläutert.

■ Beispiel 5.14
Auswertung von Garantiedaten für Fahrzeugdachsysteme eines vergangenen Kalenderjahres.

geg.: *Es wurden insgesamt $n = 20000$ Fahrzeugdachsysteme in einem Zeitraum von 12 Monaten verbaut und vom Kunden in Betrieb genommen. Es liegen dem Qualitätsbereich die Anzahl der pro Quartal in Betrieb genommenen Einheiten sowie die Anzahl der instandzusetzenden Einheiten für jeden Monat gemäß Tabelle 5.30 vor.*

ges.: *Es sind folgende Kennwerte zu ermitteln:*

    a) Ausfallsteilheit b,
    b) 10 %-Lebensdauer t_{10} ,
    c) Korrelationskoeffizient r.

Lsg.: *Die Auswertung der Lebensdauern wird mit dem Verfahren nach Johnson durchgeführt. In Tabelle 5.31 ist die Klasse j, die Klassenobergrenze der Monate t_j, die Anzahl der Ausfälle x_j, die Anzahl der unvollständig erfaßten Lebensdauern t_j^*, die Anzahl der nachfolgenden Einheiten B_j[4], der Zuwachs $N(t_j)$, die mittlere Rangzahl $j(t_j)$ und die Ausfallwahrscheinlichkeit $F(t_j)$ tabellarisch aufgelistet. Werden diese Lebensdauern mit den zugehörigen Ausfallwahrscheinlichkeiten nach Tab. E.2 in das Weibull-Wahrscheinlichkeitsnetz aufgetragen, so ergibt sich die approximierte Ausfallkurve gem. Abb. 5.37. Die Auswertung der Ausfallverteilung nach Abb. 5.37 ergibt die nachstehend aufgeführten Kennwerte:*

    a) Ausfallsteilheit b= 1,47 ,
    b) Schätzung der 10 %-Lebensdauer $t_{10} \approx 13, 1$ Monate ,
    c) Korrelationskoeffizient $r = 0, 986$.

---

[4]Die Anzahl der noch folgenden Einheiten entspricht der Gesamtzahl aller Einheiten minus aller davor liegenden Einheiten.

Tabelle 5.30.: Anzahl von pro Quartal in Betrieb genommenen Einheiten sowie die Anzahl der instandzusetzenden Einheiten pro Monat für ein Kalenderjahr.

Quartal		1	2	3	4
Inbetriebnahme		4510	5686	5000	4804
Ausfälle im Monat	1	10	8	12	9
	2	17	25	13	23
	3	36	32	101	7
	4	33	99	34	-
	5	52	47	28	-
	6	11	18	20	-
	7	17	22	-	-
	8	36	53	-	-
	9	28	41	-	-
	10	20	-	-	-
	11	29	-	-	-
	12	50	-	-	-
Summe Ausfälle		339	345	208	39
Unvollständig erfaßte Lebensdauern	4171	5341	4792	4765	-

Die charakteristische Lebensdauer und die t_{50}-Lebensdauer wurde aufgrund der unzulässigen Extrapolation nicht ausgewertet.

Der Verlauf der Wertepaare läßt eine Mischverteilung vermuten. Dieses wird durch die Analyse einiger ausgefallener Fahrzeugdachsysteme, welche bei manchen Einheiten einen Materialfehler an betroffenen Ausfallteilen ergeben hat, bestätigt.

Wird die Ausfallverteilung gemäß Abschnitt 5.7 auf das Vorhandensein einer Mischverteilung untersucht, so ergeben sich mit den in Tabelle 5.32 aufgeführten Ausfallzeiten zwei Ausfallverteilungen.

Werden diese Lebensdauern mit den zugehörigen Ausfallwahrscheinlichkeiten gem. Tabelle E.2 in das Weibull-Wahrscheinlichkeitsnetz eingetragen, siehe Abbildung 5.38, so ergeben sich die in Tabelle 5.33 aufgeführten Kennwerte. Die hohen Werte der Korrelationskoeffizienten

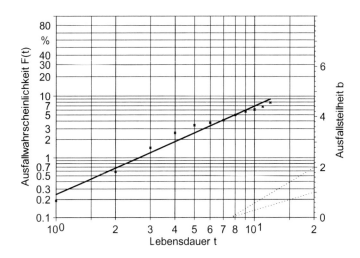

Abbildung 5.37.: Lebensdauern mit zugehörigen Ausfallwahrscheinlichkeiten ausgefallener Fahrzeugdachsysteme aus dem Gewährleistungszeitraum.

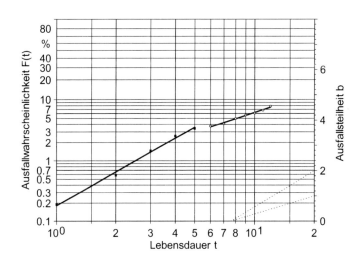

Abbildung 5.38.: Ausfallverteilungen nach Trennung mischverteilter Ausfalldaten.

Tabelle 5.31.: Auswertung von Garantiedaten für Fahrzeugdachsysteme mit dem Verfahren nach Johnson.

j	t_j	x_j	t_j^*	B_j	$N(t_j)$	$j(t_j)$	$F(t_j)$ in %
1	1	39	0	20000	0,00	0,00	0,19
2	2	78	0	19961	39,00	1,00	0,58
3	3	176	0	19883	117,00	1,00	1,46
	3	0	4765	-	-	-	-
4	4	166	0	14942	293,00	1,00	2,56
5	5	127	0	14776	511,93	1,32	3,40
6	6	49	0	14649	679,43	1,32	3,72
	6	0	4792	-	-	-	-
7	7	39	0	9808	744,06	1,32	4,10
8	8	89	0	9769	820,62	1,96	4,98
9	9	69	0	9680	995,35	1,96	5,65
	9	0	5341	-	-	-	-
1	10	20	0	4270	1130,81	1,96	6,09
1	11	29	0	4250	1219,17	4,42	6,74
1	12	50	0	4221	1347,30	4,42	7,84
1	12	0	4171	-	-	-	-

sowie die Analyse der ausgefallenen Einheiten bestätigen das Vorhandensein zweier unterschiedlicher Ausfallmechanismen.

■ **Beispiel 5.15**

Auswertung von Felddaten aus dem Garantiezeitraum für intakte und ausgefallene, siebengliedrige Gelenkgetriebe bei bekanntem Lebensdauermerkmal.

geg.:   Es liegen die Fahrstrecken für $n = 40$ siebengliedrige Gelenkgetriebe mit $x = 10$ funktionsunfähigen und $n = 30$ intakten Einheiten vor, siehe Tabelle 5.34.

ges.:   Es ist für vorliegende Felddateninformationen die Ausfallverteilung zu bestimmen.

Lsg.:   Die Auswertung der Lebensdauern wird mit dem Verfahren nach Johnson durchgeführt. In Tabelle 5.35 ist die Klasse j, die Fahrstrecke t_j, die

Tabelle 5.32.: Trennung mischverteilter Ausfalldaten von Fahrzeugdachsystemen aus dem Gewährleistungszeitraum.

j	$F(t_j)$ in %	j	$F(t_j)$ in %
1	0,19	6	3,72
2	0,58	7	4,10
3	1,46	8	4,98
4	2,56	9	5,65
5	3,40	10	6,09
		11	6,74
		12	7,84

Tabelle 5.33.: Kennwerte der Ausfallverteilungen nach Trennung mischverteilter Ausfalldaten aus dem Gewährleistungszeitraum.

$Verteilung$	T	b	r
1	29,75	1,86	0,997
2	122,22	1,10	0,994

Anzahl der Ausfälle x_j, die Anzahl der unvollständig erfaßten Lebensdauern t_j^*, die Anzahl der nachfolgenden Einheiten B_j, der Zuwachs $N(t_j)$, die mittlere Rangzahl $j(t_j)$ und die Ausfallwahrscheinlichkeit $F(t_j)$ tabellarisch aufgelistet. Werden diese Lebensdauern mit den zugehörigen Ausfallwahrscheinlichkeiten nach Tab. E.2 in das Weibull-Wahrscheinlichkeitsnetz aufgetragen, so ergibt sich die approximierte Ausfallkurve gem. Abb. 5.39. Die Auswertung der Ausfallverteilung nach Abb. 5.39 ergibt die nachstehend aufgeführten Kennwerte:

- *Ausfallsteilheit $b = 5,82$,*
- *charakteristische Lebensdauer $T = 15145\ km$,*
- *Korrelationskoeffizient $r = 0,962$.*

Tabelle 5.34.: Fahrstreckenverteilung für siebengliedrige Gelenkgetriebe.

Rang	Fahrstrecke in km	Rang	Fahrstrecke in km
1	7825	21	13105
2	8045	**22**	13612
3	8223	23	13796
4	8529	24	14022
5	9199	25	14123
6	9384	26	14406
7	9607	27	14746
8	9944	28	15192
9	10103	29	15384
10	10246	30	16123
11	10455	31	16641
12	10713	32	16804
13	11022	33	17109
14	11346	34	17440
15	11604	35	17993
16	11723	36	18127
17	11785	37	18336
18	11922	38	19812
19	12433	39	20333
20	12887	40	21211

Aufgrund der Beschaffenheit von Felddaten kann es bei der Analyse dieser Informationen zu Fehlinterpretationen kommen, welche eine korrekte Beschreibung des Ausfallverhaltens nur stark eingeschränkt ermöglichen.

So ist es beispielsweise zwingend erforderlich, sämtliche Einheiten eines betrachteten Einsatzdauerbereiches zu bewerten. Nur so kann das Ausfallverhalten der Grundgesamtheit abgeschätzt werden und sogenannte Negativstichproben, also dem zielgerichteten Erfassen von Datenmaterial ausschließlich ausgefallener Einheiten, vermieden werden.

Auch können für einen betrachteten Einsatzdauerbereich Betätigungs- bzw. Fahrstreckenwerte vorliegen, welche beispielsweise bezogen auf den Gewährleistungszeitraum deutlich über dem Durchschnittswert des jeweiligen Lebens-

Tabelle 5.35.: Auswertung von Garantiedaten für siebengliedrige Gelenkgetriebe mit dem Verfahren nach Johnson.

j	t_j	x_j	t_j^*	B_j	$N(t_j)$	$j(t_j)$	$F(t_j)$ in %
1	8223	1	2	38	1,05	1,05	1,86
2	8529	1		37	2,10	1,05	4,46
3	9944	1	3	33	3,25	1,14	7,29
4	10246	1	1	31	4,43	1,18	10,21
5	10713	1	1	29	5,65	1,22	13,23
6	11022	1		28	6,86	1,22	16,25
7	11346	1		27	8,08	1,22	19,27
8	11723	1	1	25	9,35	1,27	22,40
9	11785	1		24	10,62	1,27	25,53
10	13612	1	4	19	12,13	1,52	29,29

dauermerkmals liegen.
Werden solche Werte nicht korrigiert (die Fahrstreckenverteilung somit nicht berücksichtigt) und im Weibull-Wahrscheinlichkeitsnetz eingetragen, kann sich eine Ausfallverteilung gem. Abb. 5.40 ergeben. Trotz überdurchschnittlich hoher Betätigungs- bzw. Fahrstreckenwerte beträgt die Ausfallsteilheit $b = 0,88$ und weist gemäß Abschnitt 2.1.4 auf ein Frühausfallverhalten aufgrund von Fertigungsfehlern hin.
Aufgrund der nicht vorhandenen Daten, einem unbekannten Ausfallmechanismus und einer Ausfallsteilheit $b < 1$, ist eine Extrapolation bis zu einer Ausfallwahrscheinlichkeit $F(t) = 0,5$ nicht zulässig. Nur wenn die noch intakten Einheiten aus der Betätigungs- bzw. Fahrstreckenverteilung bei der Auswertung der Lebensdauerwerte mitberücksichtigt werden, erhält man einen Kurvenverlauf, der das vorliegende Ausfallverhalten korrekt wiedergibt.
Anhand von Beispiel 5.16 wird die Problematik der Interpretation von Felddaten aus dem Gewährleistungszeitraum gezeigt, wenn diesbezüglich Informationen nicht zur Verfügung stehen.

■ **Beispiel 5.16**
Auswertung von Felddaten aus dem Gewährleistungszeitraum für gebrochene Kugelzapfen.

geg.: *Es liegen die Ausfalldaten von gebrochenen Kugelzapfen eines Einsatz-*

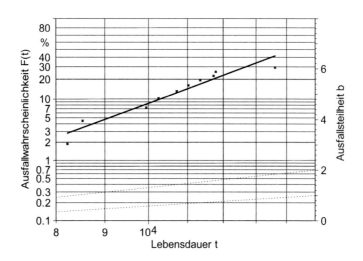

Abbildung 5.39.: Ausfallverteilung von Lebensdauern aus dem Garantiezeitraum für siebengliedrige Gelenkgetriebe.

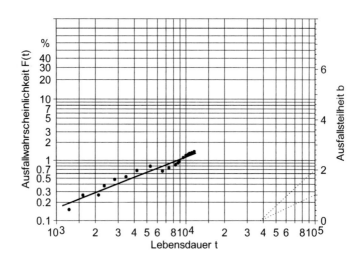

Abbildung 5.40.: Auswertung von Ausfalldaten ohne Berücksichtigung der Betätigungs- bzw. Fahrstreckenverteilung.

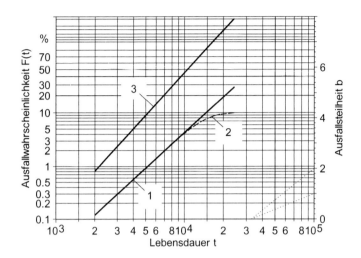

Abbildung 5.41.: Ausfallverteilung von Felddaten aus dem Gewährleistungszeitraum für gebrochene, an einem Rohrrahmen geschweißte
Kugelzapfen.

zeitraums von 12 Monaten vor.

ges.:   *Es soll die Ausfallverteilung in Abhängigkeit vom Informationsstand
ermittelt werden.*

Lsg.:   *Mit der Berücksichtigung intakter Einheiten ergibt sich im Weibull-
Wahrscheinlichkeitsnetz die Häufigkeitsfunktion "1" in Abbildung 5.41.
Ausgehend von der Annahme eines konstanten Verschleißverhaltens
wird für die nächsten 12 Monate ein zusätzlicher Ausfall von 25 %
erwartet (Prognose).*

   *Nach einer Einsatzzeit von insgesamt 24 Monaten ergaben Stichpro-
ben einen mit dem Korrekturverfahren für intakte Einheiten ermittelten
Ausfallverlauf gemäß der Verlaufsfunktion "2".*

   *Der nach rechts knickende Verlauf der Funktion ist nicht durch einen
Mangel an Informationen begründet (Kulanzgewährung), sondern durch
ein Problem im Fertigungsverfahren des Lieferanten. Die mit dem Rohrrahmen verschweißten Kugelzapfen sind aufgrund eines nicht prozeß-
sicheren Schweißverfahrens nur partiell stoffschlüssig miteinander ver-*

bunden.
Anhand von weiteren Untersuchungen ist ermittelt worden, daß nur
10 % der produzierten Rohrrahmen von diesem Fügefehler betroffen
sind. Die Ausfallgerade kann deshalb auch nur eine maximale Häufig-
keit von $F(t) = 10$ % erreichen.
Die korrekte Auswertung muß daher diese Fügefehler derart berücksich-
tigen, daß die gebrochenen Kugelzapfen auf eine Produktionsmenge von
$n = 10$ % · Produktionsmenge bezogen werden, siehe Verlauf "3" in
Abb. 5.41.

Bei der Auswertung von Garantie- und Kulanzstatistiken können die Lebensdauern ausgelieferter, aber noch intakter Einheiten unbekannt sein. Die Sudden-
Death-Methode kann bei Feldausfällen aus dem Gewährleistungszeitraum mit
nicht vorhandenen Informationen zu intakten Einheiten angewendet werden
kann, wie in Beispiel 5.17 dargestellt.

■ Beispiel 5.17
Sudden-Death-Methode bei Feldausfällen von Fahrzeugdachsystemen aus dem
Gewährleistungszeitraum mit nicht vorhandenen Informationen zu intakten Ein-
heiten.

geg.:   *Es wurden $n = 4500$ Fahrzeugdachsysteme einer Jahresproduktion an*
den Kunden ausgeliefert. Für $x = 11$ Fahrzeugdachsysteme mit Funk-
tionsausfällen liegen die in Tabelle 5.36 aufgelisteten Angaben der je-
weiligen Fahrstrecken mit den entsprechenden Ausfallwahrscheinlich-
keiten nach Tabelle E.2 vor.

ges.:   *Es ist anhand der vorliegenden Ausfalldaten die Gesamtausfallvertei-*
lung mittels der Sudden-Death-Methode zu ermitteln.

Lsg.:   *Die vorhandene Stichprobe mit $n = 4500$ Einheiten wird in m gleiche*
Prüflose aufgeteilt. Jedes dieser Prüflose besteht aus einer ausgefallen-
en Einheit und k noch intakten Einheiten.
Es werden also zwischen je zwei Ausfällen jeweils k gleichgroße Teil-
mengen noch intakter Einheiten eingeschoben. Da sich die im Feld be-
findlichen Fahrzeuge nur schwer zu entsprechenden Prüflosen zusam-
menfassen lassen, wird im folgenden von einer fiktiven Prüflosgröße $\hat{k}$
ausgegangen.

Tabelle 5.36.: Ausfallzeiten und Ausfallwahrscheinlichkeiten von Fahrzeug-dachsystemen aus dem Gewährleistungszeitraum mit nicht vor-handenen Informationen zu intakten Einheiten.

j	t_j in km	$F(t_j)$ in %
1	3351	6,11
2	5133	14,80
3	6239	23,58
4	7579	32,38
5	8689	41,19
6	9359	50,00
7	10721	58,81
8	11352	67,62
9	11826	76,42
10	12269	85,20
11	13814	93,89

Mit $n = 4500$ und $x = 11$ ergibt sich

$$\hat{k} = \frac{n - x}{x + 1} + 1 \tag{5.76}$$

$$\Leftrightarrow \hat{k} = \frac{4500 - 11}{11 + 1} + 1$$

$$\Leftrightarrow \hat{k} = 375 \ .$$

Die Anzahl der intakten Einheiten beträgt ungefähr:

$$\sum n_{\hat{k}} = m \cdot n \tag{5.77}$$

$$\Leftrightarrow \sum n_{\hat{k}} = 12 \cdot 375 \ .$$

Für die Gesamtmenge n gilt:

$$n = \sum n_{\hat{k}} + x \tag{5.78}$$

$$\Leftrightarrow n = 12 \cdot 375 + 11$$

$$\Leftrightarrow n = 4500 \ .$$

Dies bedeutet, daß auf alle $n_{\hat{k}} = 375$ intakte Fahrzeugdachsysteme jeweils ein ausgefallenes Fahrzeugdachsystem kommt.
Die Ausfallwahrscheinlichkeit für den ersten Ausfall bezogen auf x Prüflose mit je $\hat{k} + 1$ Prüflingen berechnet sich zu:

$$F(t) = \frac{1 - 0,3}{(k+1) + 0,4}$$

$$\Leftrightarrow F(t) = \frac{1 - 0,3}{376 + 0,4}$$

$$\Leftrightarrow F(t) = 0,186 \ .$$

Die Wertepaare t_j und $F(t_j)$ aus Tabelle 5.36 werden in das Weibull-Wahrscheinlichkeitsnetz eingetragen. Die sich ergebende Ausgleichsgerade ist die Gerade der ersten Ausfälle, siehe Abb. 5.42.
Die Ausgleichsgerade dieser Gesamtverteilung ergibt sich, wenn durch den Schnittpunkt der horizontalen 50 %-Linie auf der Gerade der ersten Ausfälle eine Lotlinie bis zum Schnittpunkt mit der horizontalen 18,6 %-Linie gezogen wird.
In diesen Punkt wird die Gerade der ersten Ausfälle parallel verschoben. In Abbildung 5.42 ist die Vorgehensweise für die Ermittlung der Gesamtverteilung mittels der Sudden-Death-Methode dargestellt. Die Auswertung der Ausfallverteilung nach Abb. 5.42 ergibt die nachstehend aufgeführten Kennwerte:

- *Ausfallsteilheit $b = 2,58$,*
- *charakteristische Lebensdauer $T \approx 17200 \ km$,*
- *10 %-Lebensdauer $t_{10} \approx 7200 \ km$,*
- *50 %-Lebensdauer $t_{50} \approx 15000 \ km$,*
- *Korrelationskoeffizient $r = 0,989$.*

5.10.2. Felddaten aus der gesamten Nutzungsphase

Für den Nachgewährleistungszeitraum liegen überwiegend unvollständige Daten vor. Für eine gesicherte Aussage zur Beurteilung des Ausfallverhaltens werden daher repräsentative Stichproben eingesetzt.
Liegen Ausfalldaten von Einheiten vor, bei denen auch die Lebensdauern der noch intakten Einheiten oder der wegen anderer Schadensursachen ausgefallenen Einheiten bekannt sind, so kann die Auswertung dieser Ausfallzeiten gemäß

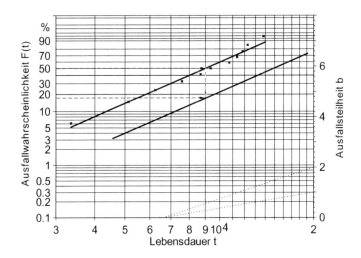

Abbildung 5.42.: Gesamtverteilung bei Feldausfällen aus dem Gewährleistungszeitraum mittels der Sudden-Death-Methode und unbekann-
ten Lebensdauern intakter Einheiten.

der Vorgehensweise in Beispiel 5.18 vorgenommen werden. Hier soll der Fall betrachtet werden, daß die ausgefallenen Einheiten, deren Lebensdauern bekannt
sind, verschiedene Schäden aufweisen.

■ **Beispiel 5.18**
*Auswertung von Felddaten intakter und ausgefallener Druckluftzylinder mit un-
terschiedlichen Schäden bei bekannten Lebensdauern.*

geg.: *Es liegen die Analysedaten von $n = 20$ Druckluftzylinder ($p_B = 12$ bar,
$T_B = 215$ °C) mit unterschiedlichen Schadensursachen A–D vor:*

Schaden	Schadensursache
A	*Nutring gerissen, kein Schmierfett vorhanden.*
B	*Nutring vom Kolben gezogen, kein Schmierfett vorhanden.*
C	*Dichtlippen verschlissen, kein Schmierfett vorhanden.*
D	*Kunststoffkolben gebrochen, Schmierfett vorhanden.*

In Tabelle 5.37 sind die Lebensdauern der zum Zeitpunkt der Auswer-

tung ausgefallenen (x_i) und noch intakten Druckluftzylinder (t_j^*) mit der jeweiligen Schadensursache aufgeführt.

Tabelle 5.37.: Lebensdauerdaten von Druckluftzylindern mit jeweiliger Ausfallursache.

Rang	t_i	Schadensursache	x_i	t_j^*
1	15532	C	-	-
2	32300	B	1	1
3	45328	A	-	-
4	63502	C	-	-
5	75285	B	1	2
6	91871	B	1	-
7	105318	C	-	-
8	124358	B	-	-
9	139813	B	-	-
10	160664	A	-	-
11	179386	B	1	4
12	205358	C	-	-
13	241253	B	1	1
14	263126	B	1	-
15	299158	A	-	-
16	359867	B	1	1
17	465428	B	1	-
18	632841	A	1	-
19	824621	D	-	1
20	1193441	D	-	1

ges.:   *Es sind die Lebensdauern nach der Schadensursache B auszuwerten.*

Lsg.:   *Die Auswertung der Lebensdauern nach der Schadensursache B wird mit dem Verfahren nach Johnson durchgeführt. Dabei werden die Schadensursachen A, C, D als intakte Einheiten betrachtet und statistisch berücksichtigt. Diese werden den Lebensdauern der ausgefallenen Druckluftzylinder sukzessive zugeordnet. Die Betätigungszahl eines intakten bzw. hier nicht bzgl. der Schadensursache betrachteten Druckluftzylinders wird in der Zeile der nächst höheren Betätigungszahl der jeweilig* *ausgefallenen Druckluftzylinder festgehalten. Für mehrere aufeinander-folgende, noch intakte oder im Sinne der Schadensursache nicht berück-sichtigte Druckluftzylinder wird entsprechend verfahren. Gemäß der Gl. (4.57)-(4.59) ist in Tabelle 5.38 die Klasse j, die Scha-densursache SU, die Anzahl der Betätigungen t_j, die Anzahl der Aus-fälle x_j, die Anzahl der unvollständig erfaßten Lebensdauern t_j^*, die An-zahl der nachfolgenden Einheiten B_j, der Zuwachs $N(t_j)$, die mittlere Rangzahl $j(t_j)$ und die Ausfallwahrscheinlichkeit $F(t_j)$ tabellarisch auf-gelistet. Werden diese Lebensdauern mit den zugehörigen Ausfallwahr-*

Tabelle 5.38.: Auswertung bekannter Lebensdauern von ausgefallenen und in-takten Druckluftzylindern selektiert nach einer Ausfallursache mit dem Verfahren nach Johnson.

j	Schaden	t_j	x_j	t_j^*	B_j	$N(t_j)$	$j(t_j)$	$F(t_j)$ in %
1	C	15532	-	-	-	-	-	-
2	B	32300	1	1	19	1,050	1,050	3,676
3	A	45328	-	-	-	-	-	-
4	C	63502	-	-	-	-	-	-
5	B	75285	1	2	16	2,224	1,174	9,429
6	B	91871	1	-	15	3,397	1,174	15,182
7	C	105318	-	-	-	-	-	-
8	B	124358	-	-	-	-	-	-
9	B	139813	-	-	-	-	-	-
10	A	160664	-	-	-	-	-	-
11	B	179386	1	4	10	4,997	1,600	23,026
12	C	205358	-	-	-	-	-	-
13	B	241253	1	1	8	6,775	1,778	31,742
14	B	263126	1	-	7	8,553	1,778	40,458
15	A	299158	-	-	-	-	-	-
16	B	359867	1	1	5	10,628	2,074	50,627
17	B	465428	1	-	4	12,702	2,074	60,796
18	A	632841	1	-	3	14,777	2,074	-
19	D	824621	-	1	2	16,851	2,074	-
20	D	1193441	-	1	1	18,926	2,074	-

scheinlichkeiten nach Tab. E.2 in das Weibull-Wahrscheinlichkeitsnetz

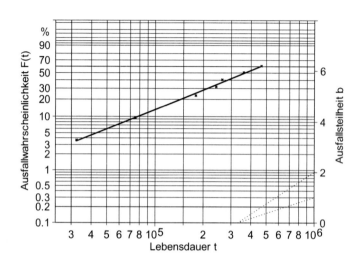

Abbildung 5.43.: Auswertung bekannter Lebensdauern von ausgefallenen und intakten Druckluftzylindern selektiert nach einer Ausfallursache mit dem Verfahren nach Johnson.

aufgetragen, so ergibt sich die approximierte Ausfallkurve nach Abb. 5.43. Die Auswertung der Ausfallverteilung nach Abb. 5.43 ergibt die nachstehend aufgeführten Kennwerte:

a) Ausfallsteilheit b= 1,22 ,
b) charakteristische Lebensdauer T = 495358 Betätigungen ,
c) Korrelationskoeffizient r = 0, 998 .

Anhand von Beispiel 5.19 soll der Einfluß einer ungeeigneten Klassierung bei der Auswertung von Felddaten und deren Interpretation dargestellt werden.

■ **Beispiel 5.19**
Auswirkungen einer ungeeigneten Klassierung bei der Auswertung ausgefallener, pneumatischer Druckluftzylinder zur Betätigung von NKW-Abgasklappen.

geg.:   *Es liegt ein Gesamtstichprobenumfang von n = 68 Druckluftzylinder zur Analyse vor. In der Gesamtstichprobe befinden sich x = 26 ausgefallene Druckzylinder. In Tabelle 5.39 sind die vorhandenen Lebensdauern mit den jeweils noch intakten und ausgefallenen Druckluftzylindern aufgeführt.*

Tabelle 5.39.: Vorhandene Lebensdauern mit t_j^* noch intakten und x_j ausgefallenen Druckluftzylindern.

j	t_j	x_j	t_j^*
1	120989	1	12
2	174543	1	1
3	183125	1	4
4	238041	2	1
5	291291	2	2
6	300946	3	-
7	335799	3	1
8	377369	3	-
9	421299	2	3
10	477365	1	3
11	526174	2	8
12	665366	1	4
13	807262	1	2
14	1148434	1	-
15	1304875	1	1
16	1633278	1	-

ges.:   *Es ist der Einfluß einer ungeeigneten Klassierung zu untersuchen.*

Lsg.:   *Die gemäß Abschnitt 5.1 klassierten Einzelwerte werden mit dem Verfahren nach Johnson ausgewertet. Die sich ergebenden Medianränge der klassierten Felddaten sind in Tabelle 5.40 aufgelistet. Die Auswertung der Lebensdauern wird mit dem Verfahren nach Johnson durchgeführt. In Tab. 5.40 ist zusätzlich die Betätigungsklasse j, die Anzahl der Ausfälle x_j, die Anzahl der unvollständig erfaßten Lebensdauern t_j^*, die Anzahl der nachfolgenden Einheiten B_j, der Zuwachs $N(t_j)$, die mittlere Rangzahl $j(t_j)$ und die Ausfallwahrscheinlichkeit $F(t_j)$ tabellarisch aufgelistet. Werden die errechneten Summenhäufigkeiten mit den zugehörigen Klassenobergrenzen in das Weibull-Wahrscheinlichkeitsnetz aufgetragen, so ergibt sich die Ausfallverteilung mit der entsprechenden Ausgleichsgerade nach Abb. 5.44.*
Trotz einer sinnvollen Vorgehensweise bei der Ermittlung der Ausfall-

Tabelle 5.40.: Medianränge klassierter Lebensdauern ausgefallener Druckluftzylinder mit dem Verfahren nach Johnson.

j x_j	t_j^*	B_j	$N(t_j)$	$j(t_j)$	$F(t_j)$ in %
0 ... 200000	3	17	51	3,98	1,327	5,381
200000 ... 400000	10	4	44	18,43	1,445	26,505
400000 ... 600000	8	14	20	37,69	2,408	54,670
600000 ... 800000	1	4	8	41,17	3,478	59,756
800000 ... 1000000	2	2	5	50,45	4,638	73,317
1000000 ... 1200000	1		3	55,09	4,638	80,097
1200000 ... 1400000	1	1	1	62,04	6,957	90,268

*verteilung wird das Ausfallverhalten der Druckluftzylinder nicht korrekt
wiedergegeben, da folgende Sachverhalte nicht miteinbezogen wurden:*

1. *Die Druckluftzylinder besitzen ein Schmierfettdepot, welches erst
   verbraucht sein muß, damit Verschleißprozesse beginnen können.
   Aufgrund dieser Sachkenntnis ist eine ausfallfreie Zeit t_0 vorhanden, welche sich in einem gekrümmten Verlauf der Ausgleichskurve zeigen muß.*
2. *Die Aufbereitung der Felddaten wurde nicht auf die ausgefallenen
   Druckluftzylinder bezogen, sondern es wurde der Gesamtstichprobenumfang zu Grunde gelegt.*

*Die Anzahl der ausgefallenen Einheiten ist deutlich kleiner als für eine
Klassierung erforderlich (n < 50), daher werden die n = 26 Einzelwerte
entsprechend sortiert und nochmals mit dem Verfahren nach Johnson
ausgewertet.*
*In Tabelle 5.41 sind die ermittelten Medianränge für die aufsteigende
Reihenfolge der Ausfalldaten aufgelistet. Werden die Lebensdauern mit
den berechneten Medianrängen in das Weibull-Wahrscheinlichkeitsnetz
eingetragen, so ergibt sich die gekrümmte Ausfallkurve gem. Abb. 5.45.
Die ausfallfreie Zeit ergibt sich zu $t_0 = 134216$. Werden die Ausfallzeiten um $t_0 = 134216$ korrigiert, so ergibt sich die Ausfallgerade in Abb.
5.46. Die Auswertung der Ausfallverteilung nach Abb. 5.46 ergibt die
folgenden Kennwerte:*

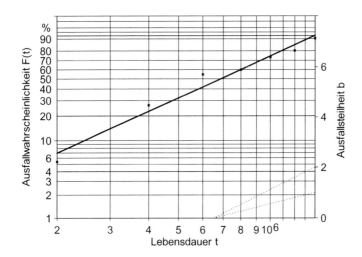

Abbildung 5.44.: Ausfallverteilung klassierter Felddaten ausgefallener Druckluftzylinder.

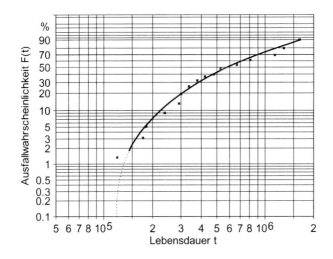

Abbildung 5.45.: Ausfallkurve gruppierter Felddaten ausgefallener Druckluftzylinder.

Tabelle 5.41.: Medianränge gruppierter Lebensdauern ausgefallener Druckluftzylinder mit dem Verfahren nach Johnson.

j	t_j	x_f	t_j^*	B_j	$N(t_j)$	$j(t_j)$	$F(t_j)$ in %
1	120989	1	12	56	1,21	1,211	1,331
2	174543	1	1	54	2,44	1,233	3,133
3	183125	1	4	49	3,77	1,331	5,079
4	238041	2	1	47	6,49	1,359	9,053
5	291291	2	2	43	9,33	1,421	13,206
6	300946	3	-	41	13,60	1,421	19,437
7	335799	3	1	37	17,97	1,458	25,832
8	377369	3	-	34	22,34	1,458	32,227
9	421299	2	3	28	25,56	1,609	36,931
10	477365	1	3	23	27,37	1,810	39,577
11	526174	2	8	14	32,92	2,775	47,692
12	665366	1	4	8	36,93	4,009	53,553
13	807262	1	2	5	42,28	5,345	61,367
14	1148434	1	-	4	47,62	5,345	69,181
15	1304875	1	1	2	54,75	7,127	79,601
16	1633278	1	-	1	61,87	7,127	90,020

- *Ausfallsteilheit $b = 0,93$* ,
- *charakteristische Lebensdauer $T = 471844$ Betätigungen* ,
- *Korrelationskoeffizient $r = 0,993$* .

Bei der Analyse von kurzen Einsatzdauern, geringen Betätigungen bzw. Fahrstrecken oder anderer Lebensdauermerkmale erreichen die ermittelten Summenhäufigkeiten meist nur Werte im Bereich von 10 %. Für diese geringen
Häufigkeitswerte soll anhand des nachfolgenden Beispiels das Interpolationsverfahren für die Ermittlung von Vertrauensbereichen dargestellt werden [12].

■ **Beispiel 5.20**
Ermittlung des Vertrauensbereiches pneumatischer Schaltknäufe bei niedrigen
Summenhäufigkeiten mit dem Interpolationsverfahren.

geg.:   *Für eine Zuverlässigkeitsanalyse liegen aus einem Feldversuch insge-*
samt $n = 41$ pneumatische Schaltknäufe vor. Bis zum Zeitpunkt der

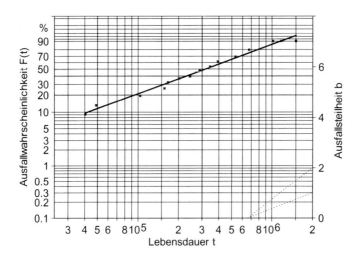

Abbildung 5.46.: Ausfallverteilung gruppierter Felddaten ausgefallener Druckluftzylinder mit um $t_0 = 134216$ korrigierten Betätigungszahlen.

Auswertung sind $x = 17$ pneumatische Schaltknäufe ausgefallen. In
Tabelle 5.42 sind die Ausfallzeiten (Anzahl der Betätigungen) und der
Zustand der Schaltknäufe aufgeführt.

ges.: *Es sind im Rahmen der Zuverlässigkeitsermittlung die Vertrauensberei-*
che anhand der vorliegenden Stichprobe zu ermitteln. Diese sollen mit
Hilfe des Interpolationsverfahrens ermittelt werden.

Lsg.: *Die Auswertung der Lebensdauern wird mit dem Verfahren nach John-*
son durchgeführt. In Tabelle 5.43 ist die Anzahl der Betätigungen t_j, die
Anzahl der Ausfälle x_j, die Anzahl der unvollständig erfaßten Lebens-
dauern t_j^*, die Anzahl der nachfolgenden Einheiten B_j, der Zuwachs
$N(t_j)$, die mittlere Rangzahl $j(t_j)$ und die Ausfallwahrscheinlichkeit
$F(t_j)$ tabellarisch aufgelistet. Die vorhandenen Lebensdauern und die
zugehörigen Medianränge werden in das Weibull-Wahrscheinlichkeits-
netz eingetragen. Es ergibt sich die Ausfallgerade gem. Abb. 5.47. Für
die Ermittlung des 90 %-Vertrauensbereiches und dessen Breite nach
dem Interpolationsverfahren werden die ganzzahligen Rangzahlen m_i

Tabelle 5.42.: Ausfallzeiten und Zustand pneumatischer Schaltknäufe.

i	t_i	x_i	t_j^*
1	120989	1	12
2	174543	1	-
3	183125	1	2
4	238041	1	1
5	291291	1	2
6	300946	3	-
7	335799	2	1
8	377369	1	-
9	421299	2	2
10	477365	1	1
11	526174	2	1
12	665366	1	2

aus den mittleren Ordnungszahlen bestimmt:

$$m_i < j_i < m_{i+1} . \tag{5.79}$$

Mit den Differenzen

$$\Delta j_i = j_i - m_i \tag{5.80}$$

und den Ausfallwahrscheinlichkeiten für die 5 %- und 95 %-Vertrauensgrenze $F_{5\%}(m_i), F_{95\%}(m_i)$ gem. Tabelle E.1 und E.3, ergeben sich die gesuchten Vertrauensgrenzen $F_{5\%}(m_i)$ und $F_{95\%}(m_i)$ nach folgender Interpolationsvorschrift zu:

$$F_{5\%}(j_i) = (F_{5\%}(m_{i+1}) - F_{5\%}(m_i))\Delta j_i + F_{5\%}(m_i) , \tag{5.81}$$

$$F_{95\%}(j_i) = (F_{95\%}(m_{i+1}) - F_{95\%}(m_i))\Delta j_i + F_{95\%}(m_i) . \tag{5.82}$$

Die sich nach dieser Vorschrift ergebenden Vertrauensgrenzen sind in Tabelle 5.44-5.45 aufgeführt. Die Ausfallgerade mit den nach dem Interpolationsverfahren ermittelten Ausfallgrenzen zeigt Abb. 5.48.

Die Auswertung der Ausfallverteilung nach Abb. 5.48 ergibt die folgenden Kennwerte:

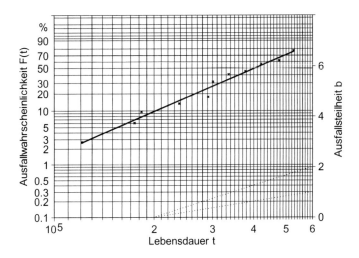

Abbildung 5.47.: Ausfallkurve ausgefallener, pneumatischer Schaltknäufe mit dem Verfahren nach Johnson.

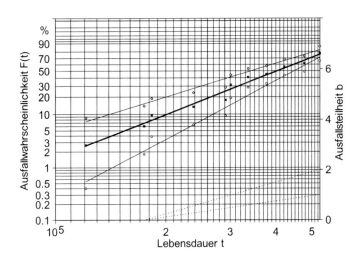

Abbildung 5.48.: Ausfallverteilung für ausgefallene, pneumatische Schaltknäufe mit ermittelten Vertrauensgrenzen nach dem Interpolationsverfahren.

Tabelle 5.43.: Berechnung der Medianränge ausgefallener Schaltknäufe mit dem Verfahren nach Johnson.

j	t_j	x_j	t_j^*	B_j	$N(t_j)$	$j(t_j)$	$F(t_j)$ in %
1	120989	1	12	29	1,40	1,400	2,657
2	174543	1	-	28	2,80	1,400	6,039
3	183125	1	2	25	4,31	1,508	9,680
4	238041	1	1	23	5,88	1,571	13,474
5	291291	1	2	20	7,60	1,720	17,629
6	300946	3	-	17	13,33	1,911	31,478
7	335799	2	1	14	17,15	1,911	40,711
8	377369	1	-	13	18,93	1,775	44,998
9	421299	2	2	9	23,54	2,307	56,143
10	477365	1	1	7	25,85	2,307	61,716
11	526174	2	1	4	32,31	3,230	77,319
12	665366	1	2	1	37,16	4,845	89,022

- Ausfallsteilheit $b = 2,71$,
- charakteristische Lebensdauer $T = 461977$ *Betätigungen* ,
- Korrelationskoeffizient $r = 0,989$.

Der Korrelationskoeffizient für die 5 %-Vertrauensgrenze beträgt $r = 0,987$.
Der Korrelationskoeffizient für die 95 %-Vertrauensgrenze beträgt $r = 0,985$.
Mit zunehmenden Stichprobenumfang wird der zugehörige Vertrauensbereich immer enger und kann daher bei großen Stichprobenumfängen vernachlässigt werden.

5.10.2.1. Prognosen für noch nicht eingetretene Ausfälle

Bei der Weibull-Analyse von Feldausfällen sind insbesondere bei höheren Lebensdauern große Abweichungen der Schadenshäufigkeiten festzustellen, da ein bestimmter Anteil eines Produktionsumfanges eine betrachtete Lebensdauer noch nicht erreicht hat und somit noch nicht ausgefallen sein kann.
Eine korrekte Aussage über die Ausfallwahrscheinlichkeit für eine betrachtete Lebensdauer kann nur dann erfolgen, wenn der gesamte Produktionsumfang diese betrachtete Lebensdauer auch erreicht.

Tabelle 5.44.: Ermittlung der Ausfallwahrscheinlichkeiten für die 5 %-Vertrauensgrenze nach dem Interpolationsverfahren.

i	j_i	m_i	Δj_i	$F_{5\%}(m_i)$	$F_{5\%}(m_{i+1})$	$F_{5\%}(j_i)$
1	1,40	1	0,400	0,001	0,009	0,004
2	2,80	2	0,800	0,009	0,020	0,018
3	4,31	4	0,310	0,034	0,049	0,039
4	5,88	5	0,880	0,049	0,066	0,064
5	7,60	7	0,600	0,083	0,101	0,094
6	13,33	13	0,330	0,178	0,220	0,192
7	17,15	17	0,150	0,284	0,306	0,287
8	18,93	18	0,930	0,306	0,329	0,327
9	23,54	23	0,540	0,421	0,445	0,434
10	25,85	25	0,850	0,469	0,494	0,490
11	32,31	32	0,310	0,648	0,675	0,657

Die Analyse dieser Feldausfälle ist umso genauer, je größer der zeitliche Abstand dieser Analyse zu dem Produktionszeitraum ist, also alle Einheiten eine bestimmte Lebensdauer auch erreicht haben.

Im folgenden wird ein Verfahren vorgestellt, welches eine Prognose über die noch auszufallenden Einheiten, also die Bestimmung von sogenannten Anwärtern erlaubt [38].

Ermittlung der Anwärter Bei bekanntem statistischen Lebensdauermerkmal kann unter der Annahme, daß die Anwärter die gleiche Ausfallwahrscheinlichkeit wie die bereits zuvor ausgefallenen Einheiten aufweisen, die Ausfallwahrscheinlichkeit dieser bestimmt werden.

Die statistische Laufstrecken- oder Belastungsverteilung gibt Auskunft darüber, wieviel Prozent der Einheiten eine bestimmte Lebensdauer noch nicht erreicht haben [38]. Diese Laufstreckenverteilung wird zweckmäßiger Weise auf einen bestimmten Zeitraum normiert und kann für beliebige Zeiträume linear übertragen werden.

Für den Feldeinsatz muß jedoch berücksichtigt werden, daß die Laufstrecken- bzw. Belastungsverteilung oft nicht konstant ist (unterschiedliche Einfahrzeiten, verschiedene Fahrzeugtypen, variierende Einsatzfälle, unterschiedliche na-

Tabelle 5.45.: Ermittlung der Ausfallwahrscheinlichkeiten für die 95 %-Vertrau-
ensgrenze nach dem Interpolationsverfahren.

i	j_i	m_i	Δj_i	$F_{95\%}(m_i)$	$F_{95\%}(m_{i+1})$	$F_{95\%}(j_i)$
1	1,40	1	0,400	0,070	0,111	0,086
2	2,80	2	0,800	0,111	0,146	0,139
3	4,31	4	0,310	0,178	0,210	0,188
4	5,88	5	0,880	0,210	0,239	0,236
5	7,60	7	0,600	0,269	0,297	0,286
6	13,33	13	0,330	0,431	0,456	0,439
7	17,15	17	0,150	0,531	0,555	0,534
8	18,93	18	0,930	0,555	0,579	0,577
9	23,54	23	0,540	0,671	0,694	0,683
10	25,85	25	0,850	0,716	0,738	0,734
11	32,31	32	0,310	0,861	0,880	0,867

tionale Bestimmungen, wechselnde klimatische Bedingungen, etc.).
Bei der Betrachtung einer Belastungsverteilung eines Fahrzeugdachsystems für
einen Monat ergibt sich beispielsweise die folgende, auf Kundendienst-Informa-
tionen basierende Laufstreckenverteilung, welche näherungsweise proportional
zur Anzahl der Fahrzeugdach-Betätigungen ist, siehe Abb. 5.49. Es sind also
für die Ausfallwahrscheinlichkeiten $10,0$ %, $63,2$ % bzw. $90,0$ % noch keine
835 km, 2500 km, 3750 km erreicht worden.
Aus Abb. 5.49 kann für eine beliebige Betätigungshäufigkeit die Anzahl der
Fahrzeugdachsysteme bestimmt werden, die diesen Wert noch nicht erreicht
haben. Im Beispiel 5.21 ist eine Anwendung auf Basis der in Abb. 5.49 gezeig-
ten Laufstreckenverteilung zur Ermittlung dieser Anwärter gezeigt.

■ Beispiel 5.21
Prognose für noch nicht eingetretene Ausfälle von Fahrzeugdachsystemen.

geg.:   *Es liegen für $n = 46$ Fahrzeugdachsysteme die in Tab. 5.46-5.47 auf-
         geführten Informationen vor.*

ges.:   *Es ist eine Prognose für die noch auszufallenden Fahrzeugdachsysteme
         zu erstellen (Anwärter-Prognose).*

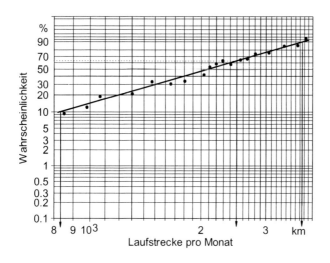

Abbildung 5.49.: Laufstreckenverteilung von Fahrzeugdachsystemen im Weibull-Wahrscheinlichkeitnetz.

Lsg.: *Für jede Laufstrecke, bei der ein Ausfall eines Fahrzeugdachsystems vorhanden ist, wird der jeweilige Anwärter mittels der Laufstreckenverteilung ermittelt.*

Für den ersten Ausfallwert, dem Anwärter bei $t = 3000 \ km$, errechnet sich bei bekannter Produktionsstückzahl die absolute Anzahl der Fahrzeugdachsysteme. Die nachfolgenden Anwärter errechnen sich aus der Anzahl der Fahrzeuge, welche die entsprechende Laufstrecke noch nicht erreicht haben, abzüglich der bereits vorhandenen Anwärter und Ausfälle von Fahrzeugdachsystemen. Eine sich ergebende negative Anzahl von Anwärtern wird zu Null gesetzt.

Die aus den Anwärtern zu bestimmende, prognostizierte Ausfallwahrscheinlichkeit $F_P(t)$ errechnet sich zu:

$$F_{P,i}(t) = F_{P,i-1}(t) + \frac{1}{n+1} \cdot \frac{1}{1 - F_{Anw,i}(t)} \tag{5.83}$$

$$\text{und} \quad F_{Anw,i}(t) = F_{Anw,i-1}(t) + \frac{1}{n+1} \cdot \frac{N_{Anw,i}}{1 - F_{P,i-1}(t)} \tag{5.84}$$

mit:

Tabelle 5.46.: Laufleistung von Fahrzeugdachsystemen.

Rang	Klassenobergrenze in km	Anzahl der Ausfälle
1	3000	2
2	5000	3
3	8000	11
4	13000	7
5	17000	8
6	19000	8
7	22000	7

i: *Ranggröße.*
n: *Produktionsstückzahl.*
N_{Anw}: *Anzahl der Anwärter.*

Für $i = 1$ ist $F_{P,i-1}(t) = F_{Anw,i-1}(t) = 0$.

In Abbildung 5.50 ist für die vorhandenen Ausfälle der entsprechende Prognoseverlauf aufgetragen. Mit zunehmender Laufstrecke ist eine hohe Zahl von Anwärtern vorhanden, da immer weniger Fahrzeuge die entsprechende Laufstrecke schon erreicht haben und somit der Prognoseverlauf immer wesentlicher wird.

Je größer der betrachtete Ausfallzeitraum wird, umso mehr nähert sich der Prognoseverlauf den realen Bauteilausfällen. Alle Fahrzeugdachsysteme haben die entsprechenden Lauf- bzw. Belastungszeiten schon erreicht und es ergeben sich somit keine neuen Anwärter mehr.

Im Falle von großen Ausfallzahlen ($n \geq 50$) sind die Daten zu klassieren. Der Verlauf der Ausgleichsgerade im Weibull-Wahrscheinlichkeitsnetz verläuft dann weniger stark gekrümmt.

Wird die Steigung der Prognosekurve bzw. der realen Bauteilausfälle mit zunehmender Lebensdauer wesentlich kleiner, so kann dieses folgende Ursachen haben:

1. Liegt der Bereich der Rechtskrümmung innerhalb der Garantiezeit (angenommene Laufleistung $[\frac{km}{Jahr}]$ x Garantiezeit [Jahr]), so liegt die Vermu-

Tabelle 5.47.: Angaben zu Produktionsstückzahl, Produktionszeitraum, Zeitpunkt der Datenerfassung sowie der Laufstreckenverteilung von Fahrzeugdachsystemen.

Produktionsstückzahl	1755
Produktionszeitraum	01.10.03 - 30.10.03
Zeitpunkt der Datenerfassung	01.06.2004
Laufstreckenverteilung mit	$F(t)_{10,0\%} = 835\ km$
	$F(t)_{63,2\%} = 2500\ km$
	$F(t)_{90,0\%} = 3750\ km$
Zeitraum zwischen Produktion und Fahrzeugzulassung	1 Monat

tung nahe, daß nur bestimmte Komponenten oder ein bestimmtes ausgeliefertes Produktkontingent an Einheiten betroffen ist.

2. Liegt der Bereich der Rechtskrümmung außerhalb der Garantiezeit, so sind die Ausfälle außerhalb des Garantiezeitraumes aufgetreten und daher bei den betrachteten Einheiten nicht vorhanden.

Ermittlung der Laufstreckenverteilung   Die Laufstrecken- bzw. Belastungsverteilung läßt sich auch aus den Angaben zum Datum des Nutzungsbeginns, dem Datum der Instandsetzung sowie der Anzahl der Betätigungen bzw. der Laufleistung der ausgefallenen Einheiten pro Betrachtungszeitraum ermitteln, s. Tab. 5.48.

Aus der Differenz von Instandsetzungsdatum und dem Datum des Nutzungsbeginns ergibt sich die Betriebszeit des Bauteils. Die Ermittlung der Laufstrecken- bzw. Belastungsverteilung kann nur für gleiche Betriebszeiten ermittelt werden, daher sind diese Daten auf einen festgelegten Zeitraum normiert. Es ergibt sich somit der Quotient aus dem jeweiligen Lebensdauermerkmal und vorhandener Betriebszeit.

In Abb. 5.51 ist der Prognoseverlauf für mögliche Anwärter sowie die Berechnung der Laufstreckenverteilung für die in Tabelle 5.48 aufgeführten Daten gezeigt. Die Produktionsstückzahl beträgt 22000 Einheiten, das Datum der Datenerfassung ist 01.04.2004 .

Die sich ergebenden Wahrscheinlichkeiten zur Laufstreckenverteilung betragen

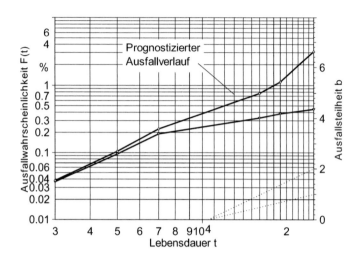

Abbildung 5.50.: Prognoseverlauf der Anwärter bei gegebenen Ausfällen von Fahrzeugdachsystemen nach Tab. 5.46, 5.47 .

$$F(t)_{10,0\%} = 542 \ km, \ F(t)_{63,2\%} = 1107 \ km, \ F(t)_{90,0\%} = 1442 \ km.$$

5.10.2.2. Isochronendarstellung

In dem Isochronendiagramm (Schichtliniendiagramm) wird die Beanstandungshäufigkeit in Abhängigkeit vom Produktionsmonat aufgetragen. Jede sich ergebende Kurve stellt eine Isochrone, eine Kurve gleicher Fahrzeug- oder Bauteileinsatzdauer dar.

Die Isochronen geben somit den zeitlichen Verlauf der Beanstandungen über den Zeitpunkt der Produktion wieder. Aufgrund von fertigungsbedingten Toleranzen können sich über die betrachteten Produktionsmonate teilweise starke Schwankungen im Verlauf der Isochronen ergeben.

Das Isochronendiagramm gibt einen Überblick über mögliche qualitäts- bzw. fertigungsbedingte Veränderungen der produzierten Bauteile.

Auch lassen sich Korrekturen, welche während der Serienfertigung umgesetzt wurden, den jeweiligen Zeiträumen zuordnen. In Abbildung 5.52 ist die Anzahl der Beanstandungen eines Fahrzeugdachsystems für einen Produktionszeitraum von 12 Monaten in einem Isochronendiagramm aufgeführt. Ist die Zahl der Beanstandungen mit Hilfe der Weibull-Statistik für jeden Produkti-

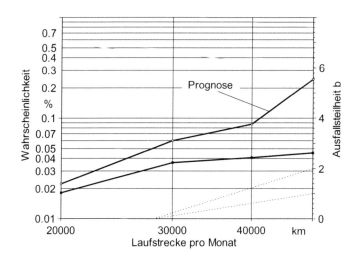

Abbildung 5.51.: Anwärterprognose und Berechnung der Laufstreckenverteilung aus Angaben zum Nutzungsbeginn, der Instandsetzung und der Laufleistung gem. Tab. 5.48.

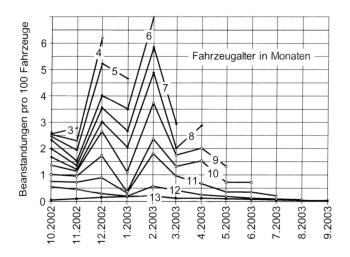

Abbildung 5.52.: Isochronendiagramm eines Fahrzeugdachsystems.

Tabelle 5.48.: Angaben zum Nutzungsbeginn, der Instandsetzung und der Laufleistung von Fahrzeugdachsystemen.

Zulassungsdatum	Instandsetzungsdatum	Laufleistung in km
15.07.01	15.01.03	17248
30.10.01	15.08.03	27134
15.07.01	15.09.03	18898
15.09.01	30.09.03	21165
30.08.01	15.12.03	13535
15.09.01	30.12.03	26643
30.09.01	25.03.04	35965
15.11.01	01.12.03	22673
15.10.01	30.10.03	18188
30.10.01	15.03.04	48985

onsmonat zu untersuchen, so ergibt sich ein entsprechend hoher Aufwand für die Aufbereitung der Beanstandungsdaten.

Im folgenden Abschnitt wird ein Verfahren vorgestellt, wie sich die Kennwerte der Weibull-Verteilung aus dem Isochronendiagramm abschätzen lassen.

Ermittlung der Ausfallsteilheit Wird das Alter des Fahrzeugs zusätzlich als zeitliche Achse aufgetragen, so erhält man eine dreidimensionale Darstellung des Isochronendiagramms.

Wird von der Annahme ausgegangen, daß die Fahrzeuglaufleistung und somit die Betätigungshäufigkeit des Daches bekannt und diese für die jeweiligen Einsatzmonate als konstant angenommen werden kann, so entspricht die dritte Achse der Fahrzeuglaufleistung bzw. der Anzahl der Fahrzeugdachbetätigungen.

Betrachtet man die Ebene "Beanstandungen-Einsatzmonate" für den jeweiligen Produktionszeitraum als ein Weibull-Wahrscheinlichkeitsnetz mit linearer Achsendarstellung, so können, entsprechend der Anzahl der Isochronen, die sich ergebenden Schnittpunkte zwischen den Isochronen und der "Beanstandungen-Einsatzmonate"-Ebene als Wertepaare angesehen werden, aus denen für die zweiparametrige Weibull-Verteilung die Parameter b und T bestimmt werden können, siehe Abbildung 5.53.

Für zwei betrachtete Schnittpunkte $P_1(t_1, F_1(t_1))$ und $P_2(t_2, F_2(t_2))$ ergibt

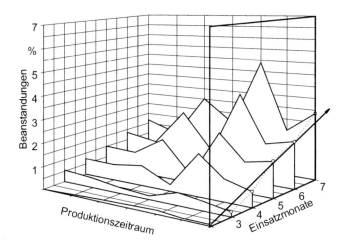

Abbildung 5.53.: Dreidimensionales Isochronendiagramm mit einer Ausgleichsgerade in der "Beanstandungen-Einsatzmonate"-Ebene.

sich mit Gl. 3.39:

$$\text{Mit} \qquad F_1(t_1) = 1 - e^{-\left(\frac{t_1}{T}\right)^b} \tag{5.85}$$

$$\text{und} \qquad F_2(t_2) = 1 - e^{-\left(\frac{t_2}{T}\right)^b} \tag{5.86}$$

$$\text{folgt} \quad e^{-\left(\frac{t_1}{T}\right)^b} = e^{-\left(\frac{t_2}{T}\right)^b} \tag{5.87}$$

$$\Leftrightarrow \qquad \left(\frac{t_1}{T}\right)^b = -\ln(1 - F_1(t_1)) \tag{5.88}$$

$$\Leftrightarrow \qquad T = \frac{t_1}{-\ln(1 - F_1(t_1))^{\frac{1}{b}}} \cdot \tag{5.89}$$

Analog ergibt sich

$$T = \frac{t_2}{-\ln(1 - F_2(t_2))^{\frac{1}{b}}} \cdot \tag{5.90}$$

Mit Gl. (5.89) und (5.90) folgt:

$$\frac{t_1}{-\ln(1 - F_1(t_1))^{\frac{1}{b}}} = \frac{t_2}{-\ln(1 - F_2(t_2))^{\frac{1}{b}}} \tag{5.91}$$

$$\Leftrightarrow \qquad (\frac{t_2}{t_1})^b = \frac{-\ln(1 - F_2(t_2))}{-\ln(1 - F_1(t_1))} \tag{5.92}$$

$$\Leftrightarrow \qquad b = \frac{\ln(\frac{-\ln(1-F_2(t_2))}{-\ln(1-F_1(t_1))})}{\ln(\frac{t_2}{t_1})} \tag{5.93}$$

$$\Leftrightarrow \qquad b = \frac{\ln(-\ln(1 - F_2(t_2))) - \ln(-\ln(1 - F_1(t_1)))}{\ln t_2 - \ln t_1} . \tag{5.94}$$

Ist $t_{Betrieb}$ die Anzahl der Betriebsjahre und $\hat{t}_{Monat}$ die mittlere Anzahl der Betätigungen pro Monat, so gilt:

$$t = t_{Betrieb} \cdot \hat{t} . \tag{5.95}$$

Für den Nenner in Gl. 5.94 ergibt sich:

$$\ln(t_{Betrieb,2} \cdot \hat{t}) - \ln(t_{Betrieb,1} \cdot \hat{t}) = \ln(t_{Betrieb,2} - t_{Betrieb,1}) \tag{5.96}$$

$$\Leftrightarrow \qquad e^{\ln(t_{Betrieb,2} \cdot \hat{t}) - \ln(t_{Betrieb,1} \cdot \hat{t})} = e^{\frac{-\ln(1-F_2(t_2))}{-\ln(1-F_1(t_1))}} \tag{5.97}$$

$$\Leftrightarrow \qquad \frac{t_{Betrieb,2} \cdot \hat{t}}{t_{Betrieb,1} \cdot \hat{t}} = \frac{t_{Betrieb,2}}{t_{Betrieb,1}} . \tag{5.98}$$

Wird Gl. (5.98) in Gl. (5.94) eingesetzt, so ergibt sich für die Ausfallsteilheit

$$b = \frac{\ln(-\ln(1 - F_2(t_2))) - \ln(-\ln(1 - F_1(t_1)))}{\ln t_{Betrieb,2} - \ln t_{Betrieb,1}} . \tag{5.99}$$

Für die Zeiten $t_{Betrieb,1}$ und $t_{Betrieb,2}$ sind die Einsatzzeiten einzusetzen. Liegt ein zeitlicher Versatz zwischen der Produktionszeit und der Einsatzzeit vor, so ist diese Zeitdifferenz entsprechend zu subtrahieren.

Wird Gl. (5.85) nach T aufgelöst, so gilt:

$$F_1(t_1) = 1 - e^{-(\frac{t_1}{T})^b} \tag{5.100}$$

$$\Leftrightarrow \quad e^{-(\frac{t_1}{T})^b} = 1 - F_1(t_1) \tag{5.101}$$

$$\Leftrightarrow \quad -(\frac{t_1}{T})^b = \ln(1 - F_1(t_1)) \tag{5.102}$$

$$\Leftrightarrow \quad T = -\frac{t_1}{\ln(1 - F_1(t_1))^{\frac{1}{b}}} \tag{5.103}$$

$$\Leftrightarrow \quad T = -t_1(\ln(1 - F_1(t_1)))^{-b} \tag{5.104}$$

mit:

t_1: Anzahl der Betätigungen bzw. gefahrene Kilometer.

Werden diese Kennwerte in die zweiparametrige Weibull-Gleichung eingesetzt, so ergibt sich für die Ausfallwahrscheinlichkeit:

$$F(t) = 1 - e^{-(\frac{t}{T})^b} . \tag{5.105}$$

Wird statt der charakteristischen Lebensdauer T (in km) eine charakteristische Lebensdauer T^* in *Monaten* verwendet, so gilt:

$$T = T^* \cdot \hat{t} \tag{5.106}$$

und es folgt für die Ausfallwahrscheinlichkeit

$$F(t) = 1 - e^{-(\frac{t_{Betrieb}\hat{t}}{T^*\hat{t}})^b} \tag{5.107}$$

$$\Leftrightarrow \quad F(t) = 1 - e^{-(\frac{t_{Betrieb}}{T^*})^b} . \tag{5.108}$$

Mit Gl. (5.108) ergibt sich die charakteristische Lebensdauer zu :

$$T^* = e^{\frac{b \cdot ln(t_{Betrieb,1}) - ln(-ln(1-F(t)))}{b}} . \tag{5.109}$$

Mögliche Verzugszeiten sind entsprechend zu berücksichtigen.
Für jeden Produktionsmonat kann somit die Ausfallsteilheit b und die charakteristische Lebensdauer T ermittelt werden.
Werden die so bestimmten Ausfallsteilheiten in Abhängigkeit von den jeweiligen

Produktionsmonaten aufgetragen, siehe Abb. 5.54, so ergeben sich Informationen über das vorliegende Ausfallverhalten für den entsprechenden Produktionszeitraum.

Die Kennwerte der Ausfallgeraden werden mittels linearer Regression ermittelt. Für die Ermittlung der Gesamtausfallsteilheit b_g sollten mindestens drei Stützstellen vorhanden sein, daher endet der Verlauf für die Gesamtausfallsteilheit im Produktionsmonat 7.2003 .

Weitere Informationen ergeben sich, wenn die Anzahl der fortlaufenden Beanstandungsdaten für den jeweiligen Produktionsmonat halbiert wird und durch die verbleibenden Stützstellen eine Ausgleichsgerade gelegt wird. Auch hier wird dann mittels linearer Regression die entsprechende Ausfallsteilheit für die vorhandenen Beanstandungsdaten ermittelt.

Für die Ermittlung dieser bereichsweisen Ausfallsteilheit sollten gleichfalls mindestens drei Stützstellen vorhanden sein, daher endet der Verlauf beider Ausfallsteilheiten im Monat 4.2003[5].

Der Kennwert für die proportionale Ausfallsteilheit

$$b_p = \frac{b_1}{b_2} \qquad (5.110)$$

gibt an, welchen Verlauf die ermittelte Ausfallgerade annimmt. Für $b_p = 1$ ergibt sich ein geradliniger Verlauf der Ausgleichsgerade. Ist $b_p < 1$ so liegt eine konkav verlaufende Ausgleichskurve vor, für $b_p > 1$ liegt ein konvexer Kurvenverlauf vor. Mögliche Ursachen für die entsprechenden Verlaufsformen (fehlerhafte Chargen, unterschiedliche Ausfallmechanismen, etc.) sind Abb. F.1-F.6 zu entnehmen.

Ist die Gesamtausfallsteilheit $b_g < 1$, so liegen gem. Abb 5.54 fertigungs- oder montagebedingte Frühausfälle vor und die Ursachen für die Beanstandungen sind im Fertigungs- und Montageprozeß zu suchen.

Ist die proportionale Ausfallsteilheit wesentlich kleiner oder größer 1, so liegt ein deutlich gekrümmter Kurvenverlauf vor. Dieser kann mittels des Weibull-Wahrscheinlichkeitsnetzes dargestellt werden, um anhand der sich ergebenden Kennwerte weitere Interpretationen zu ermöglichen.

---

[5]Die Steilheit der Ausfallgerade, welche durch die Stützstellen der zeitlich aufsteigenden, ersten Hälfte der Beanstandungsdaten für den jeweiligen Produktionsmonat gelegt wird, soll mit b_1, die sich für die zweite Hälfte ergebende Ausfallsteilheit mit b_2 bezeichnet werden.

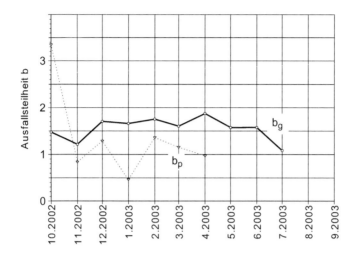

Abbildung 5.54.: Verlauf der gesamten Ausfallsteilheit b_g und der proportionalen Ausfallsteilheit b_p in Abhängigkeit vom Produktionszeitraum.

Ermittlung der Anwärter Mit den vorhandenen Beanstandungen und dem Produkt aus Einsatzzeit[6] und der mittleren Laufstrecke des Fahrzeugs kann das Weibull-Wahrscheinlichkeitsnetz für den jeweiligen Produktionsmonat erstellt werden.

Aus der Fahrstreckenverteilung ergibt sich bis zum Zeitpunkt der Datenerfassung, daß 50 % der Fahrzeuge eines jeden Fahrzeugalters die mittlere Laufstrecke noch nicht erreicht haben. Ausgehend von der Annahme, daß diese Fahrzeuge mit der gleichen Ausfallwahrscheinlichkeit beanstandet werden, ergeben sich somit Anwärter für weitere Beanstandungen.

Die Ermittlung dieser Anwärter ergibt sich aus der Anzahl der produzierten Fahrzeuge des jeweiligen Produktionsmonats und der zu subtrahierenden Anzahl der Fahrzeugbeanstandungen multipliziert mit dem Faktor 0,5[7]:

$$F(t)_{Anw} = \left(\frac{n - n \cdot F(t)}{n}\right) \cdot 0,5 \cdot F(t) \tag{5.111}$$

$$\Leftrightarrow \ F(t)_{Anw} = (1 - F(t)) \cdot 0,5 \cdot F(t) \ . \tag{5.112}$$

---

[6]Die Einsatzzeit des Fahrzeugs entspricht dem Alter des zugelassenen Fahrzeugs.

[7]50 % der Fahrzeuge haben die mittlere Laufstrecke noch nicht erreicht.

Die prognostizierte Gesamtausfallwahrscheinlichkeit ergibt sich zu:

$$F(t)_{prog,ges} = F(t) + F(t)_{Anw} \tag{5.113}$$
$$\Leftrightarrow \ F(t)_{prog,ges} = F(t) + (1 - F(t)) \cdot 0,5 \cdot F(t) \ . \tag{5.114}$$

Mögliche wiederholte Beanstandungen eines Fahrzeugs, also Doppelbefundungen innerhalb einer Isochrone sowie der Umstand, daß nicht alle Fahrzeuge eines Alters die gleiche Fahrstrecke pro Monat erreichen, sind zu berücksichtigen.
Die Beanstandungs- bzw. Ausfallpunkte im Weibull-Wahrscheinlichkeitsnetz sind auf jeweils einen km-Wert bezogen. Mittels des beschriebenen Verfahrens werden die Ausfallpunkte in Richtung der Ordinate stärker gedehnt als dieses bei einer üblichen Vorgehensweise der Fall ist. Die Ausfallsteilheiten ändern sich wegen der Verschiebung aller Ausfallwahrscheinlichkeiten der Anwärter um die gleichen Beträge zu höheren Werten nur unwesentlich.
Nach Abb. 5.54 beträgt die proportionale Ausfallsteilheit für den Produktionsmonat 1.2003 :

$$b_p = 0,462 \ .$$

Um die Ursachen für diesen niedrigen Kennwert zu analysieren, wird das entsprechende Weibull-Wahrscheinlichkeitsnetz für diesen Produktionsmonat erzeugt.
Für die Laufstreckenverteilung aus Beispiel 5.21 mit $F(t)_{10,0\%} = 835 \ km$, $F(t)_{63,2\%} = 2500 \ km$ und $F(t)_{90,0\%} = 3750 \ km$ ergibt sich bei einer angenommenen Verzugszeit[8] von einem Monat für den Produktionsmonat 1.2003 die Ausfallverteilung gemäß Abb. 5.55. Der Verlauf der Beanstandungsdaten sowie der niedrige Korrelationskoeffizient $r = 0,924$ lassen auf eine Mischverteilung schließen. Werden die Beanstandungsdaten gem. Abschnitt 5.7 bzgl. einer Mischverteilung analysiert, so ergibt sich der Verlauf der Ausfallgerade nach Abb. 5.56. Die Ausfallkurve "1" besitzt eine Ausfallsteilheit von $b = 0,53$ und läßt somit ausgehend vom Produktionsmonat 1.2003 für eine Einsatzzeit von vier Monaten auf ausgeprägte fertigungs- und montagebedingte Frühausfälle schließen. Der Korrelationskoeffizient beträgt $r = 0,932$. Eine weitere Analyse bzgl. einer ausfallfreien Zeit läßt aufgrund von nur vier vorhandenen Stützstellen keine verwertbaren Interpretationen zu. Der Korrelationskoeffizient würde hier bei einer angenommenen ausfallfreien Zeit $t_0 = 209 \ km$ den Wert $r = 0,70$ annehmen.

---

[8]Als Verzugszeit soll der Zeitraum zwischer der Produktion und dem Beginn des Produkteinsatzes gelten.

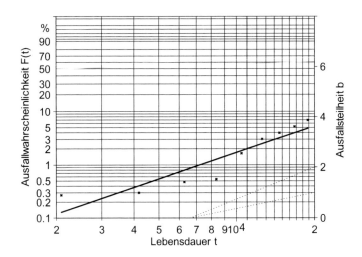

Abbildung 5.55.: Weibull-Wahrscheinlichkeitsnetz für den Produktionsmonat 01. 2003 nach Abb. 5.54.

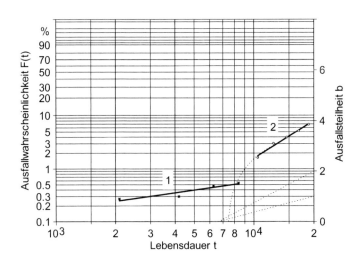

Abbildung 5.56.: Ausfallverteilung für den Produktionsmonat 01.2003 nach Trennung der mischverteilten Ausfalldaten.

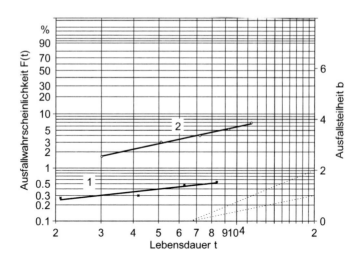

Abbildung 5.57.: Ausfallverteilung für den Produktionsmonat 01.2003 mit einer um $t_0 = 7447\ km$ korrigierten ausfallfreien Zeit.

Die Untersuchung der Ausfallkurve "2" auf eine möglicherweise vorhandene ausfallfreie Zeit ergibt $t_0 = 7447\ km$. Werden die Ausfallzeiten um diesen Wert korrigiert, so ergibt sich die korrigierte Ausfallgerade "2" nach Abb. 5.57. Die Auswertung dieser Ausgleichsgerade ergibt die Kennwerte $b = 1,06$ und $T = 141930\ km$. Der Korrelationskoeffizient beträgt $r = 0,997$. Die Ursachen der für diesen Produktionsmonat vorhandenen Beanstandungen sind also vornehmlich im Bereich der Produktion und der Montage zu suchen.

5.10.3. Korrelation von Versuchs- und Felddaten

Liegen für ein neues Produkt keine Informationen bzgl. von im Feld auftretenden Betriebsbeanspruchungen vor, so können für eine Bewertung des zukünftigen Ausfallverhaltens

- geraffte Belastungsversuche im Feld,
- ausgewertete Zuverlässigkeitsinformationen von vergleichbaren Produkten im Feldeinsatz,
- aufgezeichnete Beanspruchungen in Form von Lastkollektiven, mit denen anschließend das Produkt im Labor belastet wird,

- durchzuführende Lebensdauerversuche unter Laborbedingungen derart, daß die Ausfallverteilungen von Labor- und Felddaten hinsichtlich ihrer Ausfallsteilheit vergleichbar sind,

hinzugezogen werden.

Das wesentliche Ziel der Versuchserprobung ist der in kurzer Zeit und somit zeitraffend erbrachte Nachweis der System- und Komponentenzuverlässigkeit in der jeweiligen Einbausituation. Die so gewonnenen Ergebnisse sind abhängig

- von der entsprechenden konstruktiven Ausführung,
- unterschiedlichen Versuchsparametern bzw. Feldbedingungen,
- unterschiedlichen Einsatzbedingungen und Produktvarianten
- und dem (ungeeigneten) Vergleich des betreffenden Produkts mit Wettbewerbsprodukten (Benchmarking).

Für den Vergleich und auch den späteren Betrachtungen von Versuchs[9]- und Felddaten ist es zwingend erforderlich, daß die jeweils herrschenden Versuchsbedingungen festgehalten werden.

Die Beziehung zwischen Versuch und Feld ist immer bauteilabhängig, also abhängig von der Bauteilposition und der Bauteillage, den Umweltbedingungen, den Einsatzbedingungen und der Ausführungsvariante des betreffenden Produktes. Die nachstehend beschriebene Vorgehensweise ermittelt die Beziehung zwischen dem Versuchs- und dem Feldausfallverhalten eines Produktes. Hierzu werden die Ausfalldaten aus Versuch (t_V) und Feld (t_F) im Weibull-Wahrscheinlichkeitsnetz aufgetragen, siehe Abb. 5.58. Für den gleichen B_q-Wert wird für die Ausfallverteilungen der entsprechende Lebensdauerwert abgelesen. Es ergibt sich somit als Verhältniswert der Raffungsfaktor κ:

$$\kappa = t_F/t_V \ . \tag{5.115}$$

Nur wenn eine näherungsweise gleiche Ausfallsteilheit vorhanden ist, bleibt das Verhältnis auch für verschiedene Ausfallwahrscheinlichkeiten annähernd konstant. Je weniger sich die Ausfallsteilheiten beider Ausfallgeraden unterscheiden, desto unabhängiger ist der Verhältniswert vom Niveau der Ausfallwahrscheinlichkeit.

Ein hoher Korrelationswert von Versuchs- und Felddaten ist sowohl von der Güte der Übereinstimmung der Ausfallsteilheiten beider Ausgleichsgeraden als auch von deren Korrelationskoeffizienten abhängig.

---

[9]Mit Versuchsdaten sind hier im Gegensatz zu den Felddaten die im Versuch (Labor) ermittelten (Versuchs-) Daten gemeint.

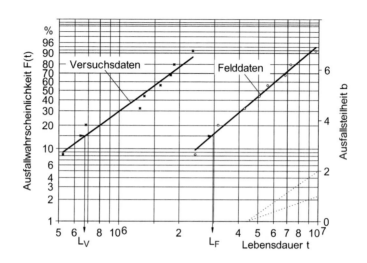

Abbildung 5.58.: Ausfallverteilungen von Versuchs- und Felddaten.

Für eine Bewertung der Versuchsergebnisse muß die Korrelation zwischen den verschärften Bedingungen im Labor und der tatsächlichen Beanspruchung im Feldeinsatz vorhanden sein.

Mit Hilfe der Wahrscheinlichkeitstheorie (s. Kapitel 3) und den Betriebsfestigkeitsbetrachtungen läßt sich die vorhandene Korrelation ermitteln. Für die Verwendung der Wahrscheinlichkeitstheorie muß die entsprechende Ausfallverteilung der Produkte bekannt sein. Nur wenn die Ausfallarten, also die Schadensmechanismen der Produkte im Versuch mit denen im realen Feldeinsatz übereinstimmen, besitzen die Ausfallverteilungen im Weibull-Wahrscheinlichkeitsnetz die gleiche Ausfallsteilheit.

Die Ausfallverteilungen sind dann nur um den Raffungsfaktor κ auf der Zeitachse verschoben. Der Raffungsfaktor gibt Informationen darüber, wie hoch das Verhältnis der Lebensdauern im Feld bzw. im Versuch ist.

In Beispiel 5.22 ist die Vorgehensweise für die Ermittlung der Korrelation von Versuchs- und Felddaten gezeigt.

■ Beispiel 5.22

Korrelation von Versuchs- und Felddaten für Druckfedern in pneumatischen Zylindern zur Steuerung von Abgasdrosselklappen mit einem Temperatureinsatzbereich von $-30\ °C \leq T_B \leq 200\ °C$.

geg.:   *Es liegen die Lebensdauerwerte von $x = 17$, durch Federbruch im Feldeinsatz ausgefallene Druckluftzylinder vor.*

Bei dem in entsprechenden Klimakammern durchgeführten Versuch sind für $n_V = 5$ Druckluftzylinder die Lebensdauern ermittelt worden. In Tabelle 5.49 sind die Lebensdauern der Druckluftzylinder aufgeführt.

Tabelle 5.49.: Anzahl der Betätigungen ausgefallener Druckluftzylinder aus Versuch und Feldeinsatz.

t_i	Feld	Versuch
1	259800	277607
2	443800	577437
3	558800	765082
4	673800	927436
5	788800	1177438
6	903800	-
7	1018800	-
8	1133800	-
9	1202800	-
10	1363800	-
11	1386800	-
12	1478800	-
13	1593800	-
14	1823800	-
15	1938800	-
16	2053800	-
17	2283800	-

ges.:   *Es ist sind die vorhandenen Korrelationen zwischen Versuchs- und Felddaten zu ermitteln.*

Lsg.:   *In Abb. 5.59 sind die Wertepaare der Ausfalldaten und zugehörigen Medianränge mit den entsprechenden 90 %-Vertrauensbereichen im Weibull-Wahrscheinlichkeitsnetz eingetragen. Die Werte der Ausfallsteilheiten beider Ausgleichsgeraden betragen*

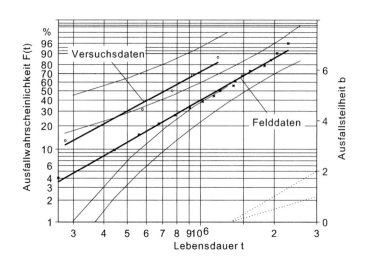

Abbildung 5.59.: Ausfallverteilungen mit 90 %-Vertrauensbereichen von Versuchs- und Felddaten ausgefallener Druckluftzylinder.

$b_V = 1,84$ *und* $b_F = 1,96$. *Es kann also von annähernd vergleichbaren Schadensmechanismen ausgegangen werden.*
Die zugehörigen Korrelationskoeffizienten der Ausgleichsgeraden betragen $r_V = 0,988$ *und* $r_F = 0,997$. *Es liegt also eine brauchbare Approximation der Wertepaare durch die Ausgleichsgeraden vor.*
Mit Hilfe der Ausfallgerade im Weibull-Wahrscheinlichkeitsnetz kann die vorhandene Beziehung zwischen den Bedingungen im Feldeinsatz und im Versuch ermittelt werden. Für jede Ausfallwahrscheinlichkeit ergibt sich auf der Regressionsgerade ein entsprechender Wert für den Lebensdauerwert aus dem Versuch und ein entsprechender Lebensdauerwert aus dem Feld. Diese Wertepaare können als Punkte in ein Diagramm mit linearer Ordinate und Abzisse eingetragen werden, siehe Abb. 5.60.
Die durch diese Punkte gelegte Ausgleichsgerade ist ein Maß für das Verhältnis zwischen den Lebensdauern im Versuch sowie im Feld. Je höher der Korrelationskoeffizient dieser Gerade, desto größer die Übereinstimmung von Versuchs- und Feldbedingungen. Dieser beträgt gemäß Abb. 5.60 $r = 0,999$ *und deutet auf ein hohes Maß an Übereinstimmung*

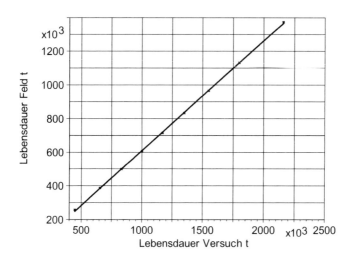

Abbildung 5.60.: Korrelation von Versuchs- und Felddaten für Druckluftzylinder.

von Feld- und Versuchsbedingungen hin. Die Steigung dieser Gerade ist ein Maß für den Raffungsfaktor κ zwischen den im Versuch und im Feld vorhandenen Bedingungen. Dieser beträgt nach Abb. 5.60: $\kappa = 0,65$.

Die Ausfallwahrscheinlichkeit für die Felddaten[10] errechnet sich bei Vorhandensein eines Raffungsfaktors, mit welchem der Versuch durchgeführt wurde, nach:

$$F_F(t) = 1 - e^{-(\frac{t_F}{\kappa T_V})^{b_V}} . \tag{5.116}$$

Für die Prüfzeit im Versuch gilt:

$$t_V = T_V \ln(\frac{1}{1-F_V(t)})^{b_V} . \tag{5.117}$$

Mit Gl.(5.116), (5.117) ergibt sich für die Ausfallwahrscheinlichkeit der Bauteile im Feld bei Vernachlässigung einer ausfallfreien Zeit:

$$F_F(t) = 1 - e^{-(\frac{1}{\kappa}(\ln(\frac{1}{1-F_V(t)}))^{\frac{1}{b_V}})^{b_V}} . \tag{5.118}$$

---

[10]Im Feld vorhandene Lebensdauern, also ausgefallene Bauteile.

Treten bei Versuchen keine Bauteilausfälle auf, so kann kein entsprechendes Weibull-Wahrscheinlichkeitsnetz erstellt werden und es muß mit einer Mindestzuverlässigkeit entsprechend Abschnitt 4.1.1 gerechnet werden:

$$R_{min}(t) = (1 - P_A)^{\frac{1}{L_v^b n}} \ . \tag{5.119}$$

Für eine zugehörige maximale Ausfallwahrscheinlichkeit gilt dann:

$$F_{max}(t) = 1 - (1 - P_A)^{\frac{1}{L_v^b n}} \ . \tag{5.120}$$

Ist bei einer höheren Bauteilbelastung[11] ein Raffungsfaktor κ zu berücksichtigen, so gilt für die Mindestzuverlässigkeit:

$$R_{min}(t) = (1 - P_A)^{\frac{1}{n(\kappa L_v)^b}} \ . \tag{5.121}$$

Für die zugehörige maximale Ausfallwahrscheinlichkeit gilt dann:

$$F_{max}(t) = 1 - (1 - P_A)^{\frac{1}{n(\kappa L_v)^b}} \ . \tag{5.122}$$

5.11. Monte-Carlo-Simulation

Die Monte-Carlo-Methode ist ein Verfahren zur näherungsweisen Bestimmung von mathematischen Ausdrücken, welche aus einer oder mehreren Verteilungsfunktionen aufgebaut sind. Dieses numerische Verfahren ist einfach und allgemein anwendbar und gestattet die Lösung sehr komplexer Probleme. Nachteilig an dieser Methode ist jedoch die langsame Konvergenz. Entsprechende Algorithmen zur Simulation der Zuverlässigkeit sowie zu den Grundlagen der Monte-Carlo-Methode sind in [39],[40],[41] und [42] zu finden.

Ein praktischer Anwendungsfall ist die Erzeugung von Datensätzen für bekannte, vorzugebende Weibullparameter. Mittels eines Zufallsgenerators wird die Ausfallwahrscheinlichkeit $F(t)$ mit $0 < F(t) < 1$ bestimmt. Die zu den generierten Ausfallwahrscheinlichkeiten gehörenden Laufzeiten errechnen sich zu:

$$t = T \cdot (\ln(\frac{1}{1 - F(t)}))^{\frac{1}{b}} \ . \tag{5.123}$$

---

[11]Unter einer größeren Bauteilbelastung ist hier nicht das Lebensdauerverhältnis L_v, also die zeitliche Belastung, sondern die physische Belastung zu verstehen.

Die aus dem generierten Datensatz zurückgerechneten Weibull-Parameter weichen teilweise deutlich von den Vorgabewerten der charakteristischen Lebensdauer T und der Ausfallsteilheit b ab. Damit diese Abweichungen gering bleiben, ist eine große Anzahl von Ausfallpunkten zu erzeugen. In Abhängigkeit von dieser Datenmenge sind die Ausfallzeiten gegebenenfalls zu klassieren.

6. Ermittlung von Systemzuverlässigkeiten

Die rechtzeitige Ermittlung von Schwachstellen und Zuverlässigkeiten sollten insbesondere in der Phase der Produktentwicklung durchgeführt werden, um durch eine gezielte Zuverlässigkeitsoptimierung eine hohe Produktzuverlässigkeit zu erreichen. Diese kann jedoch nicht mehr ausschließlich über den konventionellen Weg von ausgereiften und bewährten Konstruktionsmethoden erlangt werden. Nur mit Hilfe von analytischen Zuverlässigkeitsmethoden lassen sich die steigenden Anforderungen an die Produktzuverlässigkeit umsetzen.

Mit dem ausschließlichen Einsatz von qualitativen Methoden kann die Produktzuverlässigkeit nicht gewährleistet werden. Daher sind mittels quantitativer Zuverlässigkeitsmethoden Aussagen über das Systemverhalten vorzunehmen.

Im Rahmen dieses Buches sollen die wichtigsten in der Praxis angewendeten qualitativen und quantitativen Methoden beschrieben werden.

6.1. Qualitative Methoden

Die qualitativen Methoden sollen die Qualität und Zuverlässigkeit der Produkte in der Entwicklungsphase sichern. Es sind sämtliche Schwachstellen und Ausfallarten zu ermitteln. Im Mittelpunkt dieser Methoden steht daher die Festlegung solcher Systemelemente, welche die Bauelemente nach ihren Ausfallarten weiter unterteilen.

6.1.1. ABC-Analyse

Mit Hilfe der ABC-Analyse wird eine Klassifizierung der Systemelemente nach zuverlässigkeitsrelevanten und zuverlässigkeitsneutralen Bauteilen durchgeführt. Weiterhin wird unterschieden, ob die Bauteile einer definierten Belastung ausgesetzt sind oder ob sich eine solche nur schwer erfassen läßt.

Das Ausfallverhalten der zuverlässigkeitskritischen A-Systemelemente kann beispielsweise aufgrund einer definierten statischen oder dynamischen Belastung mit bekannten Lastkollektiven berechnet werden.
Bei den gleichfalls zuverlässigkeitskritischen B-Systemelementen muß beispielsweise wegen undefinierter Beanspruchungen aufgrund von Reibung, Korrosion oder Abrieb auf Erfahrungs- oder Versuchswerte zurückgegriffen werden.
Die zuverlässigkeitsneutralen C-Systemelemente bleiben bei der Bewertung unberücksichtigt.
Diese Methode ist eine vereinfachte Variante der FMEA (siehe nächsten Abschnitt) und sollte nur für überschaubare Systeme angewendet werden [6].

6.1.2. FMEA

Das Akronym FMEA steht für Fehler-Möglichkeits- und Einflußanalyse. Das wesentliche Ziel einer FMEA ist die Risikovermeidung bzw. eine Risikoverminderung. Die FMEA ist eine formalisierte analytische Methode zur systematischen Erfassung und Bewertung möglicher Fehler sowie zur Abschätzung von deren Auswirkungen und ist eine Methode der Qualitätsbewertung.
Ausgehend von der Tatsache, daß es aus ökonomischen Gründen (Kostenreduzierung in der Konstruktion, der Erprobung, der Fertigung und dem Kundenservice) sinnvoll ist, mögliche Ausfallursachen frühzeitig zu vermeiden als in einer späteren Phase Produktausfälle zu beheben, sollen Schwachstellen einer Konstruktion frühzeitig erkannt werden, damit entsprechende Korrekturen eingeleitet werden können [43].
Zusätzlich wird neben der Analyse und Bewertung von Ausfallarten und deren Auswirkung auf die Funktionsfähigkeit und die Sicherheit auch die Zusammenarbeit der an der Produktentwicklung beteiligten Unternehmensbereiche gefördert [44].
Das Auftreten, die Bedeutung und die Entdeckung von Bauteilfehlern wird mit einer Bewertung von 1-10 durchgeführt. Das Produkt aus diesen drei Bewertungszahlen ergibt eine sogenannte Risikoprioritätszahl (RPZ). Übersteigt diese eine zuvor festgelegte Grenze, so sind entsprechende korrektive Maßnahmen einzuleiten und zu verfolgen.
Die FMEA ist eine Art Übergabeprotokoll für den Produktionsprozeß und steuert den Qualitätsprozeß. Sie ermöglicht einen ständigen Erkenntniszuwachs hinsichtlich qualitätssichernder Maßnahmen. Die FMEA kann auf zwei unterschiedliche Arten durchgeführt werden:

1. Funktions-FMEA

   Beginnend mit der Definition der Funktionsanforderungen an das System werden die möglichen Fehlfunktionen und Funktionsausfälle von der System- auf die Bauteilebene (bzw. falls erforderlich in umgekehrte Richtung) analysiert mit dem Ergebnis der möglichen Schwachstellen für die Funktionsstruktur.

2. Bauteil-FMEA

   Liegen entsprechende Angaben bezüglich eines Bauteils vor, so kann eine Bauteil-FMEA durchgeführt werden. Diese kann weiter in eine Konstruktions- und in eine Prozeß-FMEA unterteilt werden.

Eine ausführliche Vorgehensweise bei der FMEA wird in [45] vorgestellt.

6.1.3. FTA

Für das analytische Auffinden von Schwachstellen in einem Systemkonzept dient die Fehlerbaumanalyse (Fault-Tree-Analysis). Mittels der logischen Verknüpfung zwischen den Bauteil- und den Systemausfällen sowie dem zu vermeidenden Systemausfall soll das Systemausfallverhalten beurteilt werden.

Die Zusammenhänge zwischen den Ausfällen werden über UND- und ODER-Verknüpfungen dargestellt. Es sollen damit alle Ausfallkombinationen, welche zu einem vorgegebenen, unerwünschten Ergebnis führen, systematisch identifiziert und darüber hinaus entsprechende Zuverlässigkeitskenngrößen (Ausfallwahrscheinlichkeit, Nichtverfügbarkeit) ermittelt werden.

Zuerst werden unerwünschte Systemereignisse festgelegt. Diese werden mit den logischen Verknüpfungen von Bauteil- und Systemausfällen sowie externen Einflüssen zusammengesetzt. Die einzelnen Analyseschritte werden ausführlich in [46] dargestellt.

Ein wesentlicher Vorteil der FTA im Vergleich zu anderen Analysemethoden ist die Beschreibung der Kombinationen von Bauteilausfällen sowie deren Systemauswirkungen.

6.2. Quantitative Methoden

6.2.1. Markoff-Theorie

Mit der Markoff-Theorie können im Gegensatz zur Fehlerbaum-Analyse bzw. der Boolschen Theorie (siehe Abschnitt 6.2.2) auch mehrfach reparierbare Systeme berechnet werden [47]. Die sich bei unterschiedlichen Reparatur- und

Ausfallraten ergebenden Differentialgleichungen können dann nur noch numerisch gelöst werden.

Der Übergang eines Bauteil im funktionsfähigen Zustand A, in dessen Zustand es mit der Überlebenswahrscheinlichkeit $R(t)$ bleibt oder mit einer Ausfallwahrscheinlichkeit P_A ausfällt, zum ausgefallenen Zustand $\bar{A}$, indem die Reparatur mit einer Instandsetzungswahrscheinlichkeit bzw. mit dem Komplement, der Nichtinstandsetzungswahrscheinlichkeit, in diesem Zustand verharrt, läßt sich durch die folgenden Differentialgleichungen beschreiben:

$$\dot{P}_A(t) = -\lambda(t)P_A(t) + \mu(t)P_{\bar{A}}(t) , \qquad (6.1)$$

$$\dot{P}_{\bar{A}}(t) = \lambda(t)P_A(t) - \mu(t)P_{\bar{A}}(t) \qquad (6.2)$$

mit:

$\dot{P}_A(t)$: Wahrscheinlichkeit für Zustand A (Einheit intakt).

$\dot{P}_{\bar{A}}(t)$: Wahrscheinlichkeit für Zustand $\bar{A}$ (Einheit ausgefallen).

$\lambda(t)$: Ausfallrate, welche auch den Wechsel von Reparatur und Ausfall berücksichtigt.

$\mu(t)$: Reparaturrate, welche auch den Wechsel von Reparatur und Ausfall berücksichtigt.

Liegen konstante Reparatur- und Ausfallraten vor, ist also $\lambda(t) = konst. = \lambda$, $\mu(t) = konst. = \mu$, ergibt sich für diesen Sonderfall:

$$P_A(t) = \frac{\mu}{\mu + \lambda} + \frac{\lambda}{\mu + \lambda}e^{-\mu t - \lambda t} , \qquad (6.3)$$

$$P_{\bar{A}}(t) = \frac{\lambda}{\mu + \lambda} - \frac{\lambda}{\mu + \lambda}e^{-\mu t - \lambda t} . \qquad (6.4)$$

Eine allgemeingültige Lösung der Gleichung (6.1), (6.2) wird in [48] gezeigt. Verallgemeinert ergeben sich für m Bauteile 2^m Zustände (Einheit intakt bzw. ausgefallen) und somit 2^m Differentialgleichungen. Solche Differentialsysteme sind dann nur noch numerisch zu bestimmen.

6.2.2. Boolsche Systemtheorie

Mit Hilfe dieser Theorie wird eine quantitative Prognose des zu erwartenden Systemausfallverhaltens angestrebt. Das Gesamtsystem wird mittels binärer Aussagen über das Verhalten der Systemelemente (Einheit intakt bzw. ausgefallen) und deren logischen Verknüpfungen nach der Boolschen Algebra aufgebaut.

Mit den Methoden der Statistik und der Wahrscheinlichkeitstheorie wird die Systemzuverlässigkeit der auch aus mehreren Komponenten bestehenden Produkte berechnet. Dabei wird das Ausfallverhalten gemäß Kapitel 2,3,4 und 5 ermittelt. Mit der Boolschen Theorie lassen sich dann die Komponentenzuverlässigkeiten derart miteinander verknüpfen, daß das Ausfallverhalten des Gesamtsystems bestimmt werden kann.

Unter der Voraussetzung, daß

- das System nicht reparierbar ist (ansonsten kann nur bis zum ersten Systemausfall gerechnet werden),
- die Komponenten nur die binären Zustände "intakt" bzw. "ausgefallen" annehmen können,
- das Verhalten ausgefallener Einheiten nicht durch das Verhalten anderer Bauelemente beeinflußt wird,

kann für viele maschinenbautechnische Produkte die Boolsche Theorie angewendet werden.

Bei der Zuverlässigkeitsermittlung eines Gesamtsystems ist zu unterscheiden, ob die jeweiligen Komponenten (Bauteile) seriell, parallel oder als Kombination dieser angeordnet sind [47].

Bei Vorliegen einer Systemanordnung, welche aus einer einfachen seriellen oder parallelen Anordnungen zusammengesetzt ist mit einer eindeutigen Angabe zur Funktionsfähigkeit des Gesamtsystems, kann die Zuverlässigkeit des Gesamtsystems mittels entsprechender Gleichungen der Kapitel 3,4 bestimmt werden.

Sind diese Voraussetzungen gegeben, so ist die Zuverlässigkeit des vorliegenden Gesamtsystems mit dem Boolschen Modell zu bestimmen [49],[50],[51].

Hierfür sind zuverlässigkeitslogische Zustände der vorhandenen Systemanordnung in Abhängigkeit von den Zuständen der Systemkomponenten zu bestimmen. Gemäß der Boolschen Algebra werden die logischen Variablen des Systems mit beispielsweise drei Komponenten wie folgt definiert:

$S = 1$:   System "intakt" bzw. "funktionsfähig" im Sinne der Aufgabenstellung.

$S = 0$:   System "ausgefallen" bzw. "funktionsunfähig" im Sinne der Aufgabenstellung.

$K_1 = 1$: Komponente 1 "intakt" bzw. "funktionsfähig".

$K_1 = 0$: Komponente 1 "ausgefallen" bzw. "funktionsunfähig".

$K_2 = 1$: Komponente 2 "intakt" bzw. "funktionsfähig".

$K_2 = 0$: Komponente 2 "ausgefallen" bzw. "funktionsunfähig".

$K_3 = 1$: Komponente 3 "intakt" bzw. "funktionsfähig".

$K_3 = 0$: Komponente 3 "ausgefallen" bzw. "funktionsunfähig".

Allgemein ergibt sich die Anzahl der Zustände n_S, welche ein System mit n Komponenten und den jeweiligen Komponentenzuständen ("intakt" bzw. "ausgefallen")[1] annehmen kann zu:

$$n_S = 2^n . \tag{6.5}$$

Mit dieser Variablendefinition kann eine Zustandstabelle für das zu analysierende (Teil-)System aufgestellt werden. Dabei ergibt sich die Funktionsfähigkeit des Systems aus der erforderlichen Mindestanzahl intakter Komponenten. Für beispielsweise drei seriell angeordnete Komponenten müssen alle Komponenten zur Aufrechterhaltung der Systemfunktionsfähigkeit intakt sein (s. Tab. 6.1). Für beispielsweise drei parallel angeordnete Komponenten, von denen minde-

Tabelle 6.1.: Zustandstabelle für drei seriell angeordnete Systemkomponenten K_1, K_2, K_3.

K_1	K_2	K_3	S
0	0	0	0
0	0	1	0
0	1	0	0
1	0	0	0
0	1	1	0
1	0	1	0
1	1	0	0
1	1	1	1

stens zwei intakt sein müssen, ergeben sich zur Aufrechterhaltung der Systemfunktionsfähigkeit die Zustände nach Tabelle 6.2 . Aufgrund der Tatsache, daß alle Zustände der Komponenten zum gleichen Zeitpunkt t vorliegen, ergibt sich der jeweilige Systemzustand S durch UND-Verknüpfungen der Zustände der einzelnen Komponenten. Da gemäß Voraussetzung die Zustände der Komponenten voneinander unabhängig sind, werden die Wahrscheinlichkeiten dieser UND-verknüpften Komponentenzustände miteinander multipliziert.
Weil zum gleichen Zeitpunkt t nur ein einziger Systemzustand vorliegen kann,

---

[1] Hier sollen nur binäre Zustände betrachtet werden.

Tabelle 6.2.: Zustandstabelle für drei parallel angeordnete Systemkomponenten K_1, K_2, K_3 mit mindestens zwei intakten Komponenten.

K_1	K_2	K_3	S
0	0	0	0
0	0	1	0
0	1	0	0
1	0	0	0
0	1	1	1
1	0	1	1
1	1	0	1
1	1	1	1

ergeben sich die einzelnen, voneinander unabhängigen Systemzustände durch ODER-Verknüpfungen. Die sich ergebenden Wahrscheinlichkeiten der ODER-Verknüpfungen werden addiert.

6.2.2.1. Serielle Anordnung

Fast alle maschinenbaulichen Erzeugnisse, insbesondere Serien- bzw. Großserienprodukte weisen eine serielle Anordnung der Zuverlässigkeitsstruktur auf. Abb. 6.1 zeigt das Zuverlässigkeits-Blockschaltbild von seriell angeordneten Komponenten. Das Ausfallverhalten dieser Produkte wird oft mittels einer größeren Dimensionierung der jeweiligen kritischen Bauteile verbessert.
Diese Vorgehensweise mit entsprechenden höheren Sicherheiten soll eine fehlende bzw. unzureichende Redundanz kompensieren. Die Berechnung der Gesamtzuverlässigkeit eines seriell angeordneten Systems erfolgt nach dem Produktgesetz der Überlebenswahrscheinlichkeiten:

$$R_S(t) = R_{K_1}(t) \cdot R_{K_2}(t) \cdot R_{K_1} \cdot \ldots \cdot R_{K_n}(t) \tag{6.6}$$

$$\Leftrightarrow R_S(t) = \prod_{i=1}^{n} R_{K_i} . \tag{6.7}$$

Aus Gleichung (6.6) geht hervor, daß die Zuverlässigkeit des Gesamtsystems immer kleiner ist, als die kleinste Zuverlässigkeit der jeweiligen Einzelkomponente. Das Gesamtsystem ist solange funktionsfähig, wie alle seine Komponenten

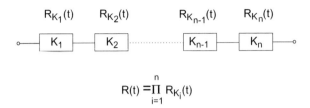

$$R(t) = \prod_{i=1}^{n} R_{K_i}(t)$$

Abbildung 6.1.: Zuverlässigkeits-Blockschaltbild von seriell angeordneten Komponenten.

funktionsfähig sind. Durch jedes zusätzliche Bauteil wird die Zuverlässigkeit des Gesamtsystems verringert. Daher kann die Gesamtzuverlässigkeit trotz hoher Zuverlässigkeit der einzelnen Komponenten sehr niedrig sein, siehe Abbildung 6.2.

Liegt dem Ausfall der jeweiligen Komponente eines Systems die dreiparametrige Weibull-Verteilung zu Grunde, also

$$R_K = e^{-\left(\frac{t-t_0}{T-t_0}\right)^b} , \tag{6.8}$$

so ergibt sich die Zuverlässigkeit eines seriell angeordneten Systems von n Komponenten zu:

$$R_S = e^{-\left(\frac{t-t_{0,1}}{T-t_{0,1}}\right)^{b_1}} \cdot e^{-\left(\frac{t-t_{0,2}}{T-t_{0,2}}\right)^{b_2}} \cdot \ldots \cdot e^{-\left(\frac{t-t_{0,n}}{T-t_{0,n}}\right)^{b_n}} . \tag{6.9}$$

Ist die Zeit t für die jeweilige Systemzuverlässigkeit zu bestimmen, so kann diese nur iterativ mit entsprechenden Näherungsverfahren ermittelt werden. Für eine Systemzuverlässigkeit von $R_S(t) = 0,9$ ergibt sich die $B_{10,S}$-Lebensdauer. Die sich aus der Multiplikation der Komponentenzuverlässigkeit ergebende Zuverlässigkeit des Gesamtsystems $R_S(t)$ ist, abgesehen von Spezialfällen, keine exakte Weibull-Verteilung mehr. Diese kann jedoch in sehr guter Näherung durch eine bestimmte Weibull-Verteilung beschrieben werden. Beispiel 6.1 zeigt die Berechnung der Gesamtzuverlässigkeit eines seriell angeordneten Systems.

■ **Beispiel 6.1**
Bestimmung der Gesamtzuverlässigkeit eines seriell angeordneten Fahrzeugdachsystems.

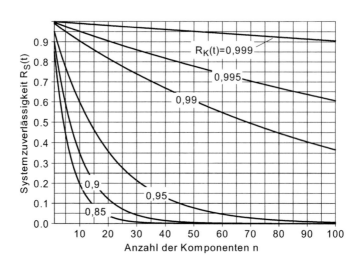

Abbildung 6.2.: Abhängigkeit der Systemzuverlässigkeit R_S von der Anzahl der Komponenten n für unterschiedliche Komponentenzuverlässigkeiten $R_K(t)$.

geg.:   *Seriell angeordnete Komponenten eines Fahrzeugdachsystems bestehend aus dem Elektromotor mit einer Zuverlässigkeit von $R_{EM} = 0,995$, der Hydraulikpumpe mit einer Zuverlässigkeit von $R_{HP} = 0,990$, dem Hydraulikschlauch mit einer Zuverlässigkeit von $R_{HS} = 0,990$, dem Hydraulikzylinder mit einer Zuverlässigkeit von $R_{HZ} = 0,980$, der Dachkinematik mit einer Zuverlässigkeit von $R_{DK} = 0,880$ sowie einem Dachverschlußsystem mit einer Zuverlässigkeit von $R_{VS} = 0,860$ für eine vorgegebene Betätigungszahl. Abbildung 6.3 zeigt das entsprechende Zuverlässigkeits-Blockschaltbild der seriell angeordneten Fahrzeugdachsystem-Komponenten.*

ges.:   *a) Es ist die Gesamtzuverlässigkeit des Dachsystems zu ermitteln.*

      b) Es ist die Höhe der Zuverlässigkeit einer jeden Komponente zu bestimmen, wenn eine Gesamtzuverlässigkeit des Dachsystems von $R_{S,Dach} = 0,90$ kundenseitig vorgegeben ist.

      c) Für eine geforderte Gesamtzuverlässigkeit des Dachsystems von $R_{S,Dach} = 0,85$ ist die Zuverlässigkeit der Dachkinematik und des Dachverschlußsystems entsprechend zu bestimmen.

Abbildung 6.3.: Zuverlässigkeits-Blockschaltbild von seriell angeordneten Komponenten eines Fahrzeugdachsystems.

Lsg.: *Es ergeben sich die folgenden Lösungen:*

a) Mit Gl. (6.6) folgt:

$$R_{S,Dach} = R_{EM} \cdot R_{HP} \cdot R_{HS} \cdot R_{HZ} \cdot R_{DK} \cdot R_{VS}$$
$$\Leftrightarrow R_{S,Dach} = 0,95 \cdot 0,99 \cdot 0,99 \cdot 0,98 \cdot 0,88 \cdot 0,86$$
$$\Leftrightarrow R_{S,Dach} = 0,691 \ .$$

b) Aus Gl. (6.6) folgt:

$$R_{S,Dach} \overset{!}{=} 0,90$$
$$\Leftrightarrow R_{EM} \cdot R_{HP} \cdot R_{HS} \cdot R_{HZ} \cdot R_{DK} \cdot R_{VS} = 0,90 \ .$$

Mit

$$R_{EM} = R_{HP} = R_{HS} = R_{HZ} = R_{DK} = R_{VS} = R_K$$

ergibt sich jede einzelne Komponentenzuverlässigkeit der 6 Komponenten zu:

$$0,9 = 6 \cdot R_K^6$$
$$\Leftrightarrow R_K = 0,9^{\frac{1}{6}}$$
$$\Leftrightarrow R_K = 0,983 \ .$$

Dies bedeutet, daß für eine geforderte Gesamtzuverlässigkeit des Dachsystems von $R_{S,Dach} = 0,90$ *jede einzelne Komponente eine Zuverlässigkeit bzw. eine Überlebenswahrscheinlichkeit von*

$$R_{EM} = R_{HP} = R_{HS} = R_{HZ} = R_{DK} = R_{VS} = 0,983$$

besitzen muß.

c) Für die Bestimmung der Zuverlässigkeit der Dachkinematik sowie des Dachverschlusses gilt:

$$R_{S,Dach} \overset{!}{=} 0,85$$

$$\Leftrightarrow \quad R_{EM} \cdot R_{HP} \cdot R_{HS} \cdot R_{HZ} \cdot R_{DK} \cdot R_{VS} = 0,85$$

$$\Leftrightarrow \quad 0,95 \cdot 0,99 \cdot 0,99 \cdot 0,98 \cdot R_{DK} \cdot R_{VS} = 0,85$$

$$\Leftrightarrow \quad 0,9125 \cdot R_{DK} \cdot R_{VS} = 0,85$$

$$\Leftrightarrow \quad R_{DK} \cdot R_{VS} = \frac{0,85}{0,9125}$$

$$\Leftrightarrow \quad R_{DK} \cdot R_{VS} = 0,9315 \ .$$

Für $R_{DK} = R_{VS}$ errechnet sich die gesuchte Zuverlässigkeit zu:

$$R_{DK} = \sqrt{0,9315} = 0,9651 \ ,$$

$$R_{VS} = \sqrt{0,9315} = 0,9651 \ .$$

6.2.2.2. Parallele Anordnung

Eine weitere grundlegende Anordnung bei der Bestimmung von Systemzuverlässigkeiten ist die parallele Anordnung von Systemen, welche auch als Redundanz bezeichnet wird.

Solche redundant angeordnete Systeme werden nach heißer bzw. kalter Redundanz unterschieden.

Bei einer heißen Redundanz werden alle parallel angeordneten Einheiten gleichzeitig betrieben.

Bei einer kalten Redundanz wird eine Reserveeinheit erst dann zugeschaltet, wenn die im Betrieb befindliche Einheit ausfällt.

Abb. 6.4 zeigt das Zuverlässigkeits-Blockschaltbild von parallel angeordneten Komponenten. Die Ausfallwahrscheinlichkeiten für die einzelnen Komponenten $F_i(t)$ sind gegeben durch:

$$F_i(t) = 1 - R_i(t) \ . \tag{6.10}$$

Somit ergibt sich die Ausfallwahrscheinlichkeit des Gesamtsystems zu:

$$R_S(t) = 1 - F(t) \tag{6.11}$$

$$\Leftrightarrow \ R_S(t) = 1 - \prod_{i=1}^{n}(1 - R_i(t)) \ . \tag{6.12}$$

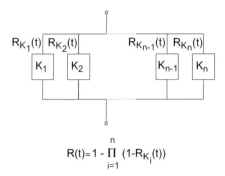

$$R(t) = 1 - \prod_{i=1}^{n} (1 - R_{K_i}(t))$$

Abbildung 6.4.: Zuverlässigkeits-Blockschaltbild von parallel angeordneten Komponenten.

Ein solches parallel angeordnetes System ist dann ausgefallen, wenn alle seine Komponenten ausgefallen sind.
Theoretisch läßt sich die Zuverlässigkeit eines solchen Systems durch den Einbau von Redundanzen beliebig erhöhen. Aufgrund entstehender Kosten, Begrenzungen der Bauteilabmessungen sowie einer Erhöhung des Gesamtgewichts, ist dieses Vorgehen in der Praxis deutlich begrenzt.
In Beispiel 6.2 ist die Ermittlung der Systemzuverlässigkeit eines parallel angeordneten Systems mittels der Boolschen Algebra dargestellt.

■ **Beispiel 6.2**
Bestimmung der Gesamtzuverlässigkeit von zwei parallel angeordneten, elektromotorisch betriebenen Hydraulikventilen.

geg.: Die in Lebensdauerversuchen ermittelte Zuverlässigkeit der Hydraulikventile HV_1, HV_2 beträgt für den Vorgang "Schließen"

$$R_{HV_1,Schl} = R_{HV_2,Schl} = 0,88 \qquad (6.13)$$

und für den Vorgang "Öffnen"

$$R_{HV_1,Öff} = R_{HV_2,Öff} = 0,82 . \qquad (6.14)$$

Für die Systemfunktionsfähigkeit muß das Ventil HV_1 oder das Ventil HV_2 geschlossen sein. Abbildung 6.5 zeigt das entsprechende Zuverlässigkeits-Blockschaltbild der zwei parallel angeordneten, elektromotorisch betriebenen Hydraulikventile.

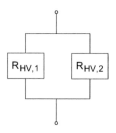

Abbildung 6.5.: Zuverlässigkeits-Blockschaltbild von zwei parallel angeordneten, elektromotorisch betriebenen Hydraulikventilen.

ges.:   *Es ist die Zuverlässigkeit des Gesamtsystems für*

     a) den Vorgang "Öffnen"
     b) und den Vorgang "Schließen"

     mittels der Boolschen Algebra zu ermitteln.

Lsg.:   *a) Mit Gl. (6.12) ergibt sich:*

$$R_{S,\ddot{O}ff}(t) = 1 - \prod_{i=1}^{2}(1 - R_{HV_i}(t))$$

$$\Leftrightarrow R_{S,\ddot{O}ff}(t) = 1 - (1 - R_{HV1}(t)) \cdot (1 - R_{HV2}(t))$$

$$\Leftrightarrow R_{S,\ddot{O}ff}(t) = 1 - (1 - R_{HV1}(t) - R_{HV2}(t) + R_{HV1}(t) \cdot R_{HV2}(t))$$

$$\Leftrightarrow R_{S,\ddot{O}ff}(t) = 1 - 1 + R_{HV1}(t) + R_{HV2}(t) - R_{HV1}(t) \cdot R_{HV2}(t)$$

$$\Leftrightarrow R_{S,\ddot{O}ff}(t) = R_{HV1}(t) + R_{HV2}(t) - R_{HV1}(t) \cdot R_{HV2}(t)$$

$$\Leftrightarrow R_{S,\ddot{O}ff}(t) = 0,82 + 0,82 - 0,82 \cdot 0,82$$

$$\Leftrightarrow R_{S,\ddot{O}ff}(t) = 0,9676 \ .$$

     b) Analog zu Punkt a) ergibt sich:

$$R_{S,Schl}(t) = 1 - \prod_{i=1}^{2}(1 - R_{HV_i}(t))$$

$$\Leftrightarrow R_{S,Schl}(t) = 0,88 + 0,88 - 0,88 \cdot 0,88$$

$$\Leftrightarrow R_{S,Schl}(t) = 0,9856 \ .$$

Tabelle 6.3.: Zustandstabelle für den Vorgang "Öffnen" und einer UND-Ver-knüpfung vorgegebener Zuverlässigkeiten eines funktionsfähigen Systems.

Systemzustand	HV_1	HV_2	S	UND-Verknüpfung
1	0	0	0	-
2	0	1	1	$0,18 \cdot 0,82 = 0,1476$
3	1	0	1	$0,82 \cdot 0,18 = 0,1476$
4	1	1	1	$0,82 \cdot 0,82 = 0,6724$

c) Die logischen Variablen werden wie folgt definiert:

$S = 1:$ *Das Gesamtsystem ist intakt.*
$S = 0:$ *Das Gesamtsystem ist ausgefallen.*
$HV_1 = 1:$ *Das Ventil HV_1 ist geöffnet.*
$HV_1 = 0:$ *Das Ventil HV_1 ist geschlossen.*
$HV_2 = 1:$ *Das Ventil HV_2 ist geöffnet.*
$HV_2 = 0:$ *Das Ventil HV_2 ist geschlossen.*

Mit den definierten, logischen Variablen ergeben sich für den Vorgang "Öffnen" und der vorgegebenen Bedingung für die Systemfunktionsfähigkeit die Zustände nach Tab. 6.3.
Die Multiplikation der Wahrscheinlichkeiten für die einzelnen Komponentenzustände (UND-Verknüpfungen) ergeben mit den vorgegebenen Zuverlässigkeiten für ein intaktes System die Wahrscheinlichkeiten für die einzelnen Systemzustände (s. Tab. 6.3). Mit der Addition der Wahrscheinlichkeiten für die einzelnen Systemzustände (ODER-Verknüpfung) ergibt sich die Gesamtwahrscheinlichkeit des Systems für den Vorgang "Öffnen" (s. Tab. 6.3) zu:

$$R_{S,\ddot{O}ff}(t) = 0,1476 + 0,1476 + 0,6724$$
$$\Leftrightarrow R_{S,\ddot{O}ff}(t) = 0,9676 \ .$$

Mit den definierten, logischen Variablen ergeben sich für den Vorgang "Schließen" und der vorgegebenen Bedingung für die Systemfunktionsfähigkeit die Zustände nach Tab. 6.4.
Die Multiplikation der Wahrscheinlichkeiten für die einzelnen Komponentenzustände (UND-Verknüpfungen) ergeben mit den vorgege-

Tabelle 6.4.: Zustandstabelle für den Vorgang "Schließen" und einer UND-Verknüpfung vorgegebener Zuverlässigkeiten eines funktionsfähigen Systems.

Systemzustand	HV_1	HV_2	S	UND-Verknüpfung
1	0	0	0	-
2	0	1	1	$0,12 \cdot 0,88 = 0,1056$
3	1	0	1	$0,88 \cdot 0,12 = 0,1056$
4	1	1	1	$0,88 \cdot 0,88 = 0,7744$

benen Zuverlässigkeiten für ein intaktes System die Wahrscheinlichkeiten für die einzelnen Systemzustände (s. Tab. 6.4). Mit der Addition der Wahrscheinlichkeiten für die einzelnen Systemzustände (ODER-Verknüpfung) ergibt sich die Gesamtwahrscheinlichkeit des Systems für den Vorgang "Schließen" zu:

$$R_{S,Schl}(t) = 0,1056 + 0,1056 + 0,7744$$
$$\Leftrightarrow R_{S,Schl}(t) = 0,9856 \ .$$

6.2.2.3. Parallelanordnungen von Serienanordnungen

Mittels Kombination von Serien- bzw. Parallelanordnungen läßt sich ein System von m parallel angeordneten Serienanordnungen $S_1, S_2, \ldots, S_m$ erzeugen, welche ihrerseits aus jeweils $n_i(i = 1, 2, \ldots, m)$ Komponenten bestehen, siehe Abbildung 6.6. Ein solches System von parallel angeordneten Serienanordnungen ist dann ausgefallen, wenn alle m Serienanordnungen von Komponenten ausgefallen sind. Für die Zuverlässigkeit dieser logischen Serienanordnungen $(i = 1, 2, \ldots, n)$ ergibt sich:

$$R_i(t) = \prod_{j=1}^{n_i} R_{ij}(t) \tag{6.15}$$

mit:

$R_{ij}(t)$:   Zuverlässigkeit der Komponente K_{ij}.
$R_i(t)$:   Zuverlässigkeit der Serienanordnung S_i.
$R_S(t)$:   Zuverlässigkeit des Gesamtsystems.

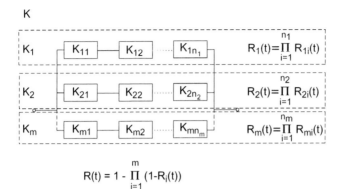

Abbildung 6.6.: Zuverlässigkeits-Blockschaltbild einer Parallelanordnung mehrerer Serienanordnungen.

Die Zuverlässigkeit der einzelnen Serienanordnungen S_i berechnet sich zu:

$$S_1 : \quad R_1(t) = \prod_{i=1}^{n_1} R_{1i}(t)$$

$$S_2 : \quad R_2(t) = \prod_{i=1}^{n_2} R_{2i}(t)$$

$$\vdots \qquad \vdots$$

$$S_m : \quad R_m(t) = \prod_{i=1}^{n_m} R_{mi}(t)$$

Diese Serienanordnungen von Komponenten sind wiederum parallel angeordnet. Somit ergibt sich die Zuverlässigkeit für das Gesamtsystem $R_S(t)$ gemäß:

$$R_S(t) = 1 - \prod_{i=1}^{m}(1 - R_i(t))$$

$$\Leftrightarrow R_S(t) = 1 - \prod_{i=1}^{m}\left(1 - \prod_{j=1}^{n_i} R_{ij}(t)\right)$$

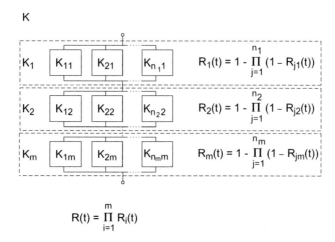

Abbildung 6.7.: Zuverlässigkeits-Blockschaltbild einer Serienanordnung mehrerer Parallelanordnungen.

6.2.2.4. Serienanordnungen von Parallelanordnungen

Sind m Anordnungen von Parallelsystemen, welche ihrerseits n_i Komponenten enthalten, seriell angeordnet, siehe Abbildung 6.7, so errechnet sich die Zuverlässigkeit jeder Parallelanordnung zu:

$$R_i(t) = 1 - \prod_{j=1}^{n_i}(1 - R_{ji}(t)) \tag{6.16}$$

mit:

$R_{ij}(t)$:   Zuverlässigkeit der Komponente K_{ij}.
$R_i(t)$:   Zuverlässigkeit der Serienanordnung S_i.

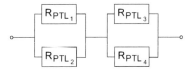

Abbildung 6.8.: Zuverlässigkeits-Blockschaltbild für seriell in paarweiser Parallelanordnung geschaltete PTL-Triebwerke.

Für m parallel angeordnete Systeme gilt somit:

$$R_1(t) = 1 - \prod_{j=1}^{n_1}(1 - R_{j1}(t))$$

$$R_2(t) = 1 - \prod_{j=1}^{n_2}(1 - R_{j2}(t))$$

$$\vdots \qquad\qquad \vdots$$

$$R_m(t) = 1 - \prod_{j=1}^{n_m}(1 - R_{jm}(t))$$

Die Zuverlässigkeit $R(t)$ des Gesamtsystems ergibt sich analog zu Gl. (4.16):

$$R_S(t) = \prod_{i=1}^{m} R_i(t)$$

$$\Leftrightarrow R_S(t) = \prod_{i=1}^{m}(1 - \prod_{j=1}^{n_i}(1 - R_{ji}(t)))\ .$$

Anhand von Beispiel 6.3 soll die Zuverlässigkeit eines Gesamtsystems mittels
der Boolschen Algebra und dem Binomialsatz (siehe Abschnitt 3.4) bestimmt
werden.

■ **Beispiel 6.3**
*Bestimmung der Gesamtzuverlässigkeit von vier, seriell in paarweiser Paralle-
lanordnung geschalteten PTL-Triebwerken.*

geg.:   *Ein Transportflugzeug besitzt $n = 4$ Propeller-Turbinen-Luftstrahltrieb-
werke. Aufgrund der konstruktiven Auslegung ist eine sichere Landung*

des Flugzeugs bei einem Ausfall von $x = 2$ Triebwerken noch möglich. Die Zuverlässigkeit eines PTL-Triebwerkes gegen einen Ausfall beträgt $R_{PTL} = 0,995$.
Für die Systemfunktionsfähigkeit S hinsichtlich des Vorgangs "sichere Landung" gilt somit, daß mindestens zwei von vier PTL-Triebwerken funktionieren müssen. In Abbildung 6.8 ist das Zuverlässigkeits-Blockschaltbild für die seriell in paarweiser Parallelanordnung geschalteten PTL-Triebwerke dargestellt.

ges.:   *a) Da alle Komponenten die gleiche Zuverlässigkeit aufweisen, soll die Überlebenswahrscheinlichkeit des Gesamtsystems mittels der Binomialverteilung ermittelt werden.*

   b) Die Zuverlässigkeit des Gesamtsystems ist mit Hilfe der Boolschen Algebra zu bestimmen.

Lsg.:   *a) Mit Gl. 3.24 ergibt sich bei gleicher Zuverlässigkeit sämtlicher Komponenten hinsichtlich des Vorgangs "sichere Landung" für $n = 4$, $x = 2$:*

$$R_{S,PTL} = \binom{n}{i}(1-p)^{n-i}p^i$$

$$\Leftrightarrow R_{S,PTL} = \binom{4}{2}(1-p)^{4-2}p^2$$

$$+ \binom{4}{3}(1-p)^{4-3}p^3$$

$$+ \binom{4}{4}(1-p)^{4-4}p^4$$

$$\Leftrightarrow R_{S,PTL} = \frac{4!}{2!(4-2)!}(1-p)^2 p^2$$

$$+ \frac{4!}{3!(4-3)!}(1-p)^1 p^3$$

$$+ \frac{4!}{4!(4-4)!}(1-p)^0 p^4$$

$$\Leftrightarrow R_{S,PTL} = 6(1-2p+p^2)p^2 + 4(1-p)p^3 + p^4$$

$$\Leftrightarrow R_{S,PTL} = 6p^2 - 12p^3 + 6p^4 + 4p^3 - 4p^4 + p^4$$

$$\Leftrightarrow R_{S,PTL} = 6p^2 - 8p^3 + 3p^4$$
$$\Leftrightarrow R_{S,PTL} = 6 \cdot 0,995^2 - 8 \cdot 0,995^3 + 3 \cdot 0,995^4$$
$$\Leftrightarrow R_{S,PTL} = 0,9999995019 \ .$$

b) Die logischen Variablen werden wie folgt definiert:

$S = 1:$ Das Gesamtsystem ist intakt.
$S = 0:$ Das Gesamtsystem ist ausgefallen.
$PTL_1 = 1:$ Das Triebwerk PTL_1 ist intakt.
$PTL_1 = 0:$ Das Triebwerk PTL_1 ist ausgefallen.
$PTL_2 = 1:$ Das Triebwerk PTL_2 ist intakt.
$PTL_2 = 0:$ Das Triebwerk PTL_2 ist ausgefallen.
$PTL_3 = 1:$ Das Triebwerk PTL_3 ist intakt.
$PTL_3 = 0:$ Das Triebwerk PTL_3 ist ausgefallen.
$PTL_4 = 1:$ Das Triebwerk PTL_4 ist intakt.
$PTL_4 = 0:$ Das Triebwerk PTL_4 ist ausgefallen.

Das vorliegende System aus vier seriell in paarweiser Parallelanordnung geschalteten PTL-Triebwerken kann gem. Gl. (6.5) $n_S = 2^4 = 16$ Zustände annehmen. Mit den definierten, logischen Variablen ergeben sich für den Vorgang "sichere Landung" und der vorgegebenen Bedingung für die Systemfunktionsfähigkeit die Zustände nach Tab. 6.5.

Mit den definierten, logischen Variablen ergeben sich durch Multiplikation der Wahrscheinlichkeiten für die einzelnen PTL-Triebwerkszustände (UND-Verknüpfungen) für den Vorgang "sichere Landung" und den vorgegebenen Zuverlässigkeiten für die Systemfunktionsfähigkeit die Wahrscheinlichkeiten für die einzelnen Systemzustände nach Tab. 6.6.

Mit der Addition der Wahrscheinlichkeiten für die einzelnen Systemzustände (ODER-Verknüpfung) ergibt sich die Gesamtwahrscheinlichkeit des Systems für den Vorgang sichere Landung nach Tab. 6.6 zu:

$$R_{S,sichere Landung}(t) = 6 \cdot (2,4751 \cdot 10^{-5}) + 4 \cdot (4,9254 \cdot 10^{-3})$$
$$+ 0,9801$$
$$\Leftrightarrow R_{S,sichere Landung}(t) = 0,9999995019 \ .$$

■ **Beispiel 6.4**
Bestimmung der Gesamtzuverlässigkeit für das Reifensystem eines NKW.

Tabelle 6.5.: Zustandstabelle für den Vorgang "sichere Landung" mit gegebener Bedingung für die Systemfunktionsfähigkeit.

Systemzustand	PTL_1	PTL_2	PTL_3	PTL_4	S
1	0	0	0	0	0
2	0	0	0	1	0
3	0	0	1	0	0
4	0	1	0	0	0
5	1	0	0	0	0
6	1	1	0	0	1
7	1	0	1	0	1
8	1	0	0	1	1
9	0	1	1	0	1
10	0	1	0	1	1
11	1	1	1	0	1
12	0	1	1	1	1
13	1	1	0	1	1
14	1	0	1	1	1
15	0	1	1	1	1
16	1	1	1	1	1

geg.:   *Das Reifensystem eines NKW soll aus insgesamt zwei Reifen an der Vorderachse und je zwei Zwillingsreifen an den zwei Hinterachsen bestehen. Das Gesamtsystem "Bereifung" gilt als funktionsfähig, wenn beide Vorderreifen und mindestens ein Reifen je Zwillingsbereifung einen Mindestfülldruck nicht unterschreiten. Die Zuverlässigkeit eines jeden einzelnen Reifens beträgt $R_R = 0,85$. In Abbildung 6.9 ist das Zuverlässigkeits-Blockschaltbild für die seriell in Parallelanordnung angeordneten Reifen dargestellt.*

ges.:   *Es ist die Gesamtzuverlässigkeit des gegeben Systems "Bereifung" zu bestimmen.*

Lsg.:   *Das Gesamtsystem "Bereifung" kann gemäß Gl. (6.5) insgesamt $n_S = 2^{10} = 1024$ Zustände annehmen. Damit die Komplexität des Gesamtsystems für die Zuverlässigkeitsbestimmung reduziert werden kann, wird das Gesamtsystem in geeignete Teilsysteme eingeteilt.*

    a) Teilsystem "Bereifung-Vorderräder":

Tabelle 6.6.: Multiplikation der Wahrscheinlichkeiten für einzelne PTL-Triebwerkszustände (UND-Verknüpfungen) mit gegebenen Zuverlässigkeiten für die Systemfunktionsfähigkeit.

Systemzustand	UND-Verknüpfung
1	-
2	-
3	-
4	-
5	-
6	$0,995 \cdot 0,995 \cdot 0,005 \cdot 0,005 = 2,4751 \cdot 10^{-5}$
7	$0,995 \cdot 0,005 \cdot 0,995 \cdot 0,005 = 2,4751 \cdot 10^{-5}$
8	$0,995 \cdot 0,005 \cdot 0,005 \cdot 0,995 = 2,4751 \cdot 10^{-5}$
9	$0,005 \cdot 0,995 \cdot 0,995 \cdot 0,005 = 2,4751 \cdot 10^{-5}$
10	$0,005 \cdot 0,005 \cdot 0,995 \cdot 0,995 = 2,4751 \cdot 10^{-5}$
11	$0,005 \cdot 0,995 \cdot 0,005 \cdot 0,995 = 2,4751 \cdot 10^{-5}$
12	$0,995 \cdot 0,995 \cdot 0,995 \cdot 0,005 = 4,9254 \cdot 10^{-3}$
13	$0,995 \cdot 0,995 \cdot 0,005 \cdot 0,995 = 4,9254 \cdot 10^{-3}$
14	$0,995 \cdot 0,005 \cdot 0,995 \cdot 0,995 = 4,9254 \cdot 10^{-3}$
15	$0,005 \cdot 0,995 \cdot 0,995 \cdot 0,995 = 4,9254 \cdot 10^{-3}$
16	$0,995 \cdot 0,995 \cdot 0,995 \cdot 0,995 = 9,8010 \cdot 10^{-1}$

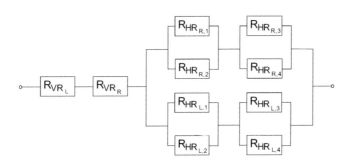

Abbildung 6.9.: Zuverlässigkeits-Blockschaltbild einer seriellen Parallelanordnung von NKW-Reifen.

Tabelle 6.7.: UND-Verknüpfung gegebener Zuverlässigkeiten für ein intaktes Reifenteilsystem TS_{VR}.

VR_L	VR_R	TS_{VR}	UND-Verknüpfung
0	0	0	0
0	1	0	0
1	0	0	0
1	1	1	$085 \cdot 0,85 = 0,7225$

Die logischen Variablen werden wie folgt definiert:

$TS_{VR} = 1$:   *Das Teilsystem "Vorderräder" ist intakt.*
$TS_{VR} = 0$:   *Das Teilsystem "Vorderräder" ist ausgefallen.*
$VR_L = 1$:   *Das linke Vorderrad VR_L ist intakt.*
$VR_L = 0$:   *Das linke Vorderrad VR_L ist ausgefallen.*
$VR_R = 1$:   *Das rechte Vorderrad VR_R ist intakt.*
$VR_R = 0$:   *Das rechte Vorderrad VR_R ist ausgefallen.*

Das vorliegende Teilsystem TS_{VR} besteht aus zwei seriell angeordneten Vorderreifen. Mit Gl. (6.5) kann dieses Teilsystem $n_S = 2^2 = 4$ Zustände annehmen.

Mit den definierten, logischen Variablen ergeben sich durch Multiplikation der Wahrscheinlichkeiten für die einzelnen Komponentenzustände (UND-Verknüpfung) und der vorgegebenen Bedingung für die Teilsystemfunktionsfähigkeit die Wahrscheinlichkeiten für die einzelnen Systemzustände nach Tab. 6.7.

Mit der Addition der Wahrscheinlichkeiten für die einzelnen Systemzustände (ODER-Verknüpfung) ergibt sich die Wahrscheinlichkeit für ein intaktes Teilsystem TS_{VR} nach Tab. 6.7 zu:

$$R_{TS_{VR}}(t) = 0,7225 \ .$$

b) Teilsystem "Bereifung-Hinterräder-linke Fahrzeugseite:
Definition der logischen Variablen:

$TS_{HR,L} = 1:$ *Das Teilsystem "Hinterräder links" ist intakt.*

$TS_{HR,L} = 0:$ *Das Teilsystem "Hinterräder rechts" ist ausgefallen.*

$HR_{L,1} = 1:$ *Das linke Hinterrad $HR_{L,1}$ ist intakt.*

$HR_{L,1} = 0:$ *Das linke Hinterrad $HR_{L,1}$ ist ausgefallen.*

$HR_{L,2} = 1:$ *Das linke Hinterrad $HR_{L,2}$ ist intakt.*

$HR_{L,2} = 0:$ *Das linke Hinterrad $HR_{L,2}$ ist ausgefallen.*

$HR_{L,3} = 1:$ *Das linke Hinterrad $HR_{L,3}$ ist intakt.*

$HR_{L,3} = 0:$ *Das linke Hinterrad $HR_{L,3}$ ist ausgefallen.*

$HR_{L,4} = 1:$ *Das linke Hinterrad $HR_{L,4}$ ist intakt.*

$HR_{L,4} = 0:$ *Das linke Hinterrad $HR_{L,4}$ ist ausgefallen.*

Das vorliegende Teilsystem $TS_{HR,L}$ aus einer seriellen Anordnung von jeweils zwei Parallelanordnungen kann $n_S = 2^4 = 16$ Zustände annehmen.

Mit den definierten, logischen Variablen und der gegebenen Bedingung für die Teilsystemfunktionsfähigkeit ergeben sich die Zustände nach Tab. 6.8.

Mit den definierten, logischen Variablen und den gegebenen Zuverlässigkeiten für die Systemfunktionsfähigkeit ergeben sich durch Multiplikation der Wahrscheinlichkeiten für die einzelnen Reifenzustände (UND-Verknüpfungen) die Wahrscheinlichkeiten für die einzelnen Systemzustände nach Tab. 6.9.

Mit der Addition der Wahrscheinlichkeiten für die einzelnen Systemzustände (ODER-Verknüpfung) ergibt sich die Wahrscheinlichkeit des Teilsystems $TS_{HR,L}$ für intakte Reifen nach Tab. 6.9 zu:

$$R_{TS,HR,L}(t) = 6 \cdot (1,6256 \cdot 10^{-2}) + 4 \cdot (9,2119 \cdot 10^{-2}) + 0,5220$$

$$\Leftrightarrow \ R_{TS,HR,L}(t) = 0,9880 \ .$$

c) Teilsystem "Bereifung-Hinterräder-rechte Fahrzeugseite":
Aufgrund der symmetrischen Vorgaben ergibt sich für die Zuverlässigkeit des Teilsystems "Bereifung-Hinterräder-rechte Fahrzeugseite":

$$R_{TS,HR,R}(t) = 0,9880 \ . \tag{6.17}$$

d) Gemäß den Vorgaben für die Funktionsfähigkeit des Gesamtsystems "Bereifung" müssen die Teilsysteme TS_{VR}, $TS_{HR,L}$ und $TS_{HR,R}$ intakt sein.
Diese seriell angeordneten Teilsysteme können $n_S = 2^3 = 8$ Zustände annehmen. Es ergeben sich die Zustände nach Tab. 6.10.

Tabelle 6.8.: Zustandstabelle der Teilsystemfunktionsfähigkeit $TS_{HR,L}$.

Systemzustand	$HR_{L,1}$	$HR_{L,2}$	$HR_{L,3}$	$HR_{L,4}$	$TS_{HR,L}$
1	0	0	0	0	0
2	0	0	0	1	0
3	0	0	1	0	0
4	0	1	0	0	0
5	1	0	0	0	0
6	1	1	0	0	1
7	1	0	1	0	1
8	1	0	0	1	1
9	0	1	1	0	1
10	0	1	0	1	1
11	1	1	1	0	1
12	0	1	1	1	1
13	1	1	0	1	1
14	1	0	1	1	1
15	0	1	1	1	1
16	1	1	1	1	1

Mit den definierten, logischen Variablen ergeben sich durch Multiplikation der Wahrscheinlichkeiten für die einzelnen Teilsysteme (UND-Verknüpfungen) und den gegebenen Zuverlässigkeiten für die Systemfunktionsfähigkeit die Wahrscheinlichkeiten nach Tab. 6.11. Mit der Addition der Wahrscheinlichkeiten für die einzelnen Teilsystemzustände (ODER-Verknüpfung) ergibt sich die Wahrscheinlichkeit für ein intaktes Gesamtsystem $R_{S,Reifen}$ gem. Tab. 6.11 zu:

$$R_{S,Reifen}(t) = 0,7053 \ .$$

Tabelle 6.9.: Multiplikation der Wahrscheinlichkeiten für einzelne Reifenzustände (UND-Verknüpfungen) bei gegebenen Zuverlässigkeiten für die Systemfunktionsfähigkeit.

Systemzustand	UND-Verknüpfung
1	-
2	-
3	-
4	-
5	-
6	$0,85 \cdot 0,85 \cdot 0,15 \cdot 0,15 = 1,6256 \cdot 10^{-2}$
7	$0,85 \cdot 0,15 \cdot 0,85 \cdot 0,15 = 1,6256 \cdot 10^{-2}$
8	$0,85 \cdot 0,15 \cdot 0,15 \cdot 0,85 = 1,6256 \cdot 10^{-2}$
9	$0,15 \cdot 0,85 \cdot 0,85 \cdot 0,15 = 1,6256 \cdot 10^{-2}$
10	$0,15 \cdot 0,15 \cdot 0,85 \cdot 0,85 = 1,6256 \cdot 10^{-2}$
11	$0,15 \cdot 0,85 \cdot 0,15 \cdot 0,85 = 1,6256 \cdot 10^{-2}$
12	$0,85 \cdot 0,85 \cdot 0,85 \cdot 0,15 = 9,2119 \cdot 10^{-2}$
13	$0,85 \cdot 0,85 \cdot 0,15 \cdot 0,85 = 9,2119 \cdot 10^{-2}$
14	$0,85 \cdot 0,15 \cdot 0,85 \cdot 0,85 = 9,2119 \cdot 10^{-2}$
15	$0,15 \cdot 0,85 \cdot 0,85 \cdot 0,85 = 9,2119 \cdot 10^{-2}$
16	$0,85 \cdot 0,85 \cdot 0,85 \cdot 0,85 = 5,2200 \cdot 10^{-1}$

Tabelle 6.10.: Zustandstabelle seriell angeordneter Teilsysteme TS_{VR}, $TS_{HR,L}$, $TS_{HR,R}$.

TS_{VR}	$TS_{HR,L}$	$TS_{HR,R}$	S
0	0	0	0
0	0	1	0
0	1	0	0
1	0	0	0
0	1	1	0
1	0	1	0
1	1	0	0
1	1	1	1

Tabelle 6.11.: UND-Verknüpfung gegebener Zuverlässigkeiten für ein intaktes Reifenteilsystem $TS_{HR,L}$.

Systemzustand	UND-Verknüpfung
1	-
2	-
3	-
4	-
5	-
6	-
7	-
8	$0,7225 \cdot 0,9880 \cdot 0,9880 \cdot = 0,7053$

7. Zuverlässigkeitsermittlung elektronischer Komponenten

Die Zuverlässigkeit von technischen Komponenten und Systemen wird aufgrund der Integration von mechanischen, elektrischen und elektronischen Bauteilen auch von den nicht-mechanischen Bauteilen bestimmt.
Insbesondere die Elektronikbauteile tendieren zu Frühausfällen mit einer Ausfallsteilheit von $b < 1$ (siehe Abschnitt 2.1.4). Eine wesentliche Eigenschaft elektronischer Bauteile ist die starke Temperaturabhängigkeit der auftretenden Fehlermechanismen.
In [17],[54] ist hierzu angegeben, daß eine Reduzierung der Umgebungstemperatur von $T_U = 100\ °C$ auf $T_U = 80\ °C$ die Ausfallrate um ca. 65 % reduziert.
Da sich die Ausfallrate für elektrische und elektronische Bauteile bzw. Systeme nach dem Abklingen der Frühausfälle stabilisiert, ist diese in der Hauptnutzungsphase, also im Bereich der zufallsbedingten Ausfälle, nahezu konstant.
Daher werden zur Vermeidung solcher in der Nutzungsphase auftretenden Frühausfälle die elektrischen und elektronischen Bauteile schon in der Fertigungsphase im Rahmen einer Wareneingangsprüfung erhöhten Temperaturen ausgesetzt, damit

- alle relevanten Defekte unmittelbar entdeckt werden,
- die Anzahl defekter, bestückter Leiterplatten reduziert wird,
- der direkte Ersatz der defekten Bauteile durch den Lieferanten erfolgt
- und Qualitätsschwankungen von einem zum anderen Fertigungslos bzw. innerhalb eines Loses vermieden werden.

Der Nachweis der Zuverlässigkeit ist aufgrund des hohen Prüfaufwands nur selten im Rahmen einer Eingangswarenkontrolle durchführbar. Daher ist die Überprüfung von Zuverlässigkeitsforderungen frühestens zu Beginn der Nutzungsphase möglich.
Für die Ermittlung der Zuverlässigkeit von Komponenten und Systemen wird

jede Elektronik als Black Box, welche durch Schnittstellen (Eingangs- und Ausgangsleitungen, Versorgungsklemmen, etc.) mit der Umwelt verbunden ist, behandelt. Dieser Black Box wird dann eine bestimmte Ausfallwahrscheinlichkeit zugeordnet.

Jede Abweichung von spezifizierten Vorgaben gilt dann als Fehler, wie beispielsweise

- der Ausfall aller Funktionen (Totalausfall),
- der Ausfall von Teilfunktionen oder
- der Ausfall aufgrund von stationären oder reversiblen Drifterscheinungen.

Im Rahmen dieser Betrachtungsweise können die in Kapitel 2-5 beschriebenen Verfahren zur Zuverlässigkeitsermittlung auf die elektrischen und elektronischen Bauteile und Systeme angewendet werden.

Aufgrund der hohen Zuverlässigkeit dieser Bauteile werden die auftretenden Fehler in *ppm* (parts per million) bzw. die Ausfallraten in *fits* (failure in time) angegeben[1].

Beispielsweise liegen 100 fits vor, wenn von $n = 10^5$ Elementen innerhalb von $t = 100 \ h$ genau ein Element, oder ein Element von $n = 10^4$ Elementen innerhalb von $t = 1000 \ h$ ausfällt.

Für die Zuverlässigkeitsermittlung elektrischer und elektronischer Bauteile wird von einer konstanten Ausfallrate λ ausgegangen. Es wird im Bereich der zufallsbedingten Ausfälle dieser Bauteile mit der Exponentialverteilung gerechnet, also der Weibull-Verteilung mit einer Ausfallsteilheit $b = 1$.

Nach Abschnitt 3.3, Gl. (3.18) ist die Ausfallrate der inverse Wert zum Mittelwert der Verteilung:

$$\lambda \approx \frac{x}{n \cdot \Delta t} \tag{7.1}$$

mit:

x: Anzahl der ausgefallenen Einheiten.

n: Anzahl der Prüflinge.

Δt: Prüfzeit (betrachtetes Zeitintervall).

Die Angaben zu Ausfallraten, insbesondere temperaturabhängigen Ausfallraten, sind in Felddatensammlungen und Veröffentlichungen von Bauteilherstellern, in Prüfberichten der Luft- und Raumfahrtindustrie, im MIL Handbook 217 A-F sowie in Publikationen von Prüfinstituten zu finden [52],[53].

In Tabelle 7.1 sind einige Ausfallraten elektrischer und elektronischer Bauteile aufgeführt [54]. Weitere mögliche Fehlfunktionen elektronischer Bauteile sind

---

[1]$1 fit = 10^{-9} h^{-1}$.

durch Feuchtigkeit bedingt. Die hierdurch entstehenden Veränderungen sind überwiegend Folgeerscheinungen aufgrund von eingedrungenem Wasserdampf in das Bauteil. Dieser gelangt durch Mikroporen oder Diffusion in das Bauteilinnere und löst physikalisch-chemische Prozesse aus. Diese können Kriech- und Leckströme, eine verminderte Spannungsfestigkeit, das Aufquellen von Isolationsmaterialien sowie Korrosion hervorrufen. Auch werden ungeschützte Elektronikteile wie Zuleitungsdrähte, Kontakte und Lötpunkte angegriffen, welches wiederum zu Kurzschlüssen, Nebenschlüssen und Unterbrechungen führen kann.

Falls Gehäuse nicht hermetisch verschlossen sind, kann eine erhebliche Feuchte im Gehäuseinneren auftreten. Durch Gehäuseöffnungen kann bei einem Temperaturwechsel mit der Luft Feuchte eingesaugt werden, welche nur sehr langsam wieder abgegeben wird. Daher kann ein offenes Gehäuse im Sinne möglicher Fehlfunktionen günstiger sein als ein fast dichtes.

Der Betrieb bei starken Temperaturwechseln führt bei Bauteilen infolge thermischer Ausdehnung zu mechanischen Spannungen, welche Funktionsausfälle hervorrufen können. Es können insbesondere bei Halbleitern Bondabrisse und Gehäuseundichtigkeiten auftreten.

Durch mechanische Stöße und Schwingungen können vorhandene Schwachstellen an Verbindungsteilen, Lötstellen und Drähten aufgezeigt werden. Die Bauteile können sich durch Materialermüdung und Bruch der Anschlußdrähte lösen.

Die temperaturbedingte Zeitraffung wird zur Voralterung im Rahmen eines burn-in-Tests eingesetzt. Mit dem Ziel, daß ausschließlich Bauteile mit konstanter Ausfallrate vorhanden sind, werden im Rahmen eines Dauerlaufs bei hoher Betriebstemperatur die Frühausfälle vorweggenommen. In Beispiel 7.1 ist die Vorgehensweise zur Ermittlung der temperaturabhängigen Ausfallrate von SI-Transistoren gezeigt.

■ Beispiel 7.1
Ermittlung der temperaturabhängigen Ausfallrate von SI-Transistoren.

geg.: *Mit $n = 500$ SI-Transistoren wird im Rahmen einer Zuverlässigkeitsuntersuchung eine Lagerung dieser SI-Transistoren über $t = 1000$ h bei einer Umgebungstemperatur von $T = 150$ °C durchgeführt. Es ist für die vorhandenen SI-Transistoren von einer Aktivierungsenergie $E_A = 0,65$ eV auszugehen.*
Nach der Lagerung werden $x = 17$ Ausfälle festgestellt.

ges.: *Für eine angenommene Betriebstemperatur von $T_B = 50$ °C und einer Betriebszeit $t_B = 1000$ h soll die zu erwartende Ausfallrate und die*

Zuverlässigkeit bestimmt werden.

Lsg.:   *Mit Gl. (7.1) ergibt sich für die Umgebungstemperatur $T = 150\ °C$ die Ausfallrate zu:*

$$\lambda_2(t) = \frac{17}{500 \cdot 1000\ h}$$
$$\Leftrightarrow \lambda_2(t) = 34 \cdot 10^{-6} h^{-1}\ .$$

Mit

$$T_1 = (273 + 50)\ K = 323\ K\ ,$$
$$T_2 = (273 + 150)\ K = 423\ K\ ,$$
$$k = 8,617 \cdot 10^{-5}\ eV/K\ ,$$

ergibt sich die Ausfallrate für eine Betriebstemperatur von $T_B = T_1 = 50\ °C$ nach Gl. (4.74), (4.76) zu:

$$\lambda_1(t) = \lambda_2(t) e^{\frac{E_A}{k}\left(\frac{1}{T_2} - \frac{1}{T_1}\right)}$$
$$\Leftrightarrow \lambda_1(t) = 34 \cdot 10^{-6} e^{\frac{0,65}{8,617 \cdot 10^{-5}}\left(\frac{1}{423} - \frac{1}{323}\right)} h^{-1}$$
$$\Leftrightarrow \lambda_1(t) = 1,361 \cdot 10^{-7} h^{-1}\ .$$

Die Zuverlässigkeit für einen Zeitraum $t = 1000\ h$ berechnet sich nach Gl. (3.16) zu:

$$R(t) = e^{-\lambda_1 t_B}$$
$$\Leftrightarrow R(t = 1000h) = e^{-1,361 \cdot 10^{-7} 1000}$$
$$\Leftrightarrow R(t = 1000h) = 0,999864\ .$$

Im folgenden Beispiel soll die Zuverlässigkeit, die Ausfallrate und die MTBF (mean time between failure, s. Abschnitt 3.3) von Leuchtdioden (LED) ermittelt werden.

■ Beispiel 7.2
Ermittlung der Zuverlässigkeit, Ausfallrate und MTBF von Leuchtdioden.

geg.:   *Es werden* $n = 750$ *LED's für einen Zeitraum von* $t = 1000$ h *einer Betriebsspannung* $U_B = 14,8$ V *ausgesetzt. Nach Ablauf der Prüfzeit werden* $x = 7$ *Ausfälle festgestellt.*

ges.:   *Es sollen innerhalb von zwei Jahren* $n = 20000$ *gleiche LED's verbaut werden. Davon dürfen höchstens* $x = 3$ *ausfallen.*

    a) Welche Ausfallrate muß gefordert werden ?
    b) Wie hoch ist die Zuverlässigkeit der LED's ?
    c) Welchen Wert hat die MTBF ?

Lsg.:   *a) Mit Gl. (7.1) ergibt sich die gesuchte Ausfallrate zu:*

$$\lambda(t) = \frac{7}{750 \cdot 1000 \; h}$$
$$\Leftrightarrow \; \lambda(t) = 9,3 \cdot 10^{-6} h^{-1} \approx 9333 \; fits \; .$$

Analog ergibt sich:

$$\lambda_2(t) = \frac{3}{20000 \cdot (2 \cdot 365 \cdot 24)} h^{-1}$$
$$\Leftrightarrow \; \lambda_2(t) = 8,56 \cdot 10^{-9} h^{-1} \approx 9 \; fits \; .$$

b) Die Zuverlässigkeit für den Zeitraum $t = 2 \cdot 365 \cdot 24 = 17520$ h *berechnet sich nach Gl. (3.16) zu:*

$$R(t) = e^{-\lambda \cdot 2 \cdot 365 \cdot 24}$$
$$\Leftrightarrow \; R(t = 17520 \; h) = e^{-8,56 \cdot 10^{-9} 17520}$$
$$\Leftrightarrow \; R(t = 17520 \; h) = 0,99985 \; .$$

c) Die MTBF beträgt

$$MTBF = \frac{2 \cdot 365}{3} = 243,3 \; Tage \; .$$

Tabelle 7.1.: Ausfallraten λ für elektrische und elektronische Bauteile nach [54].

Bauteil	fits	Bauteil	fits
IC digital, bipolar	200	Dioden, SI-Leistung	50
IC digital, MOS	200	Dioden, SI-Zener	40
IC analog	200	Dioden, SI-universal	3
		Dioden, GE-universal	15
Transistor, SI-Leistung	60		
Transistor, SI-universal	200	Operationsverstärker	100
Transistor, FET	50		
GE-Transistor, Leistung	750	7-Segment-Anzeige GaAs	200
GE-Transistor, universal	24	Optokoppler	200
Tantal-Kondensator	40	Pulstrafo	10
Papier-Kondensator	10	Niederspannungstrafo ($< 100\ V$)	20
Mylar-Kondensator	25	Hochspannungstrafo ($> 100\ V$)	50
Keramik-Kondensator	6	NF-Übertrager	10
Glimmer-Kondensator	2		
Keramik-Kondensator, var.	20	Industrie-Steckerfassung	100
Glas-Kondensator, var.	45	Steck-Kontakt,	10
Luft-Kondensator, var.	200	seltene Steckung	
Al-Elko	500	Koax-Stecker,	50
Kondensatordurchführung	10	seltene Steckung	
		Klemmkontakt a. Leiterplatte,	30
Kohleschichtwiderstand, fest	10	sehr seltene Steckung	
Kohleschichtwiderstand, var.	200	Lötverbindung	5
Massewiderstand	1,4	Wire-Wrap-Verbindung	0,5
Metallfilmwiderstand	2,0	Kabel-Ader	60
Drahtwiderstand, fest	10	sehr seltene Bewegung	
Drahtwiderstand, variabel	200		
Thermistoren	10	Taste, Schalter	150
		Codierschalter	50
HF-Spulen	30	Relais, geringe Schaltzahl	500
Leistungsspulen	20	Mechanisches Zählwerk	150
HF-Übertrager	20		

A. Standardisierte Normalverteilung

Tabelle A.1.: Summenfunktion der standardisierten Normalverteilung.

u	$\phi(u)$	$1 - \phi(u)$	u	$\phi(u)$	$1 - \phi(u)$
0,00	0,5000	0,5000	0,28	0,6103	0,3897
0,01	0,5040	0,4960	0,29	0,6141	0,3859
0,02	0,5080	0,4920	0,30	0,6179	0,3821
0,03	0,5120	0,4880	0,31	0,6217	0,3783
0,04	0,5160	0,4840	0,32	0,6255	0,3745
0,05	0,5199	0,4801	0,33	0,6293	0,3707
0,06	0,5239	0,4761	0,34	0,6331	0,3669
0,07	0,5279	0,4721	0,35	0,6368	0,3632
0,08	0,5319	0,4681	0,36	0,6406	0,3594
0,09	0,5359	0,4641	0,37	0,6443	0,3557
0,10	0,5398	0,4602	0,38	0,6480	0,3520
0,11	0,5438	0,4562	0,39	0,6517	0,3483
0,12	0,5478	0,4522	0,40	0,6554	0,3446
0,13	0,5517	0,4483	0,41	0,6591	0,3409
0,14	0,5557	0,4443	0,42	0,6628	0,3372
0,15	0,5596	0,4404	0,43	0,6664	0,3336
0,16	0,5636	0,4364	0,44	0,6700	0,3300
0,17	0,5675	0,4325	0,45	0,6736	0,3264
0,18	0,5714	0,4286	0,46	0,6772	0,3228
0,19	0,5753	0,4247	0,47	0,6808	0,3192
0,20	0,5793	0,4207	0,48	0,6844	0,3156
0,21	0,5832	0,4168	0,49	0,6879	0,3121
0,22	0,5871	0,4129	0,50	0,6915	0,3085
0,23	0,5910	0,4090	0,51	0,6950	0,3050
0,24	0,5948	0,4052	0,52	0,6985	0,3015
0,25	0,5987	0,4013	0,53	0,7019	0,2981
0,26	0,6026	0,3974	0,54	0,7054	0,2946
0,27	0,6064	0,3936	0,55	0,7088	0,2912

Tabelle A.1 (Fortsetzung).

u	$\phi(u)$	$1 - \phi(u)$	u	$\phi(u)$	$1 - \phi(u)$
0,56	0,7123	0,2877	0,99	0,8389	0,1611
0,57	0,7157	0,2843	1,00	0,8413	0,1587
0,58	0,7190	0,2810	1,01	0,8438	0,1562
0,59	0,7224	0,2776	1,02	0,8461	0,1539
0,61	0,7291	0,2709	1,03	0,8485	0,1515
0,62	0,7324	0,2676	1,04	0,8508	0,1492
0,63	0,7357	0,2643	1,05	0,8531	0,1469
0,64	0,7389	0,2611	1,06	0,8554	0,1446
0,65	0,7422	0,2578	1,07	0,8577	0,1423
0,66	0,7454	0,2546	1,08	0,8599	0,1401
0,67	0,7486	0,2514	1,09	0,8621	0,1379
0,68	0,7517	0,2483	1,10	0,8643	0,1357
0,69	0,7549	0,2451	1,11	0,8665	0,1335
0,70	0,7580	0,2420	1,12	0,8686	0,1314
0,71	0,7611	0,2389	1,13	0,8708	0,1292
0,72	0,7642	0,2358	1,14	0,8729	0,1271
0,73	0,7673	0,2327	1,15	0,8749	0,1251
0,74	0,7704	0,2296	1,16	0,8770	0,1230
0,75	0,7734	0,2266	1,17	0,8790	0,1210
0,76	0,7764	0,2236	1,18	0,8810	0,1190
0,77	0,7794	0,2206	1,19	0,8830	0,1170
0,78	0,7823	0,2177	1,20	0,8849	0,1151
0,79	0,7852	0,2148	1,21	0,8869	0,1131
0,80	0,7881	0,2119	1,22	0,8888	0,1112
0,81	0,7910	0,2090	1,23	0,8907	0,1093
0,82	0,7939	0,2061	1,24	0,8925	0,1075
0,83	0,7967	0,2033	1,25	0,8944	0,1056
0,84	0,7995	0,2005	1,26	0,8962	0,1038
0,85	0,8023	0,1977	1,27	0,8980	0,1020
0,86	0,8051	0,1949	1,28	0,8997	0,1003
0,87	0,8078	0,1922	1,29	0,9015	0,0985
0,88	0,8106	0,1894	1,30	0,9032	0,0968
0,89	0,8133	0,1867	1,31	0,9049	0,0951
0,90	0,8159	0,1841	1,32	0,9066	0,0934
0,91	0,8186	0,1814	1,33	0,9082	0,0918
0,92	0,8212	0,1788	1,34	0,9099	0,0901
0,93	0,8238	0,1762	1,35	0,9115	0,0885
0,94	0,8264	0,1736	1,36	0,9131	0,0869
0,95	0,8289	0,1711	1,37	0,9147	0,0853
0,96	0,8315	0,1685	1,38	0,9162	0,0838
0,97	0,8340	0,1660	1,39	0,9177	0,0823
0,98	0,8365	0,1635	1,40	0,9192	0,0808

Tabelle A.1 (Fortsetzung).

u	$\phi(u)$	$1 - \phi(u)$	u	$\phi(u)$	$1 - \phi(u)$
1,11	0,9207	0,0793	1,83	0,9664	0,0336
1,42	0,9222	0,0778	1,84	0,9671	0,0329
1,43	0,9236	0,0764	1,85	0,9678	0,0322
1,44	0,9251	0,0749	1,86	0,9686	0,0314
1,45	0,9265	0,0735	1,87	0,9693	0,0307
1,46	0,9279	0,0721	1,88	0,9699	0,0301
1,47	0,9292	0,0708	1,89	0,9706	0,0294
1,48	0,9306	0,0694	1,90	0,9713	0,0287
1,49	0,9319	0,0681	1,91	0,9719	0,0281
1,50	0,9332	0,0668	1,92	0,9726	0,0274
1,51	0,9345	0,0655	1,93	0,9732	0,0268
1,52	0,9357	0,0643	1,94	0,9738	0,0262
1,53	0,9370	0,0630	1,95	0,9744	0,0256
1,54	0,9382	0,0618	1,96	0,9750	0,0250
1,55	0,9394	0,0606	1,97	0,9756	0,0244
1,56	0,9406	0,0594	1,98	0,9761	0,0239
1,57	0,9418	0,0582	1,99	0,9767	0,0233
1,58	0,9429	0,0571	2,00	0,9772	0,0228
1,59	0,9441	0,0559	2,01	0,9778	0,0222
1,60	0,9452	0,0548	2,02	0,9783	0,0217
1,61	0,9463	0,0537	2,03	0,9788	0,0212
1,62	0,9474	0,0526	2,04	0,9793	0,0207
1,63	0,9484	0,0516	2,05	0,9798	0,0202
1,64	0,9495	0,0505	2,06	0,9803	0,0197
1,65	0,9505	0,0495	2,07	0,9808	0,0192
1,66	0,9515	0,0485	2,08	0,9812	0,0188
1,67	0,9525	0,0475	2,09	0,9817	0,0183
1,68	0,9535	0,0465	2,10	0,9821	0,0179
1,69	0,9545	0,0455	2,11	0,9826	0,0174
1,70	0,9554	0,0446	2,12	0,9830	0,0170
1,71	0,9564	0,0436	2,13	0,9834	0,0166
1,72	0,9573	0,0427	2,14	0,9838	0,0162
1,73	0,9582	0,0418	2,15	0,9842	0,0158
1,74	0,9591	0,0409	2,16	0,9846	0,0154
1,75	0,9599	0,0401	2,17	0,9850	0,0150
1,76	0,9608	0,0392	2,18	0,9854	0,0146
1,77	0,9616	0,0384	2,19	0,9857	0,0143
1,78	0,9625	0,0375	2,20	0,9861	0,0139
1,79	0,9633	0,0367	2,21	0,9864	0,0136
1,80	0,9641	0,0359	2,22	0,9868	0,0132
1,81	0,9649	0,0351	2,23	0,9871	0,0129
1,82	0,9656	0,0344	2,24	0,9875	0,0125

Tabelle A.1 (Fortsetzung).

u	$\phi(u)$	$1 - \phi(u)$	u	$\phi(u)$	$1 - \phi(u)$
2,25	0,9878	0,0122	2,67	0,9962	0,0038
2,26	0,9881	0,0119	2,68	0,9963	0,0037
2,27	0,9884	0,0116	2,69	0,9964	0,0036
2,28	0,9887	0,0113	2,70	0,9965	0,0035
2,29	0,9890	0,0110	2,71	0,9966	0,0034
2,30	0,9893	0,0107	2,72	0,9967	0,0033
2,31	0,9896	0,0104	2,73	0,9968	0,0032
2,32	0,9898	0,0102	2,74	0,9969	0,0031
2,33	0,9901	0,0099	2,75	0,9970	0,0030
2,34	0,9904	0,0096	2,76	0,9971	0,0029
2,35	0,9906	0,0094	2,77	0,9972	0,0028
2,36	0,9909	0,0091	2,78	0,9973	0,0027
2,37	0,9911	0,0089	2,79	0,9974	0,0026
2,38	0,9913	0,0087	2,80	0,9974	0,0026
2,39	0,9916	0,0084	2,81	0,9975	0,0025
2,40	0,9918	0,0082	2,82	0,9976	0,0024
2,41	0,9920	0,0080	2,83	0,9977	0,0023
2,42	0,9922	0,0078	2,84	0,9977	0,0023
2,43	0,9925	0,0075	2,85	0,9978	0,0022
2,44	0,9927	0,0073	2,86	0,9979	0,0021
2,45	0,9929	0,0071	2,87	0,9979	0,0021
2,46	0,9931	0,0069	2,88	0,9980	0,0020
2,47	0,9932	0,0068	2,89	0,9981	0,0019
2,48	0,9934	0,0066	2,90	0,9981	0,0019
2,49	0,9936	0,0064	2,91	0,9982	0,0018
2,50	0,9938	0,0062	2,92	0,9982	0,0018
2,51	0,9940	0,0060	2,93	0,9983	0,0017
2,52	0,9941	0,0059	2,94	0,9984	0,0016
2,53	0,9943	0,0057	2,95	0,9984	0,0016
2,54	0,9945	0,0055	2,96	0,9985	0,0015
2,55	0,9946	0,0054	2,97	0,9985	0,0015
2,56	0,9948	0,0052	2,98	0,9986	0,0014
2,57	0,9949	0,0051	2,99	0,9986	0,0014
2,58	0,9951	0,0049	3,00	0,9987	0,0013
2,59	0,9952	0,0048	3,01	0,9987	0,0013
2,60	0,9953	0,0047	3,02	0,9987	0,0013
2,61	0,9955	0,0045	3,03	0,9988	0,0012
2,62	0,9956	0,0044	3,04	0,9988	0,0012
2,63	0,9957	0,0043	3,05	0,9989	0,0011
2,64	0,9959	0,0041	3,06	0,9989	0,0011
2,65	0,9960	0,0040	3,07	0,9989	0,0011
2,66	0,9961	0,0039	3,08	0,9990	0,0010

Tabelle A.1 (Fortsetzung).

u	$\phi(u)$	$1 - \phi(u)$	u	$\phi(u)$	$1 - \phi(u)$
3,09	0,9990	0,0010	3,50	0,9998	0,0002
3,10	0,9990	0,0010	3,51	0,9998	0,0002
3,11	0,9991	0,0009	3,52	0,9998	0,0002
3,12	0,9991	0,0009	3,53	0,9998	0,0002
3,13	0,9991	0,0009	3,54	0,9998	0,0002
3,14	0,9992	0,0008	3,55	0,9998	0,0002
3,15	0,9992	0,0008	3,56	0,9998	0,0002
3,16	0,9992	0,0008	3,57	0,9998	0,0002
3,17	0,9992	0,0008	3,58	0,9998	0,0002
3,18	0,9993	0,0007	3,59	0,9998	0,0002
3,19	0,9993	0,0007	3,60	0,9998	0,0002
3,20	0,9993	0,0007	3,61	0,9998	0,0002
3,21	0,9993	0,0007	3,62	0,9999	0,0001
3,22	0,9994	0,0006	3,63	0,9999	0,0001
3,23	0,9994	0,0006	3,64	0,9999	0,0001
3,24	0,9994	0,0006	3,65	0,9999	0,0001
3,25	0,9994	0,0006	3,66	0,9999	0,0001
3,26	0,9994	0,0006	3,67	0,9999	0,0001
3,27	0,9995	0,0005	3,68	0,9999	0,0001
3,28	0,9995	0,0005	3,69	0,9999	0,0001
3,29	0,9995	0,0005	3,70	0,9999	0,0001
3,30	0,9995	0,0005	3,71	0,9999	0,0001
3,31	0,9995	0,0005	3,72	0,9999	0,0001
3,32	0,9995	0,0005	3,73	0,9999	0,0001
3,33	0,9996	0,0004	3,74	0,9999	0,0001
3,34	0,9996	0,0004	3,75	0,9999	0,0001
3,35	0,9996	0,0004	3,76	0,9999	0,0001
3,36	0,9996	0,0004	3,77	0,9999	0,0001
3,37	0,9996	0,0004	3,78	0,9999	0,0001
3,38	0,9996	0,0004	3,79	0,9999	0,0001
3,39	0,9997	0,0003	3,80	0,9999	0,0001
3,40	0,9997	0,0003	3,81	0,9999	0,0001
3,41	0,9997	0,0003	3,82	0,9999	0,0001
3,42	0,9997	0,0003	3,83	0,9999	0,0001
3,43	0,9997	0,0003	3,84	0,9999	0,0001
3,44	0,9997	0,0003	3,85	0,9999	0,0001
3,45	0,9997	0,0003	3,86	0,9999	0,0001
3,46	0,9997	0,0003	3,87	0,9999	0,0001
3,47	0,9997	0,0003	3,88	0,9999	0,0001
3,48	0,9997	0,0003	3,89	0,9999	0,0001
3,49	0,9998	0,0002	3,90	1,0000	0,0000

B. Binomialverteilung

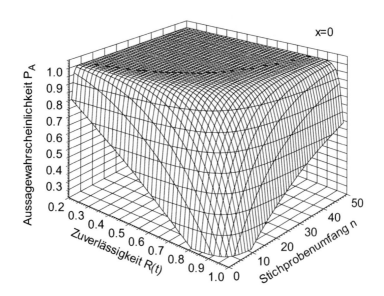

Abbildung B.1.: $P_A = 1 - \binom{n}{x}(1 - R(t))^x \cdot R(t)^{n-x}$ mit einem Stichprobenumfang n, einer Zuverlässigkeit $R(t)$ und einer Anzahl von in der Stichprobe ausgefallener Einheiten $x = 0$.

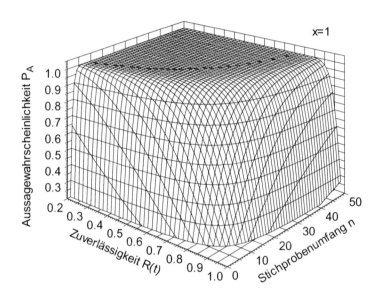

Abbildung B.2.: $P_A = 1 - \binom{n}{x}(1 - R(t))^x \cdot R(t)^{n-x}$ mit einem Stichprobenumfang n, einer Zuverlässigkeit $R(t)$ und einer Anzahl von in der Stichprobe ausgefallener Einheiten $x = 1$.

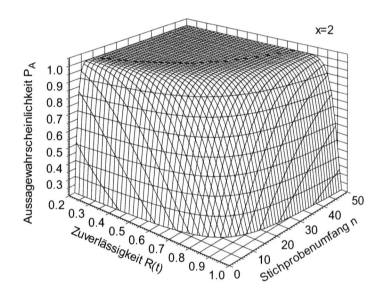

Abbildung B.3.: $P_A = 1 - \binom{n}{x}(1 - R(t))^x \cdot R(t)^{n-x}$ mit einem Stichprobenumfang n, einer Zuverlässigkeit $R(t)$ und einer Anzahl von in der Stichprobe ausgefallener Einheiten $x = 2$.

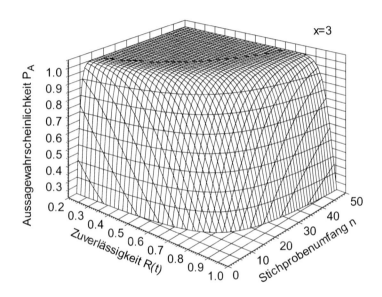

Abbildung B.4.: $P_A = 1 - \binom{n}{x}(1 - R(t))^x \cdot R(t)^{n-x}$ mit einem Stichprobenumfang n, einer Zuverlässigkeit $R(t)$ und einer Anzahl von in der Stichprobe ausgefallener Einheiten $x = 3$.

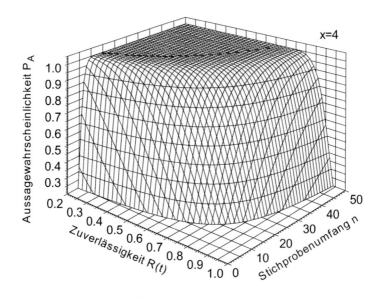

Abbildung B.5.: $P_A = 1 - \binom{n}{x}(1 - R(t))^x \cdot R(t)^{n-x}$ mit einem Stichprobenumfang n, einer Zuverlässigkeit $R(t)$ und einer Anzahl von in der Stichprobe ausgefallener Einheiten $x = 4$.

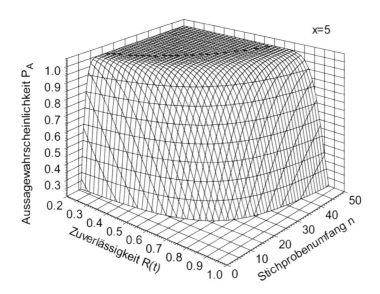

Abbildung B.6.: $P_A = 1 - \binom{n}{x}(1 - R(t))^x \cdot R(t)^{n-x}$ mit einem Stichprobenumfang n, einer Zuverlässigkeit $R(t)$ und einer Anzahl von in der
Stichprobe ausgefallener Einheiten $x = 5$.

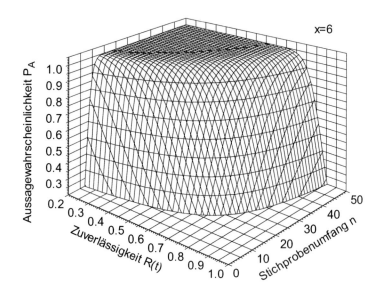

Abbildung B.7.: $P_A = 1 - \binom{n}{x}(1 - R(t))^x \cdot R(t)^{n-x}$ mit einem Stichprobenumfang n, einer Zuverlässigkeit $R(t)$ und einer Anzahl von in der Stichprobe ausgefallener Einheiten $x = 6$.

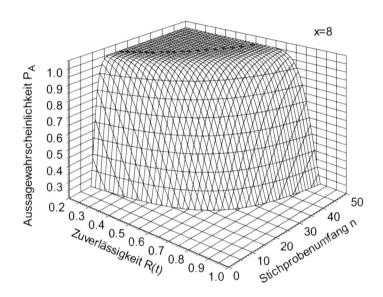

Abbildung B.8.: $P_A = 1 - \binom{n}{x}(1 - R(t))^x \cdot R(t)^{n-x}$ mit einem Stichprobenumfang n, einer Zuverlässigkeit $R(t)$ und einer Anzahl von in der Stichprobe ausgefallener Einheiten $x = 8$.

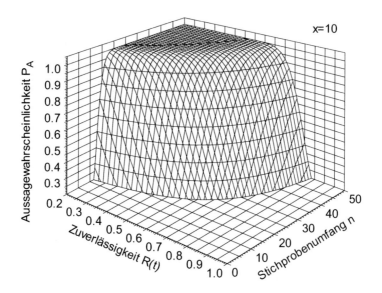

Abbildung B.9.: $P_A = 1 - \binom{n}{x}(1 - R(t))^x \cdot R(t)^{n-x}$ mit einem Stichprobenumfang n, einer Zuverlässigkeit $R(t)$ und einer Anzahl von in der Stichprobe ausgefallener Einheiten $x = 10$.

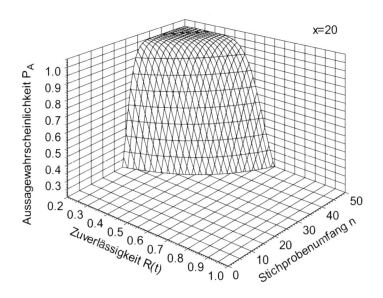

Abbildung B.10.: $P_A = 1 - \binom{n}{x}(1 - R(t))^x \cdot R(t)^{n-x}$ mit einem Stichproben-umfang n, einer Zuverlässigkeit $R(t)$ und einer Anzahl von in der Stichprobe ausgefallener Einheiten $x = 20$.

C. Hypergeometrische Verteilung

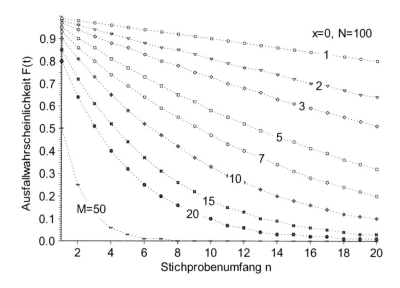

Abbildung C.1.: Ausfallwahrscheinlichkeit $F(t) = (\binom{M}{x} \cdot \binom{N-M}{n-x})/\binom{N}{n})$ für einen Stichprobenumfang n, einer ganzzahligen Anzahl[1] von in der Stichprobe ausgefallener Einheiten $x = 0$, einer Anzahl defekter Einheiten M in der Grundgesamtheit sowie der Gesamtanzahl von Einheiten $N = 100$ in der Grundgesamtheit.

---

[1] Die Anzahl von in der Stichprobe ausgefallener Einheiten ist stets ganzzahlig; der gestrichelte Linienverlauf dient ausschließlich der Anschaulichkeit.

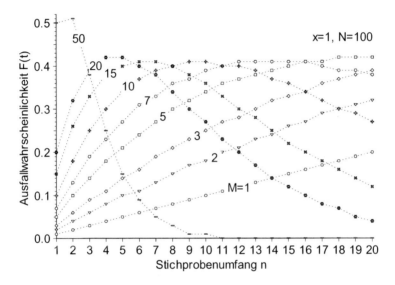

Abbildung C.2.: Ausfallwahrscheinlichkeit $F(t) = (\binom{M}{x} \cdot \binom{N-M}{n-x})/\binom{N}{n}$ für einen Stichprobenumfang n, einer ganzzahligen Anzahl von in der Stichprobe ausgefallener Einheiten $x = 1$, einer Anzahl defekter Einheiten M in der Grundgesamtheit sowie der Gesamtanzahl von Einheiten $N = 100$ in der Grundgesamtheit.

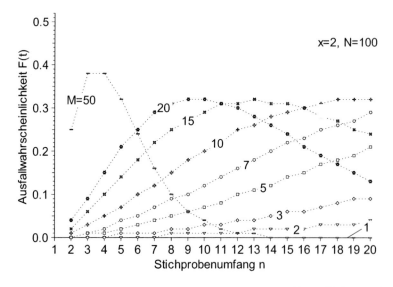

Abbildung C.3.: Ausfallwahrscheinlichkeit $F(t) = \left(\binom{M}{x} \cdot \binom{N-M}{n-x}\right)/\binom{N}{n}$ für einen Stichprobenumfang n, einer ganzzahligen Anzahl von in der Stichprobe ausgefallener Einheiten $x = 2$, einer Anzahl defekter Einheiten M in der Grundgesamtheit sowie der Gesamtanzahl von Einheiten $N = 100$ in der Grundgesamtheit.

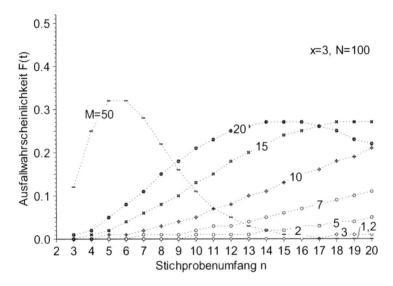

Abbildung C.4.: Ausfallwahrscheinlichkeit $F(t) = (\binom{M}{x} \cdot \binom{N-M}{n-x})/\binom{N}{n}$ für einen Stichprobenumfang n, einer ganzzahligen Anzahl von in der Stichprobe ausgefallener Einheiten $x = 3$, einer Anzahl defekter Einheiten M in der Grundgesamtheit sowie der Gesamtanzahl von Einheiten $N = 100$ in der Grundgesamtheit.

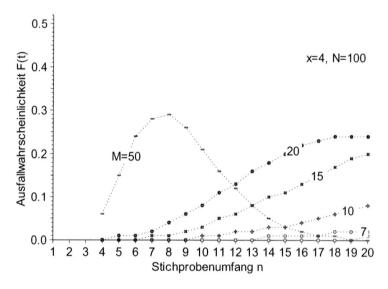

Abbildung C.5.: Ausfallwahrscheinlichkeit $F(t) = (\binom{M}{x} \cdot \binom{N-M}{n-x})/\binom{N}{n}$ für einen Stichprobenumfang n, einer ganzzahligen Anzahl von in der Stichprobe ausgefallener Einheiten $x = 4$, einer Anzahl defekter Einheiten M in der Grundgesamtheit sowie der Gesamtanzahl von Einheiten $N = 100$ in der Grundgesamtheit.

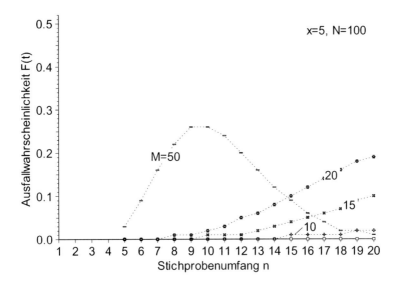

Abbildung C.6.: Ausfallwahrscheinlichkeit $F(t) = (\binom{M}{x} \cdot \binom{N-M}{n-x})/\binom{N}{n}$ für einen Stichprobenumfang n, einer ganzzahligen Anzahl von in der Stichprobe ausgefallener Einheiten $x = 5$, einer Anzahl defekter Einheiten M in der Grundgesamtheit sowie der Gesamtanzahl von Einheiten $N = 100$ in der Grundgesamtheit.

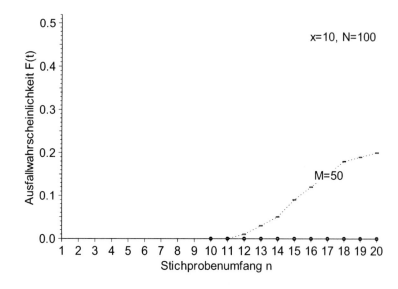

Abbildung C.7.: Ausfallwahrscheinlichkeit $F(t) = ((\binom{M}{x}) \cdot (\binom{N-M}{n-x}))/(\binom{N}{n})$ für einen Stichprobenumfang n, einer ganzzahligen Anzahl von in der Stichprobe ausgefallener Einheiten $x = 10$, einer Anzahl defekter Einheiten M in der Grundgesamtheit sowie der Gesamtanzahl von Einheiten $N = 100$ in der Grundgesamtheit.

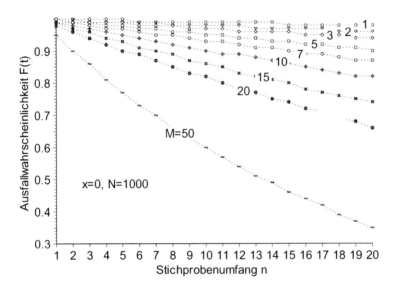

Abbildung C.8.: Ausfallwahrscheinlichkeit $F(t) = ((\binom{M}{x}) \cdot (\binom{N-M}{n-x}))/(\binom{N}{n})$ für einen Stichprobenumfang n, einer ganzzahligen Anzahl von in der Stichprobe ausgefallener Einheiten $x = 0$, einer Anzahl defekter Einheiten M in der Grundgesamtheit sowie der Gesamtanzahl von Einheiten $N = 1000$ in der Grundgesamtheit.

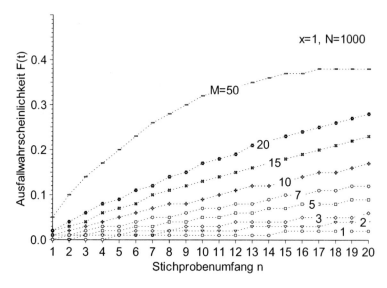

Abbildung C.9.: Ausfallwahrscheinlichkeit $F(t) = (\binom{M}{x} \cdot \binom{N-M}{n-x})/\binom{N}{n}$ für einen Stichprobenumfang n, einer ganzzahligen Anzahl von in der Stichprobe ausgefallener Einheiten $x = 1$, einer Anzahl defekter Einheiten M in der Grundgesamtheit sowie der Gesamtanzahl von Einheiten $N = 1000$ in der Grundgesamtheit.

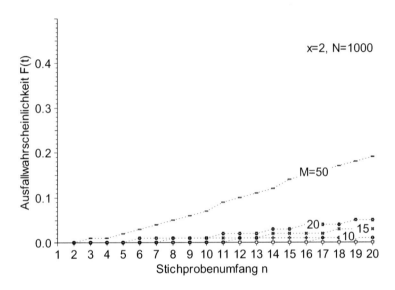

Abbildung C.10.: Ausfallwahrscheinlichkeit $F(t) = (\binom{M}{x} \cdot \binom{N-M}{n-x})/\binom{N}{n})$ für einen Stichprobenumfang n, einer ganzzahligen Anzahl von in der Stichprobe ausgefallener Einheiten $x = 2$, einer Anzahl defekter Einheiten M in der Grundgesamtheit sowie der Gesamtanzahl von Einheiten $N = 1000$ in der Grundgesamtheit.

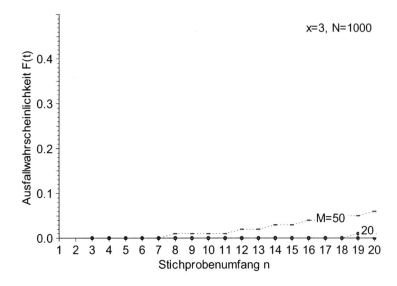

Abbildung C.11.: Ausfallwahrscheinlichkeit $F(t) = (\binom{M}{x} \cdot \binom{N-M}{n-x})/\binom{N}{n}$ für einen Stichprobenumfang n, einer ganzzahligen Anzahl von in der Stichprobe ausgefallener Einheiten $x = 3$, einer Anzahl defekter Einheiten M in der Grundgesamtheit sowie der Gesamtanzahl von Einheiten $N = 1000$ in der Grundgesamtheit.

D. Poissonverteilung

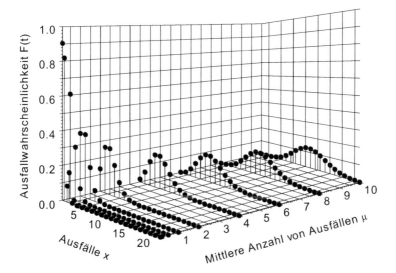

Abbildung D.1.: Ausfallwahrscheinlichkeit $F(t) = (\mu^x/x!)e^{-\mu}$ für eine mittlere Anzahl von Ausfällen μ bei einer ganzzahligen Anzahl von Ausfällen in einer betrachteten Stichprobe x.

E. Ausfallwahrscheinlichkeiten

Tabelle E.1.: Ausfallwahrscheinlichkeiten in % für die 5 %-Vertrauensgrenze bei einem Stichprobenumfang n und der Ranggröße i.

	n=1	2	3	4	5	6	7	8	9	10
i=1	5,00	2,51	1,68	1,28	1,02	0,85	0,74	0,64	0,57	0,51
2		22,40	13,60	9,76	7,68	6,26	5,36	4,64	4,08	3,68
3			36,80	24,80	18,96	15,36	12,88	11,12	9,76	8,72
4				47,20	34,32	27,20	22,56	19,28	16,88	15,04
5					54,96	41,84	34,16	28,96	25,12	22,24
6						60,72	48,00	40,00	34,56	30,40
7							65,20	52,96	45,04	39,36
8								68,80	57,12	49,36
9									71,76	60,64
10										74,16

Tabelle E.1 (Fortsetzung).

	n=11	12	13	14	15	16	17	18	19	20
i=1	0,46	0,43	0,40	0,37	0,34	0,32	0,30	0,28	0,27	0,26
2	3,33	3,04	2,80	2,59	2,42	2,26	2,13	2,00	1,90	1,81
3	7,86	7,20	6,59	6,10	5,68	5,30	4,98	4,72	4,43	4,21
4	13,52	12,32	11,28	10,40	9,68	9,04	8,48	7,95	7,52	7,12
5	20,00	18,08	16,56	15,28	14,16	13,20	12,40	11,62	10,98	10,40
6	27,12	24,56	22,40	20,64	19,12	17,76	16,64	15,60	14,72	13,94
7	35,04	31,52	28,72	26,40	24,40	22,64	21,20	19,92	18,72	17,76
8	43,60	39,12	35,52	32,56	30,00	27,84	26,00	24,40	22,96	21,68
9	53,04	47,20	42,80	39,04	36,00	33,36	31,12	29,12	27,44	25,84
10	63,60	56,24	50,56	46,00	42,24	39,12	36,40	34,08	32,00	30,24
11	76,16	66,16	59,04	53,44	48,96	45,20	42,00	39,20	36,80	34,72
12		77,92	68,40	61,52	56,00	51,60	47,84	44,64	41,84	39,36
13			79,44	70,32	63,60	58,40	54,00	50,24	47,04	44,24
14				80,72	72,00	65,60	60,40	56,16	52,40	49,20
15					81,92	73,60	67,36	62,32	58,08	54,40
16						82,96	75,04	68,96	64,08	59,92
17							83,84	76,24	70,40	65,60
18								84,64	77,36	71,76
19									85,44	78,40
20										86,08

Tabelle E.1 (Fortsetzung).

	n=21	22	23	24	25	26	27	28	29	30
i=1	0,25	0,23	0,22	0,21	0,20	0,20	0,19	0,18	0,18	0,17
2	1,71	1,63	1,57	1,50	1,44	1,39	1,33	1,28	1,24	1,20
3	4,00	3,81	3,65	3,49	3,36	3,22	3,09	2,98	2,88	2,78
4	6,80	6,48	6,16	5,92	5,65	5,44	5,22	5,04	4,85	4,67
5	9,87	9,39	8,96	8,58	8,24	7,92	7,60	7,30	7,04	6,80
6	13,22	12,58	12,00	11,47	10,99	10,56	10,16	9,76	9,41	9,07
7	16,80	16,00	15,28	14,56	13,92	13,36	12,88	12,35	11,92	11,52
8	20,56	19,52	18,64	17,78	17,04	16,32	15,68	15,06	14,56	14,00
9	24,48	23,28	22,16	21,12	20,24	19,38	18,64	17,92	17,22	16,64
10	28,56	27,12	25,84	24,64	23,52	22,56	21,68	20,80	20,08	19,36
11	32,80	31,12	29,60	28,24	26,96	25,84	24,80	23,84	22,96	22,08
12	37,20	35,28	33,52	31,92	30,48	29,20	28,00	26,88	25,92	24,96
13	41,76	39,52	37,52	35,76	34,16	32,64	31,28	30,08	28,96	27,84
14	46,40	43,92	41,68	39,68	37,84	36,24	34,72	33,28	32,00	30,88
15	51,28	48,48	46,00	43,68	41,68	39,84	38,16	36,64	35,20	33,92
16	56,32	53,20	50,40	47,84	45,60	43,60	41,68	40,00	38,40	36,96
17	61,60	58,00	54,88	52,16	49,60	47,36	45,36	43,44	41,76	40,16
18	67,12	63,12	59,60	56,56	53,76	51,28	49,04	47,04	45,12	43,36
19	72,96	68,40	64,48	61,12	58,00	55,36	52,88	50,64	48,56	46,72
20	79,36	74,08	69,60	65,84	62,48	59,44	56,80	54,32	52,08	50,08
21	86,72	80,16	75,12	70,80	67,04	63,76	60,80	58,16	55,68	53,52
22		87,28	80,96	76,00	71,84	68,16	64,96	62,00	59,44	57,04
23			87,76	81,68	76,88	72,80	69,20	66,08	63,20	60,64
24				88,24	82,40	77,68	73,76	70,24	67,12	64,32
25					88,72	83,04	78,48	74,56	71,20	68,08
26						89,12	83,60	79,20	75,36	72,00
27							89,52	83,60	79,84	76,16
28								89,84	84,16	80,48
29									90,16	85,12
30										90,48

Tabelle E.1 (Fortsetzung).

	n=31	32	33	34	35	36	37	38	39	40
i=1	0,17	0,16	0,16	0,15	0,15	0,14	0,14	0,13	0,13	0,13
2	1,16	1,12	1,09	1,06	1,02	0,99	0,97	0,94	0,92	0,90
3	2,69	2,61	2,53	2,45	2,37	2,30	2,24	2,19	2,13	2,08
4	4,53	4,38	4,24	4,11	4,00	3,89	3,78	3,68	3,58	3,49
5	6,56	6,35	6,16	5,97	5,79	5,63	5,47	5,33	5,20	5,06
6	8,80	8,48	8,24	7,97	7,73	7,52	7,30	7,12	6,91	6,74
7	11,12	10,74	10,40	10,08	9,78	9,52	9,22	8,96	8,74	8,50
8	13,52	13,07	12,66	12,27	11,92	11,55	11,23	10,91	10,64	10,35
9	16,08	15,52	15,04	14,56	14,10	13,70	13,30	12,96	12,59	12,26
10	18,64	18,02	17,44	16,88	16,40	15,92	15,44	15,04	14,64	14,24
11	21,36	20,64	19,92	19,30	18,72	18,16	17,68	17,14	16,72	16,24
12	24,08	23,28	22,48	21,76	21,12	20,48	19,92	19,36	18,80	18,32
13	26,88	26,00	25,12	24,32	23,54	22,88	22,16	21,54	20,96	20,40
14	29,76	28,72	27,76	26,88	26,08	25,28	24,50	23,84	23,20	22,56
15	32,64	31,52	30,48	29,52	28,56	27,70	26,88	26,16	25,44	24,72
16	35,68	34,40	33,28	32,16	31,20	30,24	29,30	28,48	27,68	26,96
17	38,72	37,36	36,08	34,88	33,76	32,72	31,76	30,88	30,00	29,20
18	41,76	40,32	38,96	37,68	36,48	35,36	34,24	33,28	32,32	31,44
19	44,96	43,36	41,84	40,48	39,20	37,92	36,80	35,76	34,72	33,76
20	48,16	46,40	44,80	43,36	41,92	40,64	39,36	38,24	37,12	36,08
21	51,44	49,60	47,84	46,24	44,72	43,28	42,00	40,72	39,60	38,48
22	54,80	52,80	50,88	49,20	47,60	46,08	44,64	43,28	42,08	40,88
23	58,24	56,08	54,08	52,16	50,48	48,80	47,28	45,92	44,56	43,28
24	61,76	59,36	57,20	55,20	53,36	51,68	50,08	48,56	47,12	45,76
25	65,36	62,80	60,48	58,32	56,40	54,56	52,80	51,20	49,68	48,24
26	69,04	66,32	63,84	61,52	59,44	57,44	55,60	53,92	52,32	50,80
27	72,88	69,92	67,20	64,80	62,56	60,40	58,48	56,64	54,96	53,36
28	76,88	73,62	70,72	68,08	65,68	63,44	61,36	59,44	57,68	56,00
29	81,04	77,52	74,40	71,52	68,96	66,56	64,32	62,32	60,40	58,64
30	85,60	81,60	78,16	75,04	72,26	69,76	67,36	65,20	63,20	61,28
31	90,80	86,00	82,16	78,72	75,76	72,96	70,48	68,16	66,00	64,00
32		91,04	86,40	82,64	79,28	76,32	73,68	71,20	68,88	66,80
33			91,30	86,80	83,06	79,84	76,96	74,32	71,84	69,60
34				91,55	87,12	83,52	80,34	77,52	74,88	72,56
35					91,78	87,47	83,92	80,82	78,08	75,52
36						92,00	87,79	84,32	81,28	78,56
37							92,24	88,10	84,72	81,76
38								92,40	88,40	85,00
39									92,59	88,66
40										92,80

Tabelle E.2.: Ausfallwahrscheinlichkeiten in % für die Median (50 %)-Werte in % bei einem Stichprobenumfang n und der Ranggröße i .

	n=1	2	3	4	5	6	7	8	9	10
i=1	50,00	29,28	20,64	15,92	12,96	10,90	9,44	8,30	7,41	6,69
2		70,72	50,00	38,56	31,36	26,43	22,83	20,11	17,95	16,24
3			79,36	61,44	50,00	42,16	36,40	32,03	28,64	25,86
4				84,08	68,64	57,84	50,00	44,00	39,30	35,52
5					87,04	73,54	63,60	56,00	50,00	45,15
6						89,09	77,14	67,94	60,67	54,82
7							90,56	79,87	71,36	64,48
8								91,70	82,03	74,13
9									92,59	83,76
10										93,30

Tabelle E.2 (Fortsetzung).

	n=11	12	13	14	15	16	17	18	19	20
i=1	6,11	5,62	5,20	4,83	4,51	4,24	4,00	3,78	3,58	3,41
2	14,80	13,60	12,58	11,70	10,94	10,27	9,68	9,15	8,67	8,26
3	23,57	21,68	20,03	18,64	17,44	16,37	15,42	14,58	13,82	13,15
4	32,37	29,76	27,52	25,60	23,94	22,48	21,17	20,02	18,99	18,05
5	41,20	37,84	35,01	32,56	30,45	28,58	26,93	25,47	24,16	22,96
6	50,00	45,94	42,50	39,54	36,96	34,70	32,70	30,91	29,31	27,87
7	58,80	54,03	50,00	46,51	43,47	40,82	38,48	36,37	34,48	32,80
8	67,62	62,16	57,49	53,47	50,00	46,93	44,24	41,82	39,65	37,71
9	76,42	70,24	64,98	60,45	56,51	53,06	50,00	47,28	44,82	42,62
10	85,20	78,32	72,48	67,44	63,04	59,17	55,76	52,72	50,00	47,54
11	93,89	86,40	79,95	74,40	69,54	65,30	61,52	58,18	55,17	52,45
12		94,38	87,42	81,36	76,05	71,41	67,30	63,62	60,34	57,38
13			94,81	88,29	82,56	77,52	73,06	69,07	65,52	62,29
14				95,17	89,06	83,63	78,82	74,53	70,67	67,20
15					95,49	89,73	84,58	79,97	75,84	72,11
16						95,76	90,32	85,42	81,01	77,04
17							96,00	90,85	86,18	81,94
18								96,22	91,33	86,85
19									96,42	91,74
20										96,59

Tabelle E.2 (Fortsetzung).

	n=21	22	23	24	25	26	27	28	29	30
i=1	3,25	3,10	2,97	2,85	2,74	2,63	2,54	2,45	2,36	2,28
2	7,87	7,52	7,18	6,90	6,62	6,37	6,14	5,92	5,72	5,54
3	12,53	11,97	11,46	10,99	10,56	10,16	9,78	9,44	9,12	8,82
4	17,20	16,43	15,73	15,09	14,50	13,94	13,44	12,96	12,51	12,11
5	21,89	20,91	20,02	19,20	18,43	17,73	17,09	16,48	15,92	15,39
6	26,58	25,38	24,29	23,30	22,38	21,52	20,74	20,02	19,33	18,69
7	31,25	29,86	28,58	27,41	26,32	25,33	24,40	23,54	22,74	21,98
8	35,94	34,34	32,86	31,52	30,27	29,12	28,05	27,06	26,14	25,28
9	40,64	38,80	37,14	35,62	34,21	32,91	31,71	30,59	29,55	28,58
10	45,31	43,28	41,44	39,73	38,16	36,72	35,36	34,11	32,96	31,87
11	50,00	47,76	45,71	43,84	42,10	40,51	39,02	37,65	36,37	35,17
12	54,69	52,24	50,00	47,94	46,05	44,30	42,69	41,17	39,78	38,46
13	59,36	56,72	54,27	52,05	50,00	48,10	46,34	44,70	43,18	41,76
14	64,05	61,20	58,56	56,16	53,94	51,89	50,00	48,24	46,59	45,06
15	68,74	65,66	62,85	60,27	57,89	55,70	53,65	51,76	50,00	48,35
16	73,42	70,14	67,14	64,37	61,84	59,49	57,31	55,30	53,41	51,65
17	78,11	74,61	71,42	68,48	65,78	63,28	60,98	58,82	56,82	54,94
18	82,80	79,09	75,70	72,59	69,73	67,09	64,64	62,35	60,22	58,24
19	87,47	83,55	79,98	76,70	73,68	70,88	68,29	65,87	63,63	61,54
20	92,14	88,03	84,27	80,80	77,62	74,67	71,94	69,41	67,04	64,83
21	96,75	92,49	88,54	84,91	81,57	78,48	75,60	72,93	70,45	68,13
22		96,90	92,82	89,01	85,50	82,26	79,26	76,46	73,86	71,42
23			97,03	93,10	89,44	86,06	82,91	79,98	77,26	74,72
24				97,15	93,38	89,85	86,56	83,52	80,67	78,02
25					97,26	93,63	90,22	87,04	84,08	81,31
26						97,37	93,86	90,56	87,49	84,61
27							97,47	93,86	90,88	87,90
28								97,55	94,08	91,18
29									97,64	94,28
30										97,72

Tabelle E.2 (Fortsetzung).

	n=31	32	33	34	35	36	37	38	39	40
n=1	2,21	2,14	2,08	2,02	1,96	1,91	1,86	1,81	1,76	1,72
2	5,36	5,19	5,04	4,89	4,75	4,62	4,50	4,38	4,27	4,16
3	8,53	8,27	8,02	7,79	7,57	7,36	7,16	6,98	6,80	6,63
4	11,71	11,36	11,02	10,69	10,40	10,11	9,84	9,58	9,34	9,10
5	14,91	14,45	14,02	13,60	13,22	12,85	12,51	12,19	11,87	11,58
6	18,10	17,54	17,01	16,51	16,05	15,60	15,18	14,78	14,42	14,06
7	21,28	20,62	20,00	19,42	18,88	18,35	17,87	17,39	16,96	16,53
8	24,48	23,71	23,01	22,34	21,70	21,10	20,54	20,00	19,50	19,01
9	27,66	26,80	26,00	25,25	24,53	23,86	23,22	22,61	22,03	21,49
10	30,85	29,90	29,01	28,16	27,36	26,61	25,89	25,22	24,58	23,97
11	34,05	32,99	32,00	31,07	30,19	29,36	28,58	27,82	27,12	26,45
12	37,23	36,08	35,01	33,98	33,02	32,11	31,25	30,43	29,66	28,93
13	40,43	39,17	38,00	36,90	35,86	34,86	33,94	33,04	32,21	31,41
14	43,62	42,27	40,99	39,81	38,67	37,62	36,61	35,65	34,75	33,89
15	46,80	45,36	44,00	42,72	41,52	40,37	39,28	38,26	37,30	36,37
16	50,00	48,45	46,99	45,63	44,34	43,12	41,97	40,88	39,84	38,85
17	53,20	51,54	50,00	48,54	47,17	45,87	44,64	43,47	42,37	41,33
18	56,38	54,64	52,99	51,46	50,00	48,62	47,31	46,08	44,91	43,81
19	59,57	57,73	56,00	54,37	52,83	51,38	50,00	48,69	47,46	46,27
20	62,77	60,82	58,99	57,28	55,66	54,13	52,67	51,30	50,00	48,75
21	65,95	63,92	62,00	60,19	58,48	56,88	55,36	53,92	52,54	51,23
22	69,14	67,01	64,99	63,10	61,31	59,63	58,03	56,51	55,09	53,71
23	72,34	70,10	68,00	66,02	64,14	62,38	60,72	59,12	57,63	56,19
24	75,52	73,20	70,99	68,93	66,98	65,14	63,39	61,73	60,16	58,67
25	78,72	76,29	74,00	71,84	69,81	67,89	66,06	64,35	62,70	61,15
26	81,90	79,38	76,99	74,75	72,64	70,64	68,75	66,96	65,25	63,63
27	85,09	82,46	80,00	77,66	75,47	73,39	71,42	69,57	67,79	66,11
28	88,29	85,55	82,99	80,58	78,29	76,14	74,10	72,18	70,34	68,59
29	91,47	88,64	85,98	83,49	81,12	78,90	76,78	74,78	72,88	71,07
30	94,64	91,73	88,99	86,40	83,95	81,65	79,46	77,39	75,42	73,55
31	97,79	94,81	91,98	89,31	86,78	84,40	82,14	80,00	77,97	76,03
32		97,86	94,97	92,21	89,61	87,15	84,82	82,61	80,50	78,51
33			97,92	95,12	92,43	89,90	87,49	85,22	83,04	80,99
34				97,98	95,25	92,64	90,16	87,82	85,58	83,47
35					98,04	95,39	92,84	90,42	88,13	85,94
36						98,09	95,50	93,02	90,67	88,42
37							98,14	95,63	93,20	90,90
38								98,19	95,74	93,37
39									98,24	95,84
40										98,28

Tabelle E.3.: Ausfallwahrscheinlichkeiten in % für die 95 %-Vertrauensgrenze
bei einem Stichprobenumfang n und der Ranggröße i .

	n=1	2	3	4	5	6	7	8	9	10
i=1	95,00	77,60	63,20	52,80	45,12	39,36	34,80	31,20	28,32	25,92
2		97,46	86,40	75,20	65,76	58,24	52,00	47,12	42,96	39,44
3			98,32	90,24	81,12	72,80	65,92	60,00	55,04	50,72
4				98,72	92,32	84,72	77,52	71,12	65,52	60,72
5					98,98	93,70	87,12	80,72	74,88	69,60
6						99,15	94,64	88,88	83,12	77,76
7							99,26	95,36	90,24	85,04
8								99,36	95,92	91,28
9									99,44	96,32
10										99,49

Tabelle E.3 (Fortsetzung).

	n=11	12	13	14	15	16	17	18	19	20
i=1	23,84	22,08	20,64	19,28	18,08	17,12	16,16	15,36	14,56	13,92
2	36,40	33,92	31,60	29,68	28,00	26,40	25,04	23,76	22,64	21,60
3	47,04	43,84	41,04	38,56	36,40	34,40	32,64	31,04	29,60	28,24
4	56,40	52,80	49,52	46,56	44,00	41,60	39,60	37,68	35,92	34,40
5	65,04	60,96	57,20	54,00	51,12	48,40	46,00	43,92	41,92	40,08
6	72,88	68,48	64,56	60,96	57,76	54,80	52,24	49,84	47,60	45,60
7	80,00	75,52	71,28	67,52	64,00	60,88	58,00	55,44	53,04	50,80
8	86,48	81,92	77,60	73,60	70,00	66,64	63,60	60,80	58,24	55,84
9	92,10	87,68	83,44	79,44	75,60	72,16	68,96	65,92	63,20	60,64
10	96,66	92,80	88,72	84,72	80,88	77,36	74,00	70,88	68,00	65,28
11	99,54	96,96	93,38	89,60	85,84	82,24	78,80	75,60	72,64	69,84
12		99,58	97,20	93,87	90,32	86,80	83,36	80,08	77,04	74,16
13			99,61	97,39	94,32	90,96	87,60	84,40	81,28	78,32
14				99,63	97,57	94,67	91,52	88,34	85,28	82,24
15					99,66	97,73	94,99	92,02	88,99	86,02
16						99,68	97,87	95,28	92,48	89,60
17							99,70	98,00	95,54	92,88
18								99,72	98,10	95,78
19									99,73	98,19
20										99,74

Tabelle E.3 (Fortsetzung).

	n=21	22	23	24	25	26	27	28	29	30
i=1	13,28	12,72	12,24	11,76	11,28	10,88	10,48	10,16	9,84	9,52
2	20,64	19,84	19,04	18,32	17,60	16,96	16,40	15,84	15,36	14,88
3	27,04	25,92	24,96	24,00	23,12	22,32	21,52	20,80	20,16	19,52
4	32,96	31,60	30,40	29,20	28,16	27,20	26,24	25,44	24,64	23,84
5	38,40	36,96	35,52	34,16	32,96	31,84	30,80	29,76	28,80	28,00
6	43,68	42,00	40,40	38,96	37,52	36,24	35,04	33,92	32,88	31,92
7	48,72	46,80	45,12	43,44	42,00	40,56	39,20	38,00	36,80	35,68
8	53,60	51,52	49,60	47,92	46,24	44,72	43,20	41,84	40,64	39,36
9	58,32	56,08	54,00	52,16	50,40	48,72	47,12	45,68	44,32	42,96
10	62,80	60,48	58,32	56,32	54,40	52,64	50,96	49,36	47,92	46,48
11	67,20	64,72	62,48	60,32	58,32	56,40	54,64	53,04	51,44	49,92
12	71,44	68,88	66,48	64,24	62,16	60,16	58,32	56,56	54,88	53,28
13	75,52	72,88	70,40	68,08	65,84	63,76	61,84	60,00	58,24	56,64
14	79,44	76,72	74,16	71,76	69,52	67,36	65,28	63,36	61,60	59,84
15	83,20	80,48	77,84	75,36	73,04	70,80	68,72	66,72	64,80	63,04
16	86,74	84,00	81,36	78,88	76,48	74,16	72,00	69,92	68,00	66,08
17	90,10	87,38	84,72	82,18	79,76	77,44	75,20	73,12	71,04	69,12
18	93,20	90,58	88,00	85,44	82,96	80,58	78,32	76,16	74,08	72,16
19	96,00	93,52	91,04	88,50	86,08	83,68	81,36	79,20	77,04	75,04
20	98,27	96,18	93,84	91,39	88,98	86,64	84,32	82,08	79,92	77,92
21	99,76	98,35	96,34	94,08	91,76	89,44	87,12	84,90	82,74	80,64
22		99,77	98,43	96,50	94,34	92,08	89,84	87,62	85,44	83,36
23			99,78	98,50	96,64	94,56	92,40	90,24	88,08	86,00
24				99,79	98,56	96,77	94,77	92,67	90,58	88,48
25					99,80	98,62	96,90	94,96	92,96	90,90
26						99,80	98,67	97,01	95,14	93,20
27							99,81	98,72	97,12	95,31
28								99,82	98,76	97,22
29									99,82	98,80
30										99,83

Tabelle E.3 (Fortsetzung).

	n=31	32	33	34	35	36	37	38	39	40
i=1	9,20	8,96	8,66	8,42	8,19	8,00	7,76	7,60	7,38	7,20
2	14,40	14,00	13,60	13,20	12,88	12,50	12,18	11,87	11,60	11,30
3	18,96	18,40	17,84	17,36	16,90	16,48	16,08	15,68	15,28	14,90
4	23,12	22,48	21,84	21,28	20,72	20,16	19,62	19,14	18,72	18,24
5	27,12	26,34	25,60	24,96	24,24	23,68	23,04	22,48	21,92	21,44
6	30,96	30,08	29,28	28,48	27,70	27,04	26,32	25,68	25,12	24,48
7	34,64	33,68	32,80	31,92	31,04	30,24	29,52	28,80	28,16	27,44
8	38,24	37,20	36,16	35,20	34,32	33,44	32,64	31,84	31,12	30,40
9	41,76	40,64	39,52	38,48	37,44	36,56	35,68	34,80	34,00	33,20
10	45,20	43,92	42,80	41,68	40,56	39,60	38,64	37,68	36,80	36,00
11	48,56	47,20	45,92	44,80	43,60	42,56	41,52	40,56	39,60	38,72
12	51,84	50,40	49,12	47,84	46,64	45,44	44,40	43,36	42,32	41,36
13	55,04	53,60	52,16	50,80	49,52	48,32	47,20	46,08	45,04	44,00
14	58,24	56,64	55,20	53,76	52,40	51,20	49,92	48,80	47,68	46,64
15	61,28	59,68	58,16	56,64	55,28	53,92	52,72	51,44	50,32	49,20
16	64,32	62,64	61,04	59,52	58,08	56,72	55,36	54,08	52,88	51,76
17	67,36	65,60	63,92	62,32	60,80	59,36	58,00	56,72	55,44	54,24
18	70,24	68,48	66,72	65,12	63,52	62,08	60,64	59,28	57,92	56,72
19	73,12	71,28	69,52	67,84	66,24	64,64	63,20	61,76	60,40	59,12
20	75,92	74,00	72,24	70,48	68,80	67,28	65,76	64,24	62,88	61,52
21	78,64	76,72	74,88	73,12	71,44	69,76	68,24	66,72	65,28	63,92
22	81,36	79,36	77,52	75,68	73,92	72,26	70,66	69,12	67,68	66,24
23	83,92	81,94	80,08	78,24	76,42	74,72	73,12	71,52	70,00	68,56
24	86,48	84,48	82,56	80,66	78,88	77,12	75,46	73,84	72,32	70,80
25	88,88	86,90	84,96	83,12	81,28	79,52	77,84	76,16	74,56	73,04
26	91,20	89,23	87,31	85,44	83,60	81,84	80,08	78,42	76,80	75,28
27	93,44	91,52	89,60	87,70	85,86	84,08	82,32	80,64	79,04	77,44
28	95,46	93,63	91,76	89,92	88,08	86,27	84,56	82,82	81,20	79,60
29	97,31	95,62	93,84	92,02	90,21	88,42	86,67	84,96	83,28	81,68
30	98,84	97,39	95,76	94,02	92,26	90,48	88,75	87,04	85,36	83,76
31	99,83	98,88	97,47	95,87	94,19	92,48	90,75	89,06	87,38	85,76
32		99,84	98,91	97,55	96,00	94,35	92,69	91,04	89,36	87,71
33			99,84	98,94	97,62	96,11	94,51	92,88	91,25	89,63
34				99,85	98,98	97,70	96,22	94,66	93,07	91,47
35					99,85	98,98	97,76	96,32	94,80	93,25
36						99,86	99,01	97,81	96,42	94,94
37							99,86	99,03	97,87	96,51
38								99,87	99,06	97,92
39									99,87	99,10
40										99,87

F. Ausfallkurven und mögliche Ursachen

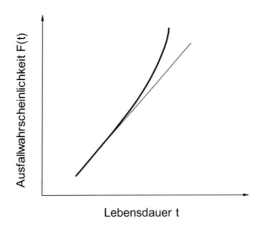

Abbildung F.1.: Mit zunehmender Lebensdauer konkav verlaufende Ausfallkurve: Es werden ausgetauschte Einheiten mit ihren geringeren Einsatzzeiten und kürzeren Laufzeiten nicht berücksichtigt.

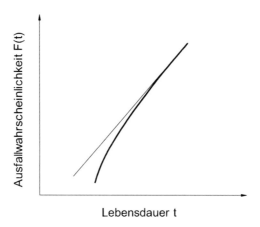

Abbildung F.2.: Mit abnehmender Lebensdauer konkav verlaufende Ausfallkurve: Zeitabhängige Verschleißmechanismen, welche nach einer bestimmten ausfallfreien Zeit einsetzen.

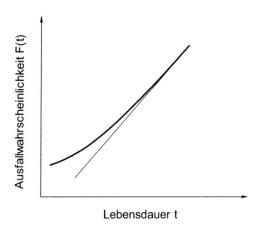

Abbildung F.3.: Mit abnehmender Lebensdauer konvex verlaufende Ausfallkurve: Die vorhandenen Ausfälle sind aufgrund von Vorschädigungen entstanden.

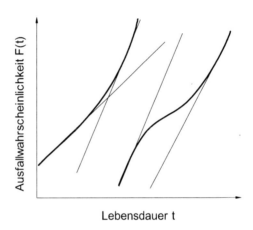

Abbildung F.4.: Vorhandensein vermischter Ausfallverteilungen mit einfachen oder mehrfachen Ausfallverläufen.

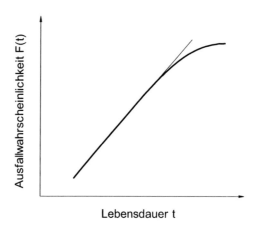

Abbildung F.5.: Mit zunehmender Lebensdauer konvex bis horizontal verlaufende Ausfallkurve: Die vorhandenen Einheiten haben noch
nicht die gleiche Laufzeit erreicht oder die Garantiezeit ist beendet.

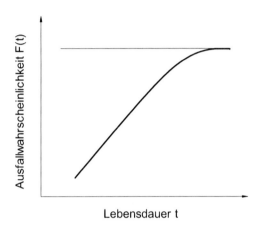

Abbildung F.6.: Vorhandensein einer ausfallbehafteten Teilmenge einer Grundgesamtheit(zeitlich begrenzte, fehlerbehaftete Lieferchargen).

Literaturverzeichnis

[1] N.N.: *Grundbegriffe zum VDI-Handbuch Technische Zuverlässigkeit*, VDI-Richtlinie 4001, Blatt 2.

[2] DIN 40041 *Zuverlässigkeit, Begriffe*, Dezember 1980.

[3] O'Connor, P.D.T.: *Zuverlässigkeitstechnik*, John Wiley & Sons, 1990.

[4] Bronstein, I.N., Semendjajew, K.A.: *Taschenbuch der Mathematik*, Verlag Harri Deutsch, 1995.

[5] Kapur K.C., Lamberson L.R.: *Reliability in Engineering Design*, John Wiley & Sons Inc., New York, 1977.

[6] Bertsche, B., Lechner G.: *Zuverlässigkeit im Maschinenbau*, Springer-Verlag, 1999.

[7] Beitz W., Küttner K.-H. (Hrsg.): *Dubbel - Taschenbuch für den Maschinenbau*, Springer-Verlag 1997, 19. Auflage.

[8] Sachs, L.: *Angewandte Statistik*, Springer-Verlag 2004, 11. Auflage.

[9] Engeln-Müllges G., Reutter F.: *Numerische Mathematik für Ingenieure*, Bibliographisches Institut, 1987.

[10] Engeln-Müllges G., Reutter F.: *Numerik Algorithmen mit Fortran 77 - Programmen*, Bibliographisches Institut, 1993.

[11] Engeln-Müllges G., Reutter F.: *Formelsammlungen zur Numerischen Mathematik mit C-Programmen*, Bibliographisches Institut, 1990.

[12] VDA 3 Teil 2, *Qualitätsmanagement in der Automobilindustrie, Zuverlässigkeitssicherung bei Automobilherstellern und Lieferanten*, Verband der Automobilindustrie e.v. (VDA), 2000.

[13] Weibull W.: *A statistical distribution function of wide applicability*, Trans. ASME, Serie E: Journal of Appl. Mechanics 18, S. 293-297, 1951.

[14] Johnson L.G.: *The Statistical Treatment of Fatigue Experiments*, Elsevier Scientific Publishing Company, Amsterdam - London - New York, 1974.

[15] Nelson W.: *Applied Life Data Analysis*, John Wiley & Sons, 1982.

[16] Nelson W.: *Theory and Applications of Hazard Plotting for Censored Failure Data*, Technometrics, Vol. 14, No. 4, 1972, 945-966.

[17] Nelson W.: *Accelerated Testing (statistical models, test plans and data analyses)*, John Wiley & Sons, New York, 1990.

[18] Kuhn, H.-U., Alcatel SEL: *GUS Diskussionstagung*, 1997.

[19] Haibach, E.: *Betriebsfestigkeit*, VDI-Verlag, Düsseldorf, 1989.

[20] Zammert, W.-U.: *Betriebsfestigkeitsberechnung: Grundlagen, Verfahren und technische Anwendung*, Vieweg Verlag, 1985.

[21] Nelson W.: *Accelerated Life Testing - Step-Stress Models and Data Analysis*, IEEE Transaction of Reliability, Vol. R-29, No. 2, June 1980.

[22] *HALT, HASS and HASA as applied at AT&T Strategic Technology Group*, AT&T Wireless Services, Strategic Technology Group, 1997.

[23] Härtler G.: *Statistische Methoden für die Zuverlässigkeitsanalyse*, Springer-Verlag Wien, New York, 1983.

[24] Bonin v. L., Ganz W.: *Wahrscheinlichkeitsverteilungen für die Festigkeitsanalyse*, DFVLR-Mitt. 86-17.

[25] N.N.: *Das Lebensdauernetz*, DGQ-Band Nr. 17-26, Deutsche Gesellschaft für Qualität e.V. (DGQ), Beuth, 1995.

[26] Dumonceaux R., Antle C., Haas G.: *Likelihood Ratio Test for Discrimination Between Two Models with Unknown Location and Scale Parameters*, Technometrics Vol. 15, No. 1, Feb. 1973, p. 19-27.

[27] Engelhardt M., Bain L. J.: *Tests of Two-Parameter Exponentiality Against Three-Parameter Weibull Alternatives*, Technometrics Vol. 17, No. 3, August 1975, p. 353-356.

[28] Lawless J. F.: *Confidence Interval Estimations for Weibull and Extreme Value Distribution*, Technometrics Vol. 20, No. 4, Nov. 1978, p. 355-364.

[29] Kaltenborn A.: *Mathematische Auswertung von Lebensdauerversuchen mit Computern*, Maschinenbautechnik 19 (1970), Heft 8, S. 435-439.

[30] Reichelt C.: *Rechnerische Ermittlung der Kenngrößen der Weibull-Verteilung*, Fortschr.-Ber. VDI-Z., Reihe 1, Nr. 56, 1978.

[31] Meyna A., Pauli B.: *Taschenbuch der Zuverlässigkeits- und Sicherheitstechnik*, Carl Hanser Verlag, 2003.

[32] Kaltenborn A.: *Auswertung von Lebensdauerversuchen mit EDVA- nach der Methode des Maximum Likelihood von FISCHER*, Maschinenbautechnik, 20 (1971), Heft 8, S. 391-394.

[33] Mann N.R., Scheuer E.M., Fertig K.W.: *A New Goodness-of-fit Test for the Two-parameter Weibull or extreme-value Distribution with unknown Parameter*, Communications in Statistics, 2 (5), 1973, p. 383-400.

[34] Dubey S. D.: *One Some Permissible Estimators of the Location Parameter of the Weibull and Certain Other Distributions*, Technometrics Vol. 9, No. 2, May 1967, p. 293-307.

[35] DIN 55350 *Begriffe der Qualitätssicherung und Statistik, Spezielle Wahrscheinlichkeitsverteilungen*, Februar 1987.

[36] DIN 55303-7 *Statistische Auswertung von Daten, Teil 7: Schätz- und Testverfahren bei zweiparametriger Weibullverteilung*, März 1996.

[37] VDA, *Qualitätskontrolle in der Automobilindustrie, Zuverlässigkeitssicherung bei Automobilherstellern und Lieferanten, Verfahren und Beispiele*, Verband der Automobilindustrie e.V. (VDA), 1984.

[38] Eckel, G.: *Bestimmung des Anfangsverlaufs der Zuverlässigkeitsfunktion von Automobilteilen*, Qualität und Zuverlässigkeit 9/1977, S. 206-208, Hanser Verlag, 1977.

[39] N.N.: *Monte-Carlo-Simulation*, VDI-Richtlinie 4008, Blatt 6, Dezember 1985.

[40] Sobol, I.M.: *Die Monte-Carlo-Methode*, Verlag Harri Deutsch, 1985.

[41] Spaniol, O., Hoff, S.: *Ereignisorientierte Simulation*, International Thomson Publishing Company, 1995.

[42] Dubi, A.: *SPAR & AMIR - Discussion & Case Studies - Integrated Problems involved in Spare Parts Allocation and Maintenance in Realistic Systems*, Nuclear Engineering Department, Ben-Gurion University of the Negev, Beer-Sheva, Israel.

[43] Berens, N.: *Anwendung der FMEA in Entwicklung und Produktion*, Verlag moderne Industrie, 1987.

[44] Franke, W.D.: *FMEA-Fehlermöglichkeits- und Einflußanalyse in der industriellen Praxis*, Verlag moderne Industrie, 1987.

[45] N.N.: *System-FMEA*, VDA-Band 4, Teil 2, Verband der Automobilindustrie e.V., Frankfurt, 1996.

[46] N.N.: *Fehlerbaumanalyse*, DIN 25424, September 1981.

[47] Birolini A.: *Qualität und Zuverlässigkeit technischer Systeme*, Springer-Verlag Berlin, 1985.

[48] Rosemann, H.: *Zuverlässigkeit und Verfügbarkeit technischer Anlagen und Geräte*, Springer-Verlag, Berlin, Heidelberg, New York, 1981.

[49] Gaede, K.-W.: *Zuverlässigkeit - Mathematische Modelle*, Carl Hanser Verlag, 1997.

[50] Koslow B.A., Uschakow, I.A.: *Handbuch zur Berechnung der Zuverlässigkeit für Ingenieure*, Carl Hanser Verlag, 1979.

[51] -: *Boolsches Modell*, VDI-Richtlinie 4008, Blatt 2.

[52] Military Handbook 217: *Reliability Prediction of Electronic Equipment (+ notices 1 & 2)*, Department of Defense, USA Reviews A-F (1991).

[53] MIL-STD-781D: *Reliability Testing for Engineering Development, Qualification and Production (1986)*.

[54] Schäfer E.: *Zuverlässigkeit, Verfügbarkeit und Sicherheit in der Elektronik*, Vogel-Verlag, Würzburg, 1979.

Sachwortverzeichnis